U0266188

完全学习手册

刘贵国 / 编著

Html+ JavaScript

网页制作与开发

完全学习手册

清华大学出版社

北 京

内 容 简 介

　　本书定位于网页制作与开发初中级读者，全面介绍了使用 HTML、JavaScript 进行网页设计和制作的各方面内容和技巧。本书不是单纯的讲解语法，而是通过一个个鲜活、典型的实战来达到学以致用的目的，每个语法都有相应的实例，每章后面又配有综合小实例，力求达到理论知识与实践操作完美结合的效果。

　　本书可作为高校院校相关专业的教材，也可供从事网页设计与制作、网站开发、网站编程的业内人员参考。

图书在版编目（CIP）数据

Html+JavaScript网页制作与开发完全学习手册/ 刘贵国编著.––北京：清华大学出版社，2014
（完全学习手册）
ISBN 978-7-302-33362-3

Ⅰ.①H… Ⅱ.①刘… Ⅲ.①网页制作工具–手册 Ⅳ.①TP393.092-62

中国版本图书馆CIP数据核字（2013）第181272号

责任编辑：陈绿春
封面设计：潘国文
版式设计：北京水木华旦数字文化发展有限责任公司
责任校对：徐俊伟
责任印制：李红英

出版发行：清华大学出版社
　　　　网　　　址：http://www.tup.com.cn，http://www.wqbook.com
　　　　地　　　址：北京清华大学学研大厦 A 座　　　邮　　编：100084
　　　　社 总 机：010-62770175　　　　　　　　邮　　购：010-62786544
　　　　投稿与读者服务：010-62776969，c-service@tup.tsinghua.edu.cn
　　　　质 量 反 馈：010-62772015，zhiliang@tup.tsinghua.edu.cn
印 刷 者：北京鑫丰华彩印有限公司
装 订 者：三河市新茂装订有限公司
经　　销：全国新华书店
开　　本：188mm×260mm　　　　印　　张：27.5　　　字　　数：674 千字
　　　　（附光盘 1 张）
版　　次：2014 年 8 月第 1 版　　　　　　印　　次：2014 年 8 月第 1 次印刷
印　　数：1～4000
定　　价：59.00 元

产品编号：052829-01

前　言

近年来随着网络信息技术的广泛应用，越来越多的个人、企业等纷纷建立自己的网站，利用网站来宣传推广自己。网页技术已经成为当代青年学生必备的知识技能。目前大部分制作网页的方式都是运用可视化的网页编辑软件，这些软件的功能相当强大，使用非常方便。大多使用了现有的网页制作软件提供的可视化编辑功能，不重视对 HTML 语言的理解，没有能够真正理解 HTML 标签的详细用法，以至于在后来的实践中走了很多弯路，制作的网页也不够理想。因此对于高级的网页制作人员来讲，仍需了解 HTML、CSS、JavaScript 等网页设计语言和技术的使用，这样才能充分发挥自己丰富的想象力，更加随心所欲地设计符合标准的网页，以实现网页设计软件不能实现的许多重要功能。

本书主要内容

本书紧密围绕网页设计师在制作网页过程中的实际需要和应该掌握的技术，全面介绍了使用 HTML、CSS、JavaScript 进行网页设计和制作的各方面内容和技巧。本书不仅仅将笔墨局限于语法讲解上，并通过一个个鲜活、典型的实战来达到学以致用的目的。每个语法都有相应的实例，每章后面又配有综合小实例。

本书共 25 章分为 4 篇，主要内容介绍如下。

第 1 篇　HTML 技术

本篇由第 1 章至第 11 章组成，主要讲述了 HTML 文件的基本结构、HTML 文件编写方法、网页设计与开发的过程、Html 网页的整体设置、用 HTML 设置文字与段落格式、用 HTML 创建精彩的图像和多媒体页面、用 HTML 创建超链接、表格和框架的创建、创建交互式表单、列表元素、HTML 5 的新特性、HTML 5 的结构等。教你如何使用 HTML 语言标记，如何运用这些标记在 Web 页面中生成特殊效果，并且对每章节的属性和方法进行了详细的解析，同时还运用了大量的实例加以说明。

第 2 篇　CSS 布局

本篇由第 12 章到第 13 章组成。在本篇中，介绍了什么是 Web 标准、为什么要建立 Web 标准、div 与 table 布局比较、盒子模型、盒子的浮动、盒子的定位、CSS 布局理念、常见的 CSS 布局类型。

第 3 篇　JavaScript 网页特效

本篇由第 14 章到第 24 章组成。主要讲述了 JavaScript 基础知识、数据类型和变量、表达式与运算符、JavaScript 程序核心语法、JavaScript 核心对象、JavaScript 中的事件、窗口对象、屏幕和浏览器对象、文档对象、历史对象和地址对象、表单对象和图片对象。教会读者使用 JavaScript 制作丰富多彩的特效网页。

第 4 篇　综合实战

本篇由第 25 章组成，采用最流行的 CSS+DIV 布局的方法，综合讲述了企业网站制作方法。教会读者如何将各个知识点应用于一个实用系统中。避免学习的知识停留于表面、局限于理论，使读者学习的知识可以马上应用于实际的相关工作中。

本书主要特色

●知识全面系统

本书内容完全从网页创建的实际角度出发，将所有 HTML 和 JavaScript 元素进行归类，每个标记的语法、属性和参数都有完整详细的说明，信息量大，知识结构完善。

● 最新技术

本书在讲解 HTML 基础知识的同时，讲解在未来 Web 时代中备受欢迎的 HTML 5 的新知识，让读者能够真正学习到 HTML 5 最实用、最流行的技术。

● 典型实例讲解

本书通过一个知识点、一个例子、一个结果、一段代码分析，再加上综合应用的模式，透彻详尽地讲述了实际开发中所需的各类知识，力求达到理论知识与实际操作完美结合的效果。

●贴心提示

本书根据需要在各章使用了很多"提示"等小栏目，让读者可以在学习过程中更轻松地理解相关知识点及概念，并轻松地掌握个别技术的应用技巧。

● 配合 Dreamweaver 进行讲解

本书以浅显的语言和详细的步骤介绍了在可视化网页软件 Dreamweaver 中．如何运用 HTML 和 JavaScript 代码来创建网页，使网页制作更加得心应手。

●配图丰富，效果直观

对于每一个实例代码，本书都配有相应的效果图，读者无需自己进行编码，也可以看到相应的运行结果或者显示效果。在不便上机操作的情况下，读者也可以根据书中的实例和效果图进行分析和比较。

本书读者对象

●网页设计与制作人员

●网站建设与开发人员

●大中专院校相关专业师生

●网页制作培训班学员

●个人网站爱好者与自学读者

本书由国内著名网页设计培训专家刘贵国编写，参加编写的还包括冯雷雷、晁辉、何洁、陈石送、何琛、吴秀红、王冬霞、何本军、乔海丽、孙良军、邓仰伟、孙雷杰、孙文记、何立、倪庆军、胡秀娥、赵良涛、徐曦、刘桂香、葛俊科、葛俊彬、张连元、晁代远等。

目 录

第1篇
HTML 技术

第1章　HTML入门

本章导读

　　在制作网页时，大都采用一些专门的网页制作软件，如 FrontPage、Dreamweaver 等。这些工具都是所见即所得，非常方便。使用这些编辑软件工具可以不用编写代码。在不熟悉 HTML 语言的情况下，照样可以制作网页。这是网页编辑软件的最大成功之处，但也是它们的最大不足之处，就是受软件自身的约束，将产生一些垃圾代码，这些垃圾代码将会增大网页体积、降低网页的下载速度。一个优秀的网页设计者应该在掌握可视化编辑工具的基础上，进一步熟悉 HTML 语言，以便清除那些垃圾代码，从而达到快速制作高质量网页的目的。这就需要对 HTML 有个基本的了解，因此具备一定的 HTML 语言的基本知识是十分必要的。

技术要点

- 什么是 HTML
- 掌握 HTML 文件的基本结构
- 掌握 HTML 文件编写方法
- 熟悉网页设计与开发的过程

1.1　什么是HTML

　　上网冲浪（即浏览网页）时，呈现在人们面前的漂亮页面就是网页，是网络内容的视觉呈现。网页是怎样制作的呢？其实网页的主体是一个用 HTML 代码创建的文本文件，使用 HTML 中的相应标签，即可将文本、图像、动画及音乐等内容包含在网页中，再通过浏览器的解析，多姿多彩的网页内容就呈现出来了。

　　HTM 的英文全称是 Hyper Text Markup Language，中文通常称做"超文本标记语言"或"超文本标签语言"，HTML 是 Internet 上用于编写网页的主要语言，它提供了精简而有力的文件定义，可以设计出多姿多彩的超媒体文件，通过 HTTP 通信协议，使 HTML 文件可以在互联网（World Wide Web）上进行跨平台的文件交换。

1.1.1　HTML的特点

　　HTML 文档制作简单，且功能强大，支持不同数据格式的文件导入，这也是互联网盛行的原因之一，其主要特点如下。

❶ HTML 文档容易创建，只需一个文本编辑器即可完成。

❷ HTML 文件存贮量小，能够尽可能快地在网络环境下传输与显示。

❸ 平台无关性。HTML 独立于操作系统平台，它能对多平台兼容，只需要一个浏览器，就能够在操作系统中浏览网页文件。可以使用在广泛的平台上，这也是互联网盛行的另一个原因。

❹ 容易学习，不需要很深的编程知识。

❺ 可扩展性，HTML 语言的广泛应用带来了加强功能，增加标识符等要求，HTML 采取子类元素的方式，为系统扩展带来保证。

1.1.2　HTML的历史

HTML 1.0：1993 年 6 月，互联网工程工作小组（IETF）工作草案发布

HTML 2.0：1995 年 11 月发布

HTML 3.2：1996 年 1 月 W3C 推荐标准

HTML 4.0：1997 年 12 月 W3C 推荐标准

HTML 4.01：1999 年 12 月 W3C 推荐标准

HTML 5.0：2008 年 8 月 W3C 工作草案

1.2　HTML文件的基本结构

　　编写 HTML 文件时，必须遵循一定的语法规则。一个完整的 HTML 文件由标题、段落、表格和文本等各种嵌入的对象组成，这些对象统称为"元素"。HTML 使用标签来分隔并描述这些元素，整个 HTML 文件其实就是由元素与标签组成的。

1.2.1 HTML文件结构

HTML 的任何标签都由 "<" 和 ">" 围起来，如 <HTML>。在起始标签的标签名前加上符号 "/" 便是其终止标签，如 </HTML>，夹在起始标签和终止标签之间的内容受标签的控制。超文本文档分为头和主体两部分，在文档头部，对文档进行了一些必要的定义，文档主体是要显示的各种文档信息。

基本语法：

```
<html>
<head> 网页头部信息 </head>
<body> 网页主体正文部分 </body>
</html>
```

语法说明：

其中 <html> 在最外层，表示这对标签间的内容是 HTML 文档，一个 HTML 文档总是以 <html> 开始，以 </html> 结束。<head> 之间包括文档的头部信息，如文档标题等，若无需头部信息则可省略此标签。<body> 标签一般不能省略，表示正文内容的开始。

下面就以一个简单的 HTML 文件来熟悉 HTML 文件的结构。

实例代码：

```
<!DOCTYPE html PUBLIC "-//W3C//DTD XHTML 1.0 Transitional//EN"
"http://www.w3.org/TR/xhtml1/DTD/xhtml1-transitional.dtd">
<html xmlns="http://www.w3.org/1999/xhtml">
<head>
<title> 简单的 HTML 文件结构 </title>
</head>
  <body>
    <p> 这是我的第一个网页，简单的 HTML 文件结构！
    </p>
  </body>
</html>
```

这一段代码是使用 HTML 中最基本的几个标签编写的，运行代码，在浏览器中预览，效果如图 1-1 所示。

图1-1 HTML文件结构

下面解释一下上面的例子。

● HTML文件就是一个文本文件。文本文件的后缀名是.txt，而HTML的后缀名是.html。

● <!DOCTYPE html PUBLIC "-//W3C//DTD XHTML 1.0 Strict//EN" " http://www.w3.org/TR/xhtml1/DTD/xhtml1-strict.dtd ">代表文档类型，大致的意思就是遵循严格的XHTML1的格式书写。

● HTML文档中，第一个标签是<html>，这个标签告诉浏览器这是HTML文档的开始。

● HTML文档的最后一个标签是</html>，这个标签告诉浏览器这是HTML文档的终止。

● 在<head>和</head>标签之间的文本是头信息，在浏览器窗口中，头信息是不被显示在页面上的。

● 在<title>和</title>标签之间的文本是文档标题，它被显示在浏览器窗口的标题栏上。

● 在<body>和</body>标签之间的文本是正文，会被显示在浏览器中。

● 在<p>和</p>标签代表段落。

1.2.2 编写HTML文件注意事

HTML 由标签和属性构成，在编写文件时，要注意以下几点。

① "<" 和 ">" 是任何标签的开始和结束。元素的标签要用这对尖括号括起来，并且在结束标签的前面加一个 "/"，如 <table></table>。

② 在源代码中不区分大小写。

③ 任何回车和空格在源代码中均不起作用。为了代码的清晰，建议不同的标签之间用回车进行换行。

④ 在 HTML 标签中可以放置各种属性，如：

<h1 align="right">2013 年春晚 </h1>

其中 align 为 h1 的属性，right 为属性值，元素属性出现在元素的 <> 内，并且和元素名之间有一个空格分隔，属性值可以直接书写，也可以使用 "" 括起来，如下面的两种写法都是正确的。

<h1 align="right">2013 年春晚 </h1>

<h1 align=right>2013 年春晚 </h1>

⑤ 要正确输入标签。输入标签时，不要输入多余的空格，否则浏览器可能无法识别这个标签，导致无法正确显示信息。

⑥ 在 HTML 源代码中注释。<!-- 要注释的内容 --> 注释语句只出现在源代码中，不会在浏览器中显示。

1.3 HTML文件编写方法

由于 HTML 语言编写的文件是标准的 ASCII 文本文件，因此可以使用任意一个文本编辑器来打开并编写，例如，Windows 系统中自带的记事本。如果使用 Dreamweaver、FrontPage 等软件，则能以可视化的方式进行网页的编辑与制作。

1.3.1 使用记事本编写HTML页面

HTML 是一个以文字为基础的语言，并不需要什么特殊的开发环境，可以直接在 Windows 自带的记事本中编写。HTML 文档以 .html 为扩展名，将 HTML 源代码输入到记事本并保存，可以在浏览器中打开文档以查看其效果。使用记事本手工编写 HTML 页面的具体操作步骤如下。

❶在 Windows 系统中，打开记事本，在记事本中输入以下代码，如图1-2 所示。

```
<!DOCTYPE html PUBLIC "-//W3C//DTD XHTML 1.0 Transitional//EN"
"http://www.w3.org/TR/xhtml1/DTD/xhtml1-transitional.dtd">
<html xmlns="http://www.w3.org/1999/xhtml">
<head>
<meta http-equiv="Content-Type" content="text/html; charset=utf-8" />
<title> 无标题文档 </title>
</head>
<body>
<img src="images/index.jpg" width="1007" height="589" />
</body>
</html>
```

★ 说明 ★

如果还不知道怎么新建记事本，可以在计算机桌面上或硬盘中的空白处单击鼠标右键，执行"新建" | "文本文档"命令。

❷当编辑完 HTML 文件后，执行"文件" | "另存为"命令，弹出"另存为"对话框，将它存为扩展名为 .htm 或 .html 的文件即可，如图1-3 所示。

图1-2 在记事本中输入代码

图1-3 保存文件

★ 提示 ★

注意执行的是"另存为"命令，而不是"保存"命令，因为如果执行"保存"命令，系统会默认地把它存为.txt记事本文件。.html是个扩展名，注意是个点，而不是句号。

③单击"保存"按钮，此时该文本文件就变成了 HTML 文件，在浏览器中浏览，效果如图 1-4 所示。

图1-4 浏览网页效果

1.3.2 使用Dreamweaver编写HTML文件

在 Dreamweaver CS6 的"代码视图"中可以查看或编辑源代码。为了方便手工编写代码，Dreamweaver CS6 增加了标签选择器和标签编辑器。使用标签选择器，可以在网页代码中插入新的标签；使用标签编辑器，可以对网页代码中的标签进行编辑、添加标签的属性或修改属性值。在 Dreamweaver 中编写代码的具体操作步骤如下。

❶开启 Dreamweaver CS6 软件，新建空白文档，在"代码视图"中编写 HTML 代码，如图 1-5 所示。

❷在 Dreamweaver 中编辑完代码后，返回到"设计视图"中，效果如图 1-6 所示。

图1-5 编写HTML代码

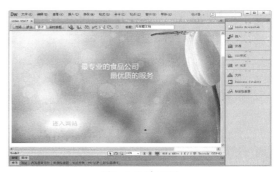

图1-6 设计视图

❸执行"文件"|"保存"命令，保存文档，即可完成 HTML 文件的编写。

1.4 网页设计与开发的过程

创建完整的网站是一个系统工程，需要一定的工作流程，只有遵循这个流程，按部就班地来，才能设计出满意的网站。因此在设计网页前，先要了解网页设计与开发的基本流程，这样才能制作出更好、更合理的网站。

1.4.1 明确网站定位

在创建网站时，确定站点的目标是第一步。设计者应清楚建立站点的目标定位，即确定它将提供什么样的服务，网页中应该提供哪些内容等。要确定站点目标定位，应该从以下 3 个方面考虑。

● 网站的整体定位。网站可以是大型商用网站、小型电子商务网站、门户网站、个人主页、科研网站、交流平台、企业介绍性网站、服务性网站等。首先应该对网站的整体进行一个客观的评估，同时要以发展的眼光看待问题，否则将带来许多升级和更新方面的不便。

● 网站的主要内容。如果是综合性网站，那么，对于新闻、邮件、电子商务、论坛等都要有所涉及，这样就要求网页要结构紧凑、美观大方；对于侧重某一方面的网站，如书籍网站、游戏网站、音乐网站等，则往往对网页美工要求较高，使用模板较多，更新网页和数据库较快；如果是个人主页或介绍性的网站，那么一般来讲，网站的更新速度较慢，浏览率较低，并且由于链接较少，内容不如其他网站丰富，但对美工的要求更高一些，可以使用较鲜艳、明亮的颜色，同时可以添加Flash动画等，使网页更具动感、充满活力，否则网站没有吸引力。

● 网站浏览者的教育程度。对于不同的浏览人群，网站的吸引力是截然不同的，如针对少年儿童的网站，卡通和科普性的内容更符合浏览者的品味，也能够达到网站寓教于乐的目的；针对学生的网站，往往对网站的动感程度和特效技术要求更高一些；对于商务浏览者，网站的安全性和易用性更为重要。

1.4.2　收集信息和素材

首先要创建一个新的总目录（文件夹），例如，D:\ 我的网站，用其放置建立网站的所有文件，然后在这个目录下建立两个子目录："文字资料"、"图片资料"。放入目录中的文件名最好全部用英文小写，因为有些主机不支持大写和中文，以后增加的内容可再创建子目录。

1. 文本内容素材的收集

具体的文本内容，可以让访问者明白网页中想要说明的内容。我们可以从网络、书本、报刊上找到需要的文字材料，也可以使用平时的试卷和复习资料，还可以自己编写有关的文字材料，将这些素材制作成 Word 文档保存在"文字资料"子目录下。收集的文本素材既要丰富，又要便于组织，这样才能做出内容丰富、整体感强的网站。

2. 艺术内容素材的收集

只有文本内容的网站对于访问者来讲，是枯燥乏味、缺乏生机的。如果加上多媒体素材，如静态图片、动态图像、声音等，将使网页充满动感与生机，也将吸引更多的访问者。

1.4.3　规划栏目结构

合理的组织站点结构，能够加快对站点的设计，提高工作效率，节省工作时间。当需要创建一个大型网站时，如果将所有网页都存储在一个目录下，当站点的规模越来越大时，管理起来就会变得很困难，因此合理使用文件夹管理文档就显得很重要。

网站的目录是指在创建网站时建立的目录，要根据网站的主题和内容来分类规划，不同的栏目对应不同的目录，在各个栏目目录下也要根据内容的不同，对其划分不同的分目录，如页面图片放在 images 目录下；新闻放在 news 目录下；数据库放在 database 目录下等，同时要注意目录的层次不宜太深，一般不要超过三层，另外给目录起名的时候要尽量使用能表达目录内容的英文或汉语拼音，这样会更加方便日后的管理和维护。如图 1-7 所示为企业网站的站点结构图。

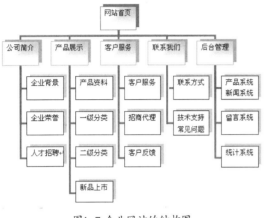

图1-7 企业网站的结构图

1.4.4　设计页面图像

在规划好网站的栏目结构和搜集完资料后就需要设计网页图像了，网页图像设计包括 Logo、标准色彩、标准字、导航条和首页布局等。可以使用 Photoshop 或 Fireworks 软件来具体设计网站的图像。有经验的网页设计者，通常会在使用网页制作软件制作网页之前，设计好网页的整体布局，这样在具体设计过程将会胸有成竹了，大大节省工作时间。如图 1-8 所示是设计的网页整体图像。

图1-8 设计网页图像

1.4.5　制作页面

具体到每一个页面的制作时，首先要做的就是设计版面布局。就像传统的报刊、杂志一样，需要将网页看做一张报纸、一本杂志来进行排版布局。

版面指的是在浏览器中看到的完整的一个页面的大小。因为每个人的显示器分辨率不同，所以同一个页面的大小可能出现 640px×480px、800px×600px 或 1024px×768px 等不同尺寸。目前主要以 1024px×768px 分辨率的用户为主，在实际制作网页时，应将网页内容宽度限制在 778px 以内（可以用表格或层来进行限制），这样在用 1024px×768px 分辨率的显示器浏览时，除去浏览器左右的边框后，刚好能完全显示出网页的内容。

布局，就是以最适合浏览的方式将图片和文字排放在页面的不同位置。这是一个创意的过程，需要一定的经验，当然也可以参考一些优秀的网站来寻求灵感。

版面布局完成后，就可以着手制作每一个页面了，通常都从首页做起，制作过程中可以先使用表格或层对页面进行整体布局，然后将需要添加的内容分别添加到相应的单元格中，并随时预览效果并进行调整，直到整个页面完成并达到理想的效果。然后使用相同的方法完成整个网站中其他页面的制作。

网页制作是一个复杂而细致的过程，一定要按照先大后小、先简单后复杂的顺序制作。所谓"先大后小"，既在制作网页时，先把大的结构设计好，然后再逐步完善小的结构设计；所谓"先简单后复杂"，就是先设计出简单的内容，然后再设计复杂的内容，以便出现问题时好修改。在制作网页时要灵活运用模板和库，这样可以大大提高制作效率。如果很多网页都使用相同的版面设计，就应为这个版面设计一个模板，然后即可以此模板为基础创建网页。以后如果想要改变所有网页的版面设计，只须简单地改变模板即可。如图1-9所示为制作的网页。

图1-9 制作的网页

1.4.6 实现后台功能

页面设计制作完成后，如果还需要动态功能，就需要开发动态功能模块，网站中常用的功能模块有搜索功能、留言板、新闻信息发布、在线购物、技术统计、论坛及聊天室等。

1. 留言板

留言板、论坛及聊天室是为浏览者提供信息交流的地方。浏览者可以围绕个别的产品、服务或其他话题进行讨论。顾客也可以提出问题或咨询，也可以得到售后服务。但是聊天室和论坛是比较占用资源的，一般不是大中型的网站没有必要建设论坛和聊天室，如果访问量不是很大，做好了也没有人来访问，如图1-10所示为留言板页面。

图1-10 留言板页面

2. 搜索功能

搜索功能是使浏览者在短时间内，快速地从大量的资料中找到符合要求的资料。这对于资料非常丰富的网站来说非常重要。要建立一个搜索功能，就要有相应的程序，以及完善的数据库支持，可以快速地从数据库中搜索到所需要的内容。

3. 新闻发布管理系统

新闻发布管理系统提供方便、直观的页面文字信息的更新维护界面，提高工作效率、降低技术要求，非常适合用于经常更新的栏目或页面，如图 1-11 所示是新闻发布管理系统。

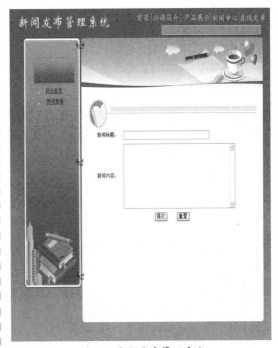

图1-11 新闻发布管理系统

4. 购物网站

实现在线交易的基础，用户将感兴趣的产品放入自己的购物车，以备最后统一结账。当然用户也可以修改购物的数量，甚至将产品从购物车中取出。用户选择结算后系统自动生成本系统的订单。如图 1-12 所示为购物网站。

图1-12 购物网站

1.4.7 网站的测试与发布

在将网站的内容上传到服务器之前，应先在本地站点进行完整测试，以保证页面外观和效果、链接和页面下载时间等与设计相同。站点测试主要包括检测站点在各种浏览器中的兼容性、检测站点中是否有失效的链接。用户可以使用不同类型和不同版本的浏览器预览站点中的网页，检查可能存在的问题。

在完成了对站点中页面的制作后，就应该将其发布到 Internet 上，供大家浏览和观赏。但是在此之前，应该对所创建的站点进行测试，对站点中的文件逐一进行检查，在本地计算机中调试网页以防止包含在网页中的错误，以便尽早发现问题并解决问题。

在测试站点过程中，应该注意以下几个方面。

● 在测试站点过程中应确保在目标浏览器中，网页如预期地显示和工作、没有失效的链接，以及下载时间不宜过长等。

● 了解各种浏览器对Web页面的支持程度，不同的浏览器观看同一个网页，会有不同的效果。很多制作的特殊效果，在有些浏览器中可能看不到，为此需要进行浏览器兼容性检测，以找出不被其他浏览器支持的部分。

● 检查链接的正确性，可以通过Dreamweaver提供的检查链接功能，来检查文件、站点中的内部链接以及孤立文件。

网站制作完毕，需要发布到 Web 服务器上，才能够让别人浏览。现在，上传网站的软件有很多，有些网页制作软件本身就带有 FTP 功能，利用这些 FTP 工具，可以很方便地把网站发布到服务器上。

CuteFtp 是一款非常受欢迎的 FTP 软件，界面简洁，并具有支持上下载断点续传、操作简单方便等特征，使其在众多的 FTP 软件中脱颖而出，无论是下载软件还是更新主页，CuteFtp 是一款不可多得的好软件。如图 1-13 所示为 CuteFtp 软件界面。

图1-13 CuteFtp软件

第2章 HTML网页基本标记的使用

本章导读

<head> 作为各种声明信息的包含元素，出现在文档的顶端，并且要先于 <body> 出现，而 <body> 用来显示文档主体内容。本章就来讲解这些基本标记的使用，这些都是一个完整的网页必不可少的。通过它们可以了解网页的基本结构及其工作原理。

技术要点

- HTML 页面主体常用设置
- 页面头部元素 <head>
- 页面标题元素 <title>
- 元信息元素 <meat>
- 脚本元素 <script>
- 创建样式元素 <style>
- 链接元素 <link>

实例展示

使用了背景图像

简单的HTML网页

2.1 HTML页面主体常用设置

在 <body> 和 </body> 中放置的是页面中所有的内容，如图片、文字、表格、表单、超链接等。<body> 标记有自己的属性，包括网页的背景设置、文字属性设置和链接设置等。设置 <body> 标记内的属性，可控制整个页面的显示方式。

2.1.1 定义网页背景色: bgcolor

对大多数浏览器而言，其默认的背景颜色为白色或灰白色。在网页设计中，bgcolor 属性标志整个 HTML 文档的背景颜色。

基本语法:

<body bgcolor=" 背景颜色 ">

语法说明:

背景颜色有两种表示方法。

● 使用颜色名指定，例如红色、绿色等分别用 red、green 等表示。

● 使用十六进制格式数据值#RRGGBB来表示，RR、GG、BB分别表示颜色中的红、绿、蓝三基色的两位十六进制数据。

实例代码:

```
<!DOCTYPE html PUBLIC "-//W3C//DTD
XHTML 1.0 Transitional//EN"
    "http://www.w3.org/TR/xhtml1/DTD/xhtml1-
transitional.dtd">
<html xmlns="http://www.w3.org/1999/
xhtml">
<head>
<meta http-equiv="Content-Type"
content="text/html; charset=gb2312" />
<title> 定义背景颜色 </title>
</head>
<body bgcolor="#f0f000">
</body>
</html>
```

在代码中加粗部分的代码标记 bgcolor="#f0f000" 是为页面设置背景颜色的，在浏览器中预览，效果如图 2-1 所示。背景颜色在网页上非常常见，如图 2-2 所示的网页使用了大面积的深绿色背景。

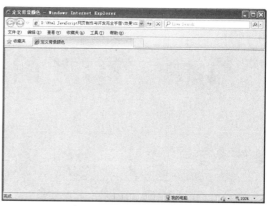

图2-1 设置页面的背景颜色

图2-2 使用背景颜色的网页

2.1.2 设置背景图片: background

网页的背景图片可以衬托网页的显示效果，从而取得更好的视觉效果。背景图片的选择不仅要注意美观，而且还要注意不要喧宾夺主，影响网页内容的阅读。通常使用深色的背景图片配合浅色的文本，或者浅色的背景图片配合深色的文本。background 属性用来设置 HTML 网页的背景图片。

基本语法：

```
<body background=" 图片的地址 ">
```

语法说明：

background 属性值就是背景图片的路径和文件名。图片的地址可以是相对地址，也可以是绝对地址。在默认情况下，用户可以省略此属性，此时图片会按照水平和垂直的方向不断重复出现，直到铺满整个页面。

实例代码：

```
<html xmlns="http://www.w3.org/1999/
xhtml">
<head>
<meta http-equiv="Content-Type"
content="text/html; charset=gb2312" />
<title> 设置背景图片 </title>
</head>
<body background="images/bg-0371.gif">
</body>
</html>
```

在代码中加粗部分的代码标记 background="images/bg-0371.gif"，为设置的网页背景图片，在浏览器中预览可以看到背景图像，如图 2-3 所示。在网络上除了可以看到各种背景色的页面之外，还可以看到一些以图片作为背景的。如图 2-4 所示的网页使用了背景图像。

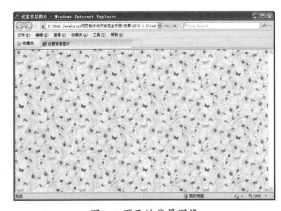

图2-3 页面的背景图像

图2-4 使用了背景图像

★ 提示 ★

网页中可以使用图片作为背景，但图片一定要与插图及文字的颜色相协调，才能达到美观的效果，如果色差太大时会使网页失去美感。

为保证浏览器载入网页的速度，建议尽量不要使用尺寸过大的图片作为背景图片。

2.1.3 设置文字颜色：text

通过 text 可以设置 body 体内所有文本的颜色。在没有对文字的颜色进行单独定义时，这一属性可以对页面中所有的文字起作用。

基本语法：

```
<body text=" 文字的颜色 ">
```

语法说明：

在该语法中，text 的属性值与设置页面背景色的动作相同。

实例代码：

```
<!DOCTYPE html PUBLIC "-//W3C//DTD
XHTML 1.0 Transitional//EN"
"http://www.w3.org/TR/xhtml1/DTD/xhtml1-
```

transitional.dtd">

```
<html xmlns="http://www.w3.org/1999/xhtml">
<head>
<meta http-equiv="Content-Type" content="text/html; charset=gb2312" />
<title> 设置文字颜色 </title>
</head>
<body text="#FF0000">
<br />
```

公司专业从事 LED 封装、LED 照明技术研究、应用系统设计安装及推广应用的高新科技企业，致力于为客户提供优质的 LED 应用及照明整体解决方案。公司采用先进的：LED 封装设备和自动封装线，并拥有独立的研发中心和现代化 LED 生产车间，可生产完整系列的 SMDLED、Display、Lamp LED、High-Power 封装产品及模组。产品涵盖道路照明、建筑景观照明、商业办公照明和室内装饰灯四大系列，室内产品主要包括：LED 面板灯、天花灯、筒灯、投光灯、球泡灯、蜡烛灯、轨道射灯及柔性灯带系列等；室外应用产品主要包括：LED 庭院灯、洗墙灯、草坪灯、投光灯、泛光灯、地埋灯、点光源及水下灯系列等。

```
</body>
</html>
```

在代码中加粗部分的代码标记 text="#FF0000"，为设置的文字颜色，在浏览器中预览可以看到文档中文字的颜色，如图 2-5 所示。

图2-5 设置文字的颜色

在网页中需要根据网页整体色彩的搭配来设置文字的颜色，如图 2-6 所示的文字与整个网页的颜色相协调。

图2-6 文字的颜色

2.1.4　设置链接文字属性

为了突出超链接，超链接文字通常采用与其他文字不同的颜色，超链接文字的下端还会加一条横线。网页的超链接文字有默认的颜色，在默认情况下，浏览器以蓝色作为超链接文字的颜色，访问过的链接的颜色变为暗红色。在 <body> 标记中也可自定义这些颜色。

基本语法：

```
<body link=" 颜色 ">
```

语法说明：

这一属性的设置与前面几个设置颜色的参数类似，都是与 body 标签放置在一起，表明它对网页中所有未单独设置的元素起作用。

实例代码：

```
<!DOCTYPE html PUBLIC "-//W3C//DTD XHTML 1.0 Transitional//EN"
   "http://www.w3.org/TR/xhtml1/DTD/xhtml1-transitional.dtd">
<html xmlns="http://www.w3.org/1999/xhtml">
<head>
<meta http-equiv="Content-Type" content="text/html; charset=gb2312" />
<title> 设置链接文字的颜色 </title>
```

```
</head>
<body link="#993300">
<center>
<a href="#"> 链接的文字 </a>
</center>
</body>
</html>
```

在代码中加粗部分的代码标记 link="#993300"，是为链接文字设置的颜色，在浏览器中预览效果，可以看到链接的文字已经不是默认的蓝色，如图 2-7 所示。

图2-7 设置链接文字的颜色

使用 alink 可以设置鼠标单击超链接时的颜色，举例如下。

```
<!DOCTYPE html PUBLIC "-//W3C//DTD
XHTML 1.0 Transitional//EN"
    "http://www.w3.org/TR/xhtml1/DTD/xhtml1-
transitional.dtd">
    <html xmlns="http://www.w3.org/1999/
xhtml">
    <head>
    <meta http-equiv="Content-Type"
content="text/html; charset=gb2312" />
    <title> 设置链接文字的颜色 </title>
    </head>
    <body alink="#0066FF">
    <center>
    <a href="#"> 链接的文字 </a>
    </center>
```

```
</body>
</html>
```

在代码中加粗部分的代码标记 alink="#0066FF"，是为单击链接的文字时设置的颜色，在浏览器中预览效果，可以看到单击链接的文字时，文字已经改变了颜色，如图 2-8 所示。

图2-8 单击链接文字时的颜色

使用 vlink 可以设置已访问过的超链接颜色，举例如下。

```
<!DOCTYPE html PUBLIC "-//W3C//DTD
XHTML 1.0 Transitional//EN"
    "http://www.w3.org/TR/xhtml1/DTD/xhtml1-
transitional.dtd">
    <html xmlns="http://www.w3.org/1999/
xhtml">
    <head>
    <meta http-equiv="Content-Type"
content="text/html; charset=gb2312" />
    <title> 设置链接文字的颜色 </title>
    </head>
    <body link="#993300" alink="#0066FF"
vlink="#FF0000">
    <center>
    <a href="#"> 链接的文字 </a>
    </center>
    </body>
    </html>
```

在代码中加粗部分的代码标记vlink="#FF0000"，是为链接的文字设置访问后的颜色，在浏览器中预览效果，可以看到单击链接后文字的颜色已经发生改变，如图2-9所示。

图2-9 访问后的链接文字的颜色

在网页中，一般文字上的超链接都是蓝色（当然，也可以自己设置成其他颜色），文字下面有一条下画线。当移动鼠标指针到该超链接上时，鼠标指针就会变成一个手的形状，此时用鼠标左键单击，就可以直接跳到与这个超链接相连接的网页。如果已经浏览过某个超链接，该超链接的文本颜色就会发生改变。如图2-10所示为网页中的超链接文字颜色。

图2-10 网页中的超链接文字颜色

2.1.5 设置页面边距

有的朋友在做页面的时候，感觉文字或表格怎么也不能靠在浏览器的顶部和最左侧，这是怎么回事呢？因为一般用的制作软件或HTML语言默认的都是topmargin、leftmargin值为12，如果把它们的值设为0，就会看到网页的元素与左侧距离为0了。

基本语法：

```
<body topmargin=value leftmargin=value rightmargin=value bottomnargin=value>
```

语法说明：

通过设置topmargin/leftmargin/rightmargin/bottomnargin不同的属性值来设置显示内容与浏览器的距离。在默认情况下，边距的值以"像素"为单位。

● topmargin：设置到顶端的距离。

● leftmargin：设置到左侧的距离。

● rightmargin：设置到右侧的距离。

● bottommargin：设置到底端的距离。

实例代码：

```
<!DOCTYPE html PUBLIC "-//W3C//DTD XHTML 1.0 Transitional//EN"
   "http://www.w3.org/TR/xhtml1/DTD/xhtml1-transitional.dtd">
<html xmlns="http://www.w3.org/1999/xhtml">
<head>
<meta http-equiv="Content-Type" content="text/html; charset=gb2312" />
<title> 设置页面边距 </title>
</head>
<body topmargin="80" leftmargin="80">
<p> 设置页面的上边距 </p>
<p> 设置页面的左边距 </p>
</body>
```

</html>

在代码中加粗部分的代码标记 topmargin="80"，是设置上边距；leftmargin="80" 是设置左边距。在浏览器中预览效果，可以看出定义的边距效果，如图 2-11 所示。

图2-11 设置的边距效果

2.2 页面头部元素<head>和<!DOCTYPE>

在 HTML 语言的头部元素中，一般需要包括，标题、基础信息和元信息等。HTML 的头部元素是以 <head> 为开始标记，以 </head> 为结束标记。

基本语法：

<head>……</head>

语法说明：

定义在 HTML 语言头部的内容都不会在网页上直接显示，而是通过另外的方式起作用。

实例代码：

```
<!DOCTYPE html PUBLIC "-//W3C//DTD XHTML 1.0 Transitional//EN"
"http://www.w3.org/TR/xhtml1/DTD/xhtml1-transitional.dtd">
<html xmlns="http://www.w3.org/1999/xhtml">
<head>
文档头部信息
</head>
<body>
文档正文内容
</body>
</html>
```

HTML 也有多个不同的版本，只有完全明白页面中使用的确切 HTML 版本，浏览器才能正确地显示出 HTML 页面，这就是 <!DOCTYPE> 的用处。

<!DOCTYPE> 不是 HTML 标签。它为浏览器提供一项信息（声明），即 HTML 是用什么版本编写的。

实例代码：

```
<!DOCTYPE html PUBLIC "-//W3C//DTD XHTML 1.0 Strict//EN"
"http://www.w3.org/TR/xhtml1/DTD/xhtml1-strict.dtd">
```

<!DOCTYPE> 声明位于文档中最前面的位置，处于 <html> 标签之前。此标签可告知浏览器文档使用哪种 HTML 或 XHTML 规范。

该标签可声明三种 DTD 类型，分别表示严格版本、过渡版本，以及基于框架的 HTML 文档。在上面的声明中，声明了文档的根元素是 HTML，它在公共标识符被定义为 "-//W3C//DTD XHTML 1.0 Strict//EN" 的 DTD 中进行了定义。

2.3 页面标题元素 <title>

不管是用户或搜索引擎，对一个网站的最直观印象往往来自于这个网站的标题。用户通过搜索自己感兴趣的关键字，来到搜索结果页面，决定他是否单击的关键字往往在于网站的标题。在网页中设置网页的标题，只要在 HTML 文件的头部文件的 <title></title> 中输入标题信息就可以在浏览器的顶部显示。标题标记以 <title> 开始，以 </title> 结束。

基本语法：

```
<head>
<title>……</title>
……</head>
```

语法说明：

页面的标题只有一个，它位于 HTML 文档的头部，即 <head> 和 </head> 之间。

实例代码：

```
<!DOCTYPE html PUBLIC "-//W3C//DTD
XHTML 1.0 Transitional//EN"
"http://www.w3.org/TR/xhtml1/DTD/xhtml1-
transitional.dtd">
<html xmlns="http://www.w3.org/1999/
xhtml">
<head>
<meta http-equiv="content-type"
content="text/html; charset=gb2312" />
<title>广源时代科技公司</title>
</head>
<body>
</body>
</html>
```

在代码中加粗部分的代码标记 "<title> 广源时代科技公司 </title>"，为设置网页的标题，在浏览器中预览效果，可以在浏览器标题栏看到网页标题，如图 2-12 所示。

图2-12 页面标题

★ 提示 ★

了解了网站标题的重要性之后，下面来看如何设置网站标题。首先应该明确网站的定位，希望对哪类词感兴趣的用户能够通过搜索引擎来到我们的站点，在经过关键字调研之后，选择几个能带来不菲流量的关键字，然后把最具代表性的关键字放在title的最前面。

2.4 元信息元素 <meta>

<meta> 标记的功能主要是定义页面中的信息，这些信息并不会显示在浏览器中，而只在源代码中显示。<meta> 标记通过属性定义文件信息的名称、内容等。<meta> 标记能够提供文档的关键字、作者及描述等多种信息，在 HTML 头部可以包括任意数量的 <meta> 标记。

name 属性用于描述网页，它是以名称 / 值形式的名称，name 属性的值所描述的内容 (值) 通过 content 属性表示，便于搜索引擎查找分类。其中最重要的是 description、keywords 和 robots。

http-equiv 属性用于提供 HTTP 协议的响应 MIME 文档头，它是以名称 / 值形式的名称，http-equiv 属性的值所描述的内容 (值) 通过 content 属性表示，通常为网页加载前提供给浏览器等设备使用。其中最重要的是 content-type charset 提供编码信息；refresh 刷新与跳转页面；no-cache 页面缓存。

2.4.1 设置页面关键词

关键词是描述网站的产品及服务的词语，选择适当的关键词是建立一个高排名网站的第一步。选择关键词的一个重要技巧是选取那些常被人们在搜索时所用到的关键词。当用关键词搜索网站时，如果网页中包含该关键词，就可以在搜索结果中列出来。

基本语法：

```
<meta name="keywords" content=" 输入具体的关键词 ">
```

语法说明：

在该语法中，name="keywords" 用于定义网页关键词，也就是设置网页的关键词属性，而在 content 中则定义具体的关键词。

实例代码：

```
<!DOCTYPE html PUBLIC "-//W3C//DTD XHTML 1.0 Transitional//EN"
"http://www.w3.org/TR/xhtml1/DTD/xhtml1-transitional.dtd">
<html xmlns="http://www.w3.org/1999/xhtml">
<head>
<meta name="keywords" content=" 网页设计 网站建设 网站优化 ">
<title> 插入关键字 </title>
</head>
<body>
</body>
</html>
```

在代码中加粗的代码标记为插入关键字。

★ **提示** ★

- 要选择与网站或页面主题相关的文字，不要给网页定义与网页描述内容无关的关键词。
- 选择具体的词语，别寄望于行业或笼统的词语。
- 可以为网页提供多个关键词，多个关键词应该使用空格分开。
- 不要给网页定义过多的关键词，最好保持在10个以内，过多的关键词，搜索引擎将忽略。
- 揣摩用户会用什么作为搜索词，把这些词放在页面上或直接作为关键字。
- 关键词可以不只一个，最好根据不同的页面，制定不同的关键词组合，这样页面被搜索到的概率将大大增加。

2.4.2　设置页面主要内容

描述标签是 description，网页的描述标签为搜索引擎提供了关于这个网页的总括性描述。网页的描述元标签是由一两个语句或段落组成的，内容一定要有相关性，描述不能太短、太长或过分重复。

基本语法：

```
<meta name="description" content=" 设置页面描述 ">
```

语法说明：

在该语法中，description 用于定义网页简短描述。description 出现在 name 属性中，使用 content 属性提供网页的简短描述。网页简短描述不能太长，应该保持在 14~200 个字符，或者 100 个左右的汉字即可。

实例代码：

```
<!DOCTYPE html PUBLIC "-//W3C//DTD XHTML 1.0 Transitional//EN"
"http://www.w3.org/TR/xhtml1/DTD/xhtml1-transitional.dtd">
<html xmlns="http://www.w3.org/1999/xhtml">
<head>
<meta name="description" content=" 网页设计教程，完善的网页设计内容，使初学者迅速掌握网页设计的精髓 ">
<title> 设置页面描述 </title>
</head>
<body>
</body>
</html>
```

在创建描述元标签description时，请注意避免以下几点。

● 把网页的所有内容都复制到描述元标签中。

● 与网页实际内容不相符的描述元标签，一定要注意描述与网站主题相关。

● 过于宽泛的描述，例如，"这是一个网页"或"关于我们"等。

● 在描述部分堆砌关键字，堆砌关键字不仅不利于排名，而且会受到惩罚。

● 所有的网页或很多网页使用千篇一律的描述元标签，这样不利于网站优化。

2.4.3　定义页面的搜索方式

可以通过 meta 中的 robots 定义网页搜索引擎的索引方式。

基本语法：

```
<meta name="robots" content=" 搜索方式 ">
```

语法说明：

robots 出现在 name 属性中，使用 content 属性定义网页搜索引擎的索引方式。搜索方式的取值，见表 2-1 所示。

表2-1　搜索方式的取值

属 性 值	说　明
all	表示能搜索当前网页及其链接的网页
index	表示能搜索当前网页
follow	搜索引擎继续通过此网页的链接搜索其他的网页
nofollow	搜索引擎不继续通过此网页的链接搜索其他的网页
noindex	表示不能搜索当前网页
none	搜索引擎将忽略此网页

实例代码：

```
<!DOCTYPE html PUBLIC "-//W3C//DTD XHTML 1.0 Transitional//EN"
  "http://www.w3.org/TR/xhtml1/DTD/xhtml1-transitional.dtd">
<html xmlns="http://www.w3.org/1999/xhtml">
  <head>
  <title></title>
```

```
<meta name="robots" content="index">
</head>
<body>
……
</body>
</html>
```

在代码中加粗的 <meta name="robots" content="index"> 标记，将网页的搜索方式设置为能搜索当前网页。

2.4.4　定义编辑工具

现在有很多编辑软件都可以制作网页，在源代码的头部可以设置网页编辑软件的名称。与其他 meta 元素相同，编辑软件也只是在页面的源代码中可以看到，而不会显示在浏览器中。

基本语法：

```
<meta name="generator" content=" 编辑软件的名称 ">
```

语法说明：

在该语法中，name 为属性名称，设置为 generator，也就是设置编辑软件，在 content 中定义具体的编辑软件名称。

实例代码：

```
<!DOCTYPE html PUBLIC "-//W3C//DTD XHTML 1.0 Transitional//EN"
```

```
"http://www.w3.org/TR/xhtml1/DTD/xhtml1-
transitional.dtd">
    <html xmlns="http://www.w3.org/1999/
xhtml">
    <head>
    <meta name="generator"
content="FrontPage">
    <title> 设置编辑软件 </title>
    </head>
    <body>
    </body>
    </html>
```

在代码中加粗部分的标记，为定义编辑软件 FrontPage。

2.4.5　定义页面的作者信息

author 出 现 在 name 属 性 中，使 用 content 属性提供网页的作者。

基本语法：

```
    <meta name="author" content=" 作者的姓
名 ">
```

语法说明：

在该语法中，name 为属性名称，设置为 author，也就是设置作者信息，在 content 中定义具体的信息。

实例代码：

```
    <!DOCTYPE html PUBLIC "-//W3C//DTD
XHTML 1.0 Transitional//EN"
    "http://www.w3.org/TR/xhtml1/DTD/xhtml1-
transitional.dtd">
    <html xmlns="http://www.w3.org/1999/
xhtml">
    <head>
    <meta name="author" content=" 小王 ">
    <title> 设置作者信息 </title>
    </head>
```

```
    <body>
    </body>
    </html>
```

在代码中加粗部分的标记，为设置作者的信息。

2.4.6　定义网页文字及语言

在网页中还可以设置语言的编码方式，这样浏览器就可以正确地选择语言，而不需要人工选取。

基本语法：

```
    <meta http-equiv="content-type"
content="text/html; charset= 字符集类型 " />
```

语法说明：

在该语法中，http-equiv 用于传送 HTTP 通信协议的标头，而在 content 中才是具体的属性值。charset 用于设置网页的内码语系，也就是字符集的类型，国内常用的是 GB 码，charset 往往设置为 gb2312，即简体中文。英文是 ISO-8859-1 字符集，此外还有其他的字符集。

实例代码：

```
    <!DOCTYPE html PUBLIC "-//W3C//DTD
XHTML 1.0 Transitional//EN"
    "http://www.w3.org/TR/xhtml1/DTD/xhtml1-
transitional.dtd">
    <html xmlns="http://www.w3.org/1999/
xhtml">
    <head>
    <meta http-equiv="content-type"
content="text/html; charset=euc-jp" />
    <title>Untitled Document</title>
    </head>
    <body>
    </body>
    </html>
```

在代码中加粗部分的标记是设置网页文字

及语言的。

2.4.7　定义页面的跳转

在浏览网页时经常会看到一些欢迎信息的页面，在经过一段时间后，这些页面会自动转到其他页面，这就是网页的跳转。用http-equiv属性中的refresh不仅能够完成页面自身的自动刷新，也可以实现页面之间的跳转过程。通过设置meta对象的http-equiv属性来实现跳转页面。

基本语法：

<meta http-equiv="refresh" content=" 跳 转的时间 ;URL= 跳转到的地址 ">

语法说明：

在该语法中，refresh出现在http-equiv属性中，refresh表示网页的刷新，而在content中设置刷新的时间和刷新后的链接地址，时间和链接地址之间用分号相隔。默认情况下，跳转时间以"秒"为单位。

实例代码：

```
<!DOCTYPE html PUBLIC "-//W3C//DTD
XHTML 1.0 Transitional//EN"
"http://www.w3.org/TR/xhtml1/DTD/xhtml1-
transitional.dtd">
<html xmlns="http://www.w3.org/1999/
xhtml">
<head>
<meta http-equiv="refresh"
content="10;url=index1.html">
<title> 定义网页的跳转 </title>
</head>
<body>
10 秒后自动跳转
</body>
</html>
```

在代码中加粗部分的标记是设置网页定

时跳转的，这里设置为10秒后跳转到index1.html页面。在浏览器中预览可以看出，跳转前如图2-13所示，跳转后如图2-14所示。

图2-13　跳转前

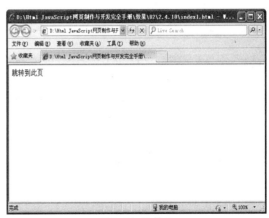

图2-14　跳转后

2.4.8　定义页面的版权信息

copyright用于定义网页版权。

基本语法：

<meta name="copyright" content="© http://www.baidu.com" />

语法说明：

在该语法中，copyright出现在name属性中，使用content属性定义网页的版权。

2.5　脚本元素\<script\>

\<script\> 标签用于定义客户端脚本，例如，JavaScript。JavaScript 是一种客户端脚本语言，可以帮助 HTML 实现一些动态的功能。JavaScript 最常用于图片操作、表单验证，以及内容动态更新。

基本语法：

\<script type="text/javascript" src="dru.js"\>\</script\>

语法说明：

script 标签是成对出现的，以 \<script\> 开始，以 \</script\> 结束。script 元素既可包含脚本语句，也可通过 src 属性指向外部脚本文件。type 属性规定脚本的类型。

在 HTML 文件中有三种方式加载 JavaScript，分别是内部引用 JavaScript、外部引用 JavaScript、内联引用 JavaScript。下面用实例演示如何使用内部引用 JavaScript 方法，将脚本插入 HTML 文档。

实例代码：

```
<!DOCTYPE html PUBLIC "-//W3C//DTD XHTML 1.0 Transitional//EN"
"http://www.w3.org/TR/xhtml1/DTD/xhtml1-transitional.dtd">
<html xmlns="http://www.w3.org/1999/xhtml">
<body>
<script type="text/javascript">
document.write("<h1>Hello World!</h1>")
</script>
</body>
</html>
```

在代码中加粗部分的标记是插入的 JavaScript 脚本，用于显示 Hello World! 文字。在浏览器中预览，效果如图 2-15 所示。

图2-15 JavaScript脚本的运行效果

2.6 创建样式元素\<style\>

\<style\> 标签用于为 HTML 文档定义样式信息。在 style 中，可以规定在浏览器中如何呈现 HTML 文档。

基本语法：

```
<style type="text/css">
......
</style>
```

语法说明：

type 属性是必需的，定义 style 元素的内容，值是 "text/css"。style 元素位于 head 部分中。下面的实例将演示如何使用添加到 \<head\> 部分的样式信息对 HTML 进行格式化。

实例代码：

```
<!DOCTYPE html PUBLIC "-//W3C//DTD XHTML 1.0 Transitional//EN"
"http://www.w3.org/TR/xhtml1/DTD/xhtml1-transitional.dtd">
<html xmlns="http://www.w3.org/1999/xhtml">
<head>
<style type="text/css">
h1{color: red}
p {color: blue}
</style>
</head>
<body>
<h1> 标题格式 </h1>
<p> 段落格式 </p>
</body>
</html>
```

在代码中加粗部分的标记是对 HTML 进行格式化的，用于显示文字的颜色。在浏览器中预览，效果如图 2-16 所示。

图2-16 对HTML进行格式化

2.7 链接元素 <link>

<link> 标签定义文档与外部资源之间的关系。<link> 标签最常用于链接样式表，其中包括：链接的类型属性 type；源文档与目标文档的关系属性 rel；外部文件路径 href。

基本语法：

```
<head>
<link rel="stylesheet" type="text/css" href="theme.css" />
</head>
```

语法说明：

在用于样式表时，<link> 标签得到了几乎所有浏览器的支持。在 HTML 中，<link> 标签没有结束标签。在 XHTML 中，<link> 标签必须被正确地关闭。

下面实例将演示如何使用 <link> 标签链接到一个外部样式表。

实例代码：

```
<!DOCTYPE html PUBLIC "-//W3C//DTD XHTML 1.0 Transitional//EN"
"http://www.w3.org/TR/xhtml1/DTD/xhtml1-transitional.dtd">
<html xmlns="http://www.w3.org/1999/xhtml">
<head>
<meta http-equiv="Content-Type" content="text/html; charset=gb2312" />
<title> 链接到外部 CSS 样式表 </title>
<link rel="stylesheet" type="text/css" href="style.css" media="screen" />
</head>
<body>
<div id="main_container">
    <div id="header">
    <div id="logo"><a href="home.html"><img src="images/logo.png" width="358" height="40"
alt="" title="" border="0" /></a></div>
    <div id="menu">
    <ul>
    <li><a class="current" href="#" title="">home</a></li>
    <li><a href="#" title="">about me</a></li>
    <li><a href="#" title="">my photos</a></li>
    <li><a href="#" title="">my projects</a></li>
    <li><a href="#" title="">contact</a></li>
    </ul>
    </div>
    </div>
```

在代码中加粗部分的标记是使用 <link> 标签链接到一个外部样式表 style.css 的。在浏览器中预览，效果如图 2-17 所示。

图2-17　使用<link>标签链接到外部样式表

2.8 综合实战——创建基本的HTML文件

本章主要学习了 HTML 文件整体标记的使用，下面就用所学的知识来创建最基本的 HTML 文件。

❶使用 Dreamweaver CS6 打开网页文档，如图 2-18 所示。

图2-18　打开原始文档

❷打开拆分视图，在代码 <title> 百事得大酒店 </title> 之间输入标题，如图 2-19 所示。

图2-19　设置网页的标题

❸打开拆分视图，在 <head> 和 </head> 之间输入 <meta content="text/html; charset=gb2312" http-equiv=Content-Type> 代码，从而定义网页的语言，如图 2-20 所示。

图2-20　定义网页的语言

❹打开拆分视图，在 <body> 标签中输入 bgColor=#FF9F04，用来定义网页的背景颜色，如图 2-21 所示。

图2-21　定义网页的背景颜色

⑤在 \<body\> 标签中输入 topmargin="0" leftmargin="0" 代码，用于设置网页的上边距和左边距，将上边距和，左边距均设置为 0，如图 2-22 所示。

图2-22 设置页面的边距

⑥保存网页，在浏览器中预览，效果如图 2-23 所示。

图2-23 效果图

第3章 用HTML设置文字与段落格式

本章导读

　　文字不仅是网页信息传达的一种常用方式，也是视觉传达最直接的方式，运用经过精心处理的文字材料完全可以制作出效果很好的页面。输入完文本内容后，即可对其进行格式化操作，而设置文本样式是实现快速编辑文档的有效操作，让文字看上去编排有序、整齐、美观。通过对本章的学习，读者可以掌握如何在网页中合理使用文字；如何根据需要选择不同的文字效果。

技术要点

- 插入其他标记
- 设置文字的格式
- 设置段落的格式
- 水平线标记
- 设置滚动文字

实例展示

设置页面文本及段落的效果

3.1　插入其他标记

在网页中除了可以输入中文、英文和其他文字外，还可以输入一些空格或特殊字符，如￥、$、◎、#等。

3.1.1　输入空格符号

可以用许多不同的方法来分开文字，包括空格、标签和换行。这些都被称为"空格"，因为它们可增加字与字之间的距离。

基本语法：

```
 
```

语法说明：

在网页中可以有多个空格，输入一个空格使用   表示，输入多少个空格就添加多少个 。

实例代码：

```
<!DOCTYPE html PUBLIC "-//W3C//DTD
XHTML 1.0 Transitional//EN"
"http://www.w3.org/TR/xhtml1/DTD/xhtml1-
transitional.dtd">
<html xmlns="http://www.w3.org/1999/
xhtml">
<head>
<meta http-equiv="Content-Type"
content="text/html; charset=gb2312" />
<title> 空格符号 </title>
</head>
<body>
         只有创造客户价值，才
```

能赢得品牌的美誉度。在关注创新、发展的同时，兼顾不同市场和客户的特殊需求，积极将专业经验与高新技术转化为全方位的服务。企业秉承"真诚、周到、专业"的服务理念，替用户着想，为用户服务，

```
      对
```

用户负责。不断提升服务标准，保证服务系统的高品质和灵活性，为客户提供优质的产品和呈现专业、全面的照明解决方案，并在技术指导和系统安装上给予客户帮助和解决

```
策略，         最大限度地满足客户的需求，
```

让客户更方便地感受到绿色照明行业的便捷和实用。

```
</body>
</html>
```

在代码中加粗部分的标记" "为设置空格的代码，在浏览器中预览，可以看到浏览器完整地保留了输入的空格代码，效果如图3-1所示。

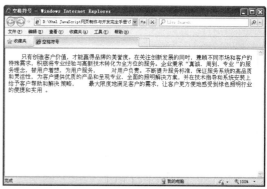

图3-1　空格效果

3.1.2　输入特殊符号

除了空格以外，在网页的制作过程中，还用一些特殊的符号也需要使用代码进行代替。一般情况下，特殊符号的代码由前缀"&"、字符名称和后缀";"组成。使用特殊符号可以将键盘上没有的字符入进去。

基本语法：

```
&amp;……&copy;
```

语法说明：

在需要添加特殊符号的地方添加相应的符号代码即可，常用符号及其对应代码如表3-1所示。

表3-1 特殊符合

特 殊 符 号	符号的代码
"	&quot;
&	&amp;
<	&lt;
>	&gt;
×	&times;
§	&sect
©	&copy;
®	&reg;
™	&trade;

3.2 设置文字的格式

<font> 标记用来控制字体、大小和颜色等属性，它是 HTML 中最基本的标记之一，掌握好 <font> 标记的使用是控制网页文本的基础。可以用来定义文字的字体（Face）、大小（Size）和颜色（Color），也就是它的三个参数。

3.2.1 设置字体：face

face 属性规定的是字体的名称，如"宋体"、"楷体"、"隶书"等。可以通过字体的 face 属性设置不同的字体，设置的字体效果必须在浏览器中安装相应的字体后才可以正确浏览，否则有些特殊字体会被浏览器中的普通字体所代替。

基本语法：

```
<font face=" 字体样式 ">……</font>
```

语法说明：

face 属性用于定义该段文本所采用的字体名称。如果浏览器能够在当前系统中找到该字体，则使用该字体显示。

实例代码：

```
<!DOCTYPE html PUBLIC "-//W3C//DTD XHTML 1.0 Transitional//EN"
"http://www.w3.org/TR/xhtml1/DTD/xhtml1-transitional.dtd">
<html xmlns="http://www.w3.org/1999/xhtml">
<head>
<meta http-equiv="Content-Type" content="text/html; charset=gb2312" />
<title> 设置字体 </title>
</head>
<body>
```

```
<p><font face="经典细空黑">质量
是企业的生命，客户满意是我们的宗旨，</
font></p>
<p><font face="经典中圆简">无论今
天或未来，公司将不遗余力，</font></p>
<p><font face="微软繁楷体">营造更
好的产品提供一流的服务。</font></p>
</body>
</html>
```

在代码中加粗部分的代码标记是设置文字字体的，在浏览器中预览，可以看到不同的字体，效果如图 3-2 所示。

图3-2 字体属性

3.2.2 设置字号：size

文字的大小也是文字的重要属性之一。除了使用标题文字标记设置固定大小的字号之外，HTML 语言还提供了 <font> 标记的 size 属性来设置普通文字的字号。

基本语法：

<font size=" 文字字号 ">……</font>

语法说明：

size 属性用来设置字体大小，它有"绝对"和"相对"两种方式。Size 属性有 1~7 七个等级，1 级最小，7 级的字体最大，默认的字体大小是 3 级。可以使用"Size=?"定义字体的大小。

实例代码：

```
<!DOCTYPE html PUBLIC "-//W3C//DTD
XHTML 1.0 Transitional//EN"
"http://www.w3.org/TR/xhtml1/DTD/xhtml1-
transitional.dtd">
<html xmlns="http://www.w3.org/1999/
xhtml">
<head>
<meta http-equiv="Content-Type"
content="text/html; charset=gb2312" />
<title> 设置字号 </title>
</head>
<body>
<p><font size="3">质量是企业的生命，
客户满意是我们的宗旨，</font></p>
<p><font size="5">无论今天或未来，
公司将不遗余力，</font></p>
<p><font size="7">营造更好的产品提
供一流的服务。</font></p>
</body>
</html>
```

在代码中加粗部分的标记是设置文字字号的，在浏览器中预览，效果如图 3-3 所示。

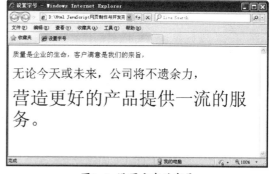

图3-3 设置文字的字号

★ 提示 ★

<font>标记和它的属性可影响周围的文字，该标记可应用于文本段落、句子和单词，甚至单个字母。

3.2.3 设置文字颜色：color

在 HTML 页面中，还可以通过不同的颜色表现不同的文字效果，从而增加网页的亮丽色彩，吸引浏览者的注意。

基本语法：

```
<font color=" 字体颜色 ">……</font>
```

语法说明：

它可以用浏览器承认的颜色名称或十六进制数值表示。

实例代码：

```
<!DOCTYPE html PUBLIC "-//W3C//DTD XHTML 1.0 Transitional//EN"
"http://www.w3.org/TR/xhtml1/DTD/xhtml1-transitional.dtd">
<html xmlns="http://www.w3.org/1999/xhtml">
<head>
<meta http-equiv="Content-Type" content="text/html; charset=gb2312" />
<title> 设置文字颜色 </title>
</head>
<body>
<p><font color="#FF0000"> 质量是企业的生命，客户满意是我们的宗旨，</font></p>
<p><font color="#3333CC"> 无论今天或未来，公司将不遗余力，</font></p>
<p><font color="#03F030"> 营造更好的产品提供一流的服务。</font></p>
</body>
</html>
```

在代码中加粗部分的标记是设置字体颜色的，在浏览器中预览，可以看出文字颜色，效果如图 3-4 所示。

图3-4 设置文字颜色效果

★ 提示 ★

注意字体的颜色一定鲜明，并且与底色配合，否则你想象一下白色背景和灰色的字或是蓝色的背景红色的字有多么的难看、刺眼。

3.2.4　设置粗体、斜体、下划线：b、strong、em、u

<b> 和 <strong> 是 HTML 中格式化粗体文本的最基本元素。在 <b> 和 </b> 之间的文字或在 <strong> 和 </strong> 之间的文字，在浏览器中都会以粗体字体显示。该元素的首尾部分都是必需的，如果没有结尾标记，则浏览器会认为从 <b> 开始的所有文字都是粗体。

基本语法：

```
<b> 加粗的文字 </b>
<strong> 加粗的文字 </strong>
```

语法说明：

在该语法中，粗体的效果可以通过 <b> 标记来实现，还可以通过 <strong> 标记来实现。<b> 和 <strong> 是行内元素，它可以插入到一段文本的任何部分。

<i>、<em> 和 <cite> 是 HTML 中格式化斜体文本的最基本元素。在 <i> 和 </i> 之间的文字、在 <em> 和 </em> 之间的文字或在 <cite> 和 </cite> 之间的文字，在浏览器中都会以斜体显示。

基本语法：

```
<i> 斜体文字 </i>
<em> 斜体文字 </em>
<cite> 斜体文字 </cite>
```

语法说明：

斜体的效果可以通过 <i> 标记、<em> 标记和 <cite> 标记来实现。一般在一篇以正体显示的文字中用斜体文字起到醒目、强调或区别的作用。

<u> 标记的使用和粗体及斜体标记类似，它作用于需加下划线的文字。

基本语法：

```
<u> 下划线的内容 </u>
```

语法说明：

该语法与粗体和斜体的语法基本相同。

实例代码：

```
<!DOCTYPE html PUBLIC "-//W3C//DTD XHTML 1.0 Transitional//EN"
"http://www.w3.org/TR/xhtml1/DTD/xhtml1-transitional.dtd">
<html xmlns="http://www.w3.org/1999/xhtml">
<head>
<meta http-equiv="Content-Type" content="text/html; charset=gb2312" />
<title> 设置粗体、斜体、下划线 </title>
</head>
<body>
```

```
<p><strong>一、人生就像一个球，无论
如何滚来滚去，总有在一个点上停止的时候；
</strong></p>
<p><em>二、人生，不求活得完美，但求
活得实在；</em></p>
<p><u>三、人生活在世界上，都是在自
觉不自觉的写书。写得好写得坏，写得厚写得
薄，写得平庸写...</u></p>
</body>
</html>
```

在代码中加粗部分的标记，<strong> 为设置文字的加粗；<em> 为设置斜体；<u> 为设置下划线的效果，在浏览器中预览，效果如图3-5 所示。

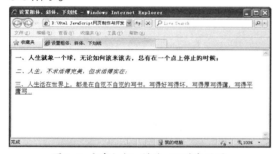

图3-5 文字加粗、斜体、下划线效果

3.2.5 设置上标与下标: sup、sub

sup 上标文本标签、sub 下标文本标签都是 HTML 的标准标签，尽管使用的场合比较少，但是数学等式、科学符号和化学公式经常会被用到。

基本语法：

```
<sup>上标内容</sup>
<sub>下标内容</sub>
```

语法说明：

在 ^{......} 中的内容的高度为前后文本流定义的高度的一半，sup 文字下端和前面文字的下端对齐，但是与当前文本流中文字的字体和字号都是一样的。

在 _{......} 中的内容的高度为前后文本流定义的高度的一半，sup 文字上端和前面文字的上端对齐，但是与当前文本流中文字的字体和字号都是一样的。

实例代码：

```
<!DOCTYPE html PUBLIC "-//W3C//
DTD XHTML 1.0 Transitional//EN"
"http://www.w3.org/TR/xhtml1/DTD/xhtml1-
transitional.dtd">
<html xmlns="http://www.w3.org/1999/
xhtml">
<head>
<meta http-equiv="Content-Type"
content="text/html; charset=gb2312" />
<title>设置上标与下标</title>
</head>
<body>
<p>A<sup>2</sup>+B<sup>2</sup>=(A+B)<sup>2</sup>-2AB
</p>
<p>H<sub>2</sub>S0<sub>4</sub>化学
方程式硫酸分子
</p>
</body>
</html>
```

在代码中加粗部分的 <sup> 标记为设置上标 <sub> 为设置下标，在浏览器中预览，效果如图 3-6 所示。

图3-6 上标标记和下标标记

3.2.6 多种标题样式的使用: <h1>~<h6>

HTML 文档中包含有各种级别的标题，各种级别的标题由 <h1> 到 <h6> 元素来定义。其中，<h1> 代表最高级别的标题，依次递减，<h6> 级别最低。

基本语法：

```
<h1>……</h1>
<h2>……</h2>
<h3>……</h3>
<h4>……</h4>
<h5>……</h5>
<h6>……</h6>
```

语法说明：

在该语法中，1 级标题使用最大的字号表示；6 级标题使用最小的字号表示。

实例代码：

```
<!DOCTYPE html PUBLIC "-//W3C//DTD XHTML 1.0 Transitional//EN"
"http://www.w3.org/TR/xhtml1/DTD/xhtml1-transitional.dtd">
<html xmlns="http://www.w3.org/1999/xhtml">
<head>
<meta http-equiv="Content-Type" content="text/html; charset=gb2312" />
<title> 多种标题样式的使用 </title>
</head>
<body>
<h1>1 级标题 </h1>
<h2>2 级标题 </h2>
<h3>3 级标题 </h3>
<h4>4 级标题 </h4>
<h5>5 级标题 </h5>
<h6>6 级标题 </h6>
</body>
</html>
```

在代码中加粗的代码标记用于设置 6 种级别不同的标题，在浏览器中浏览，效果如图 3-7 所示。

图3-7 设置标题标记

★ 提示 ★

对于不同的浏览器，其确切的尺寸也不同，但<h1>标题大约是标准文字高度的2~3倍，<h6>标题则比标准字体略小。

3.3 设置段落的格式

在网页制作的过程中，将一段文字分成相应的段落，不仅可以增加网页的美观性，而且使网页层次分明，让浏览者感觉不到拥挤。在网页中如果要把文字有条理地显示出来，离不开段落标记的使用。在 HTML 中可以通过标记实现段落的效果。

3.3.1 给文字进行分段：p

HTML 标签中最常用、最简单的标签是段落标签，也就是 <p></p>，说它常用，是因为几乎所有的文档文件都会用到这个标签，说它简单从外形上就可以看出来，它只有一个字母。虽说是简单，但是却也非常重要，因为这是一个用来区别段落用的。

基本语法：

<p> 段落文字 <p>

语法说明：

段落标记可以没有结束标记 </p>，而每一个新的段落标记开始的同时也意味着上一个段落的结束。

实例代码：

```
<!DOCTYPE html PUBLIC "-//W3C//DTD XHTML 1.0 Transitional//EN"
"http://www.w3.org/TR/xhtml1/DTD/xhtml1-transitional.dtd">
<html xmlns="http://www.w3.org/1999/xhtml">
<head>
<meta http-equiv="Content-Type" content="text/html; charset=gb2312" />
<title> 段落标记 </title>
</head>
<body>
<p> 在今天我们可以将其看做是一种社会应该提倡的高尚人格的体现。作为一个正直而有
操守的人，其在思想上是应该做到如上所说的——矜而不争，群而不党。并且这里强调的不是
个人行为上的固持，而思想上的 "矜"。这也是我们一向强调的，"慎" 的一个具体的表现。更
是中华民族，追寻 "淳善" 的一个很好的途径，而这个过程，就是被我们称为 "教化" 的了。
</p>
</body>
</html>
```

在代码中加粗部分的代码标记 <p> 为段落标记，<p> 和 </p> 之间的文本是一个段落，效果如图 3-8 所示。

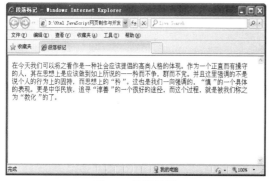

图3-8 段落效果

3.3.2 段落的对齐属性: align

默认情况下，文字是左对齐的。而在网页制作过程中，常常需要选择其他的对齐方式。关于对齐方式要使用 align 参数进行设置。

基本语法：

```
<align= 对齐方式 >
```

语法说明：

在该语法中，align 属性需要设置在标题标记的后面，其对齐方式的取值如表 3-2 所示。

表3-2 对齐方式

属 性 值	含 义
left	左对齐
center	居中对齐
right	右对齐

实例代码：

```
<!DOCTYPE html PUBLIC "-//W3C//DTD
XHTML 1.0 Transitional//EN"
    "http://www.w3.org/TR/xhtml1/DTD/xhtml1-
transitional.dtd">
    <html xmlns="http://www.w3.org/1999/
xhtml">
    <head>
    <meta http-equiv="Content-Type"
content="text/html; charset=gb2312" />
    <title> 段落的对齐属性 </title>
    </head>
    <body>
    <p align="left">青年时种下什么，老年时就收获什么。</p>
    <p align="center">人生应该如蜡烛一样，从顶燃到底，一直都是光明的。</p>
    <p align="right">生活的理想，就是为了理想的生活。<BR>
    </p>
    </body>
    </html>
```

align="left" 是 设 置 段 落 为 左 对 齐；align="center" 是 设 置 段 落 为 居 中 对 齐；align="right" 是设置段落为右对齐。在浏览器中预览，效果如图 3-9 所示。

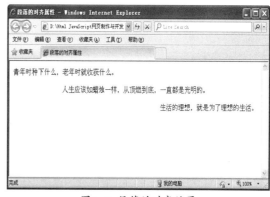

图3-9 段落的对齐效果

3.3.3 不换行标记: nobr

在网页中如果某一行的文本过长，浏览器会自动对这段文字进行换行处理。可以使用 nobr 标记来禁止自动换行。

Html+JavaScript网页制作与开发完全学习手册

基本语法：

<nobr> 不换行文字 </nobr>

语法说明：

nobr 标签用于使指定文本不换行。nobr 标签之间的文本不会自动换行。

实例代码：

```
<!DOCTYPE html PUBLIC "-//W3C//DTD
XHTML 1.0 Transitional//EN"
    "http://www.w3.org/TR/xhtml1/DTD/xhtml1-
transitional.dtd">
    <html xmlns="http://www.w3.org/1999/
xhtml">
    <head>
    <meta http-equiv="Content-Type"
content="text/html; charset=gb2312" />
    <title> 不换行标记 </title>
    </head>
    <body>
    <nobr>为什么要那么痛苦地忘记一个人，
时间自然会使你忘记。如果时间不可以让你忘
记不应该记住的人，我们失去的岁月又有什么
意义 ?</nobr>
    </body>
    </html>
```

在代码中加粗部分的代码标记 <nobr>，为不换行标记，在浏览器中预览，可以看到 <nobr> 和 </nobr> 之间的文字不换行一直往后排，如图 3-10 所示。

图3-10 不换行效果

3.3.4 换行标记：br

在 HTML 文本显示中，默认是将一行文字连续地显示出来，如果想将把一个句子后面的内容在下一行显示就会用到换行符
。换行符号标签是个单标签，也叫"空标签"，不包含任和内容，在 HTML 文件中的任何位置只要使用了
 标签，当文件显示在浏览器中时，该标签之后的内容将在下一行显示。

基本语法：

语法说明：

一个
 标记代表一个换行，连续的多个标记可以实现多次换行。

实例代码：

```
<!DOCTYPE html PUBLIC "-//W3C//DTD
XHTML 1.0 Transitional//EN"
    "http://www.w3.org/TR/xhtml1/DTD/xhtml1-
transitional.dtd">
    <html xmlns="http://www.w3.org/1999/
xhtml">
    <head>
    <meta http-equiv="Content-Type"
content="text/html; charset=gb2312" />
    <title> 换行标记 </title>
    </head>
    <body>
    "如果你简单，这个世界就对你简单"。
<br> 简单生活才能幸福生活，人要自足常乐、
宽容大度，什么事情都不能想繁杂，心灵的负
荷重了，就会怨天忧人。<br> 要定期地对记
忆进行一次删除，把不愉快的人和事从记忆中
摈弃。
    </body>
    </html>
```

在代码中加粗部分的代码标记
 为设

置换行标记，在浏览器中预览，可以看到换行的效果，如图 3-11 所示。

图3-11 换行效果

> **★ 提示 ★**
>
>
是唯一可以为文字分行的方法。其他标记如 <p>，可以为文字分段土。

3.4 水平线标记

水平线对于制作网页的朋友来说一定不会陌生，它在网页的版式设计中是非常有用的，可以用来分隔文本和对象。在网页中常常看到一些水平线将段落与段落隔开，这些水平线可以通过插入图片实现，也可以更简单地通过标记来完成。

3.4.1 插入水平线: hr

水平线标记，用于在页面中插入一条水平标尺线，使页面看起来整齐、明了。

基本语法：

```
<hr>
```

语法说明：

在网页中输入一个 <hr> 标记，就添加了一条默认样式的水平线。

实例代码：

```
<!DOCTYPE html PUBLIC "-//W3C//DTD XHTML 1.0 Transitional//EN"
"http://www.w3.org/TR/xhtml1/DTD/xhtml1-transitional.dtd">
<html xmlns="http://www.w3.org/1999/xhtml">
<head>
<meta http-equiv="Content-Type" content="text/html; charset=gb2312" />
<title> 插入水平线 </title>
</head>
<body>
<p> 家乡的春节   </p>
<hr>
<p>   眨眼间，春节就悄悄地来临了。春节是我国的传统节日，俗称"过年"，是我们中国
```

最盛大的节日，我问妈妈 为什么要过年呢？妈妈告诉我，相传，中国古时有一个叫"年"的怪

兽，头长触角，凶猛异常。"年"长年深居海底，每到除夕才爬上岸，吞食牲畜伤害人命。后来人们知道了"年"最怕红色、火光和炸响。从此每年除夕，家家户户贴红对联、燃放爆竹；家家灯火通明、守更待岁。"年"真被吓走了，再也不敢来了，人们很高兴，初一一大早，走亲串友道喜问好。这风俗越传越广，于是过年便成了中国最隆重的传统节日。</p>

```
    </body>
    </html>
```

在代码中加粗部分的标记为水平线标记，

在浏览器中预览，可以看到插入的水平线，效果如图 3-12 所示。

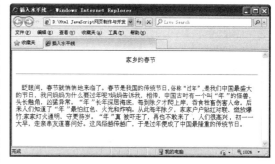

图3-12 插入水平线效果

3.4.2 设置水平线宽度与高度属性：width、size

默认情况下，水平线的宽度为 100%，可以使用 width 手动调整水平线的宽度；size 标记用于改变水平线的高度。

基本语法：

```
<hr width=" 宽度 ">
<hr size=" 高度 ">
```

语法说明：

在该语法中，水平线的宽度值可以是具体的像素值，也可以是窗口的百分比。水平线的高度只能使用绝对的像素来定义。

实例代码：

```
<!DOCTYPE html PUBLIC "-//W3C//DTD XHTML 1.0 Transitional//EN"
"http://www.w3.org/TR/xhtml1/DTD/xhtml1-transitional.dtd">
<html xmlns="http://www.w3.org/1999/xhtml">
<head>
<meta http-equiv="Content-Type" content="text/html; charset=gb2312" />
<title> 设置水平线宽度与高度属性 </title>
</head>
<body>
<p>  家乡的春节  </p>
<hr width="500" size="3">
    <p>  眨眼间，春节就悄悄地来临了。春节是我国的传统节日，俗称"过年"，是我们中国最盛大的节日，我问妈妈为什么要过年呢？妈妈告诉我，相传，中国古时有一个叫"年"的怪兽，头长触角，凶猛异常。"年"长年深居海底，每到除夕才爬上岸，吞食牲畜伤害人命。后来人们知道了"年"最怕红色、火光和炸响。从此每年除夕，家家户户贴红对联、燃放爆竹；家家
```

灯火通明、守更待岁。"年"真被吓走了，再也不敢来了，人们很高兴，初一一大早，走亲串友道喜问好。这风俗越传越广，于是过年便成了中国最隆重的传统节日。</p>

　　</body>

　　</html>

在代码中加粗部分的标记为设置水平线的宽度和高度，在浏览器中预览，可以看到将宽度设置为 500 像素，高度设置为 3 像素的效果，如图 3-13 所示。

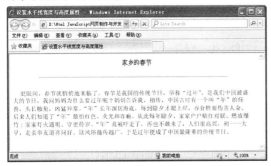

图3-13　设置水平线宽度和高度

3.4.3 设置水平线的颜色：color

在网页设计过程中，如果随意利用默认水平线，常常会出现插入的水平线与整个网页颜色不协调的情况。设置不同颜色的水平线可以为网页增色不少。

基本语法：

```
<hr color=" 颜色 ">
```

语法说明：

颜色代码是十六进制的数值或颜色的英文名称。

实例代码：

```
<!DOCTYPE html PUBLIC "-//W3C//DTD
XHTML 1.0 Transitional//EN"
　"http://www.w3.org/TR/xhtml1/DTD/xhtml1-
transitional.dtd">
　<html xmlns="http://www.w3.org/1999/
xhtml">
　<head>
　<meta http-equiv="Content-Type"
content="text/html; charset=gb2312" />
　<title> 设置水平线的颜色 </title>
　</head>
　<body>
　<p>　家乡的春节　</p>
　<hr width="500" size="3" color="#CC3300">
```

　　<p>　眨眼间，春节就悄悄地来临了。春节是我国的传统节日，俗称"过年"，是我们中国最盛大的节日，我问妈妈为什么要过年呢？妈妈告诉我，相传，中国古时有一个叫"年"的怪兽，头长触角，凶猛异常。"年"长年深居海底，每到除夕才爬上岸，吞食牲畜伤害人命。后来人们知道了"年"最怕红色、火光和炸响。从此每年除夕，家家户户贴红对联、燃放爆竹；家家灯火通明、守更待岁。"年"真被吓走了，再也不敢来了，人们很高兴，初一一大早，走亲串友道喜问好。这风俗越传越广，于是过年便成了中国最隆重的传统节日。</p>

　　</body>

　　</html>

在代码中加粗部分的标记为设置水平线的颜色，在浏览器中预览，可以看到水平线的颜色，效果如图 3-14 所示。

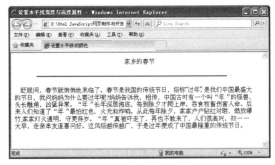

图3-14　水平线的颜色

3.4.4　设置水平线的对齐方式：align

水平线在默认情况下是居中对齐的，如果想让水平线左对齐或右对齐，就需要设置对齐方式。

基本语法：

<hr align=" 对齐方式 ">

语法说明：

在该语法中对齐方式有 3 种，分别为 center、left 和 right，其中 center 的效果与默认的效果相同。

实例代码：

```
<!DOCTYPE html PUBLIC "-//W3C//DTD XHTML 1.0 Transitional//EN"
"http://www.w3.org/TR/xhtml1/DTD/xhtml1-transitional.dtd">
<html xmlns="http://www.w3.org/1999/xhtml">
<head>
<meta http-equiv="Content-Type" content="text/html; charset=gb2312" />
<title> 设置水平线的对齐方式 </title>
</head>
<body>
<p>      家乡的春节    </p>
<hr width="500"size="3"color="#CC3300"align="center">
<p>    眨眼间，春节就悄悄地来临了。春节是我国的传统节日，俗称过年，是我们中国最盛
大的节日，我问妈妈为什么要过年呢？妈妈告诉我，相传，中国古时有一个叫"年"的怪兽，
头长触角，凶猛异常。"年"长年深居海底，每到除夕才爬上岸，吞食牲畜伤害人命。<hr width=
"200"color="#00200"align="left"> 后来人们知道了 "年"最怕红色、火光和炸响。从此每年除夕，
家家户户贴红对联、燃放爆竹；家家灯火通明、守更待岁。"年"真被吓走了，再也不敢来了，
人们很高兴，初一一大早，走亲串友道喜问好。<hr width="150"color="#33CC00 "align="right">
这风俗越传越广，于是过年便成了中国最隆重的传统节日。</p>
</body>
</html>
</html>
```

在代码中加粗部分的标记为设置水平线的对齐方式，在浏览器中预览，可以看到水平线不同对齐方式，效果如图 3-15 所示。

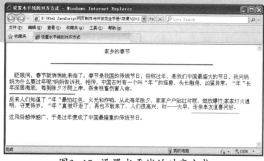

图3-15　设置水平线的对齐方式

3.4.5　水平线去掉阴影

默认的水平线是空心立体的效果，可以将其设置为实心并且不带阴影的水平线。

基本语法：

```
<hr noshade>
```

语法说明：

noshade 是布尔值的属性，它没有属性值，如果在 <hr> 元素中写上了这个属性，则浏览器不会显示立体形状的水平线，反之则无须设置该属性，浏览器默认显示一条立体形状带有阴影的水平线。

实例代码：

```
<!DOCTYPE html PUBLIC "-//W3C//DTD XHTML 1.0 Transitional//EN"
"http://www.w3.org/TR/xhtml1/DTD/xhtml1-transitional.dtd">
<html xmlns="http://www.w3.org/1999/xhtml">
<head>
<meta http-equiv="Content-Type" content="text/html; charset=gb2312" />
<title> 水平线去掉阴影 </title>
</head>
<body>
<p>　　家乡的春节　</p>
<hr width="500" color="#CC3300" noshade>
<p>　　眨眼间，春节就悄悄地来临了。春节是我国的传统节日，俗称过年，是我们中国最盛大的节日，我问妈妈为什么要过年呢？妈妈告诉我，相传，中国古时有一个叫"年"的怪兽，头长触角，凶猛异常。"年"长年深居海底，每到除夕才爬上岸，吞食牲畜伤害人命。后来人们知道了"年"最怕红色、火光和炸响。从此每年除夕，家家户户贴红对联、燃放爆竹；家家灯火通明、守更待岁。"年"真被吓走了，再也不敢来了，人们很高兴，初一一大早，走亲串友道喜问好。这风俗越传越广，于是过年便成了中国最隆重的传统节日。</p>
</body>
</html>
```

在代码中加粗部分的标记为设置无阴影的水平线，在浏览器中预览，可以看到水平线没有阴影，效果如图 3-16 所示。

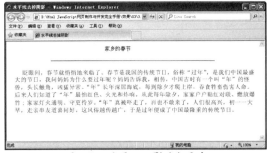

图3-16　设置无阴影的水平线

3.5　设置滚动文字

滚动文字的使用使整个网页更有动感，显得很有生气。现在的网站中也越来越多地使用滚动字幕来加强网页的互动性。用 JavaScript 编程可以实现滚动字幕效果；用层也可以做出非常漂亮的滚动字幕。而用 HTML 的 <marquee> 滚动字幕标记所需的代码最少，确实能够以较少的下载时间换来较好的效果。

3.5.1　滚动文字标签——marquee

使用 marquee 标签可以将文字、图片等设置为动态滚动的效果。

基本语法：

<marquee> 滚动的文字 </marquee>

语法说明：

只要在标签之间添加要进行滚动的文字即可，而且可以在标签之间设置这些文字的字体、颜色等。

实例代码：

```
<!DOCTYPE html PUBLIC "-//W3C//DTD XHTML 1.0 Transitional//EN"
"http://www.w3.org/TR/xhtml1/DTD/xhtml1-transitional.dtd">
<html xmlns="http://www.w3.org/1999/xhtml">
<head>
<meta http-equiv="Content-Type" content="text/html; charset=gb2312" />
<title> 滚动文字标签 </title>
</head>
<body>
<marquee>
<p> 公寓采用宾馆式的设计理念，根据老年人的生活特点，从居住、饮食、医疗、娱乐、安全五方面为老人提供舒适的生活环境。</p>
<p> 楼内装有两部电梯，公共空间装有 39 个监控摄像头，并配有电子烟感报警系统；老人房间都有独立卫生间，</p>
<p> 每个床头都有呼叫按钮；设有多功能厅、图书室、绘画室、棋牌室、台球室等活动场所，丰富老年人的精神文化生活。</p>
<p> 院内两个花园并配有健身器械，阳光充足的时候老人们到公园散步、锻炼。</p>
</marquee>
</body>
</html>
```

在代码中加粗的 <marquee> 与 </marquee>
之间的文字滚动出现，在浏览器中浏览，效果
如图 3-17 所示。

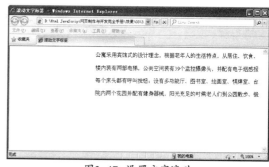

图3-17 设置文字滚动

3.5.2 滚动方向属性——direction

默认情况下，文字滚动的方向是从右向左的，可以通过 direction 标记来设置滚动的方向。

基本语法：

<marquee direction=" 滚动方向 "> 滚动的文字 </marquee>

语法说明：

在该语法中，滚动方向包括 up、down、left 和 right 4 个参数，它们分别表示向上、向下、向左和向右滚动，其中向左滚动的效果与默认效果相同。

实例代码：

```
<!DOCTYPE html PUBLIC "-//W3C//DTD XHTML 1.0 Transitional//EN"
"http://www.w3.org/TR/xhtml1/DTD/xhtml1-transitional.dtd">
<html xmlns="http://www.w3.org/1999/xhtml">
<head>
<meta http-equiv="Content-Type" content="text/html; charset=gb2312" />
<title> 滚动方向属性 </title>
</head>
<body>
<marquee direction="up">
<p> 公寓采用宾馆式的设计理念，根据老年人的生活特点，从居住、饮食、医疗、娱乐、安全五方面为老人提供舒适的生活环境。</p>
<p> 楼内装有两部电梯，公共空间装有 39 个监控摄像头，并配有电子烟感报警系统；老人房间都有独立卫生间，</p>
<p> 每个床头都有呼叫按钮；设有多功能厅、图书室、绘画室、棋牌室、台球室等活动场所，丰富老年人的精神文化生活。</p>
<p> 院内两个花园并配有健身器械，阳光充足的时候老人们到公园散步、锻炼。</p>
</marquee>
</body>
</html>
```

在代码中加粗的 `<marquee>` 与 `</marquee>` 之间的文字滚动出现，direction="up" 将文字的滚动方向设置为向上。在浏览器中浏览，效果如图 3-18 所示。

图3-18 设置滚动方向

3.5.3 滚动方式属性——behavior

除了可以设置滚动方向外，还可以通过 behavior 标记来设置滚动方式，如循环运动等。

基本语法：

`<marquee behavior=" 滚动方式 "> 滚动的文字 </marquee>`

语法说明：

behavior 标记的取值如表 3-3 所示。

表3-3 behavior标记的属性

属 性 值	说 明
scroll	循环滚动，默认效果
slide	只滚动一次就停止
alternate	来回交替进行滚动

实例代码：

```
<!DOCTYPE html PUBLIC "-//W3C//DTD XHTML 1.0 Transitional//EN"
"http://www.w3.org/TR/xhtml1/DTD/xhtml1-transitional.dtd">
<html xmlns="http://www.w3.org/1999/xhtml">
<head>
<meta http-equiv="Content-Type" content="text/html; charset=gb2312" />
<title> 滚动方式属性 </title>
</head>
<body>
<marquee direction="up" behavior="scroll">
<p> 公寓采用宾馆式的设计理念，根据老年人的生活特点，从居住、饮食、医疗、娱乐、安
全五方面为老人提供舒适的生活环境。</p>
<p> 楼内装有两部电梯，公共空间装有 39 个监控摄像头，并配有电子烟感报警系统；老人
房间都有独立卫生间，</p>
<p> 每个床头都有呼叫按钮；设有多功能厅、图书室、绘画室、棋牌室、台球室等活动场
所，丰富老年人的精神文化生活。</p>
```

```
    <p> 院内两个花园并配有健身器械，阳光
充足的时候老人们到公园散步、锻炼。</p>
    </marquee>
    </body>
    </html>
```

在代码中加粗的 <marquee> 与 </marquee>
之间的文字滚动出现，behavior="scroll" 将文字的
滚动方式设置为循环滚动。在浏览器中浏览，
效果如图 3-19 所示。

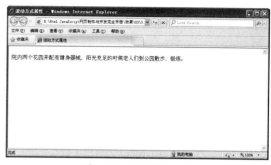

图3-19 设置滚动方式

3.5.4 滚动速度属性——scrollamount

scrollamount 标记用于设置文字滚动的速度。

基本语法：

```
<marquee scrollamount=" 滚动速度 "> 滚动的文字 </marquee>
```

语法说明：

滚动的速度实际上是设置滚动文字每次移动的长度，以"像素"为单位。

实例代码：

```
<!DOCTYPE html PUBLIC "-//W3C//DTD XHTML 1.0 Transitional//EN"
"http://www.w3.org/TR/xhtml1/DTD/xhtml1-transitional.dtd">
<html xmlns="http://www.w3.org/1999/xhtml">
<head>
<meta http-equiv="Content-Type" content="text/html; charset=gb2312" />
<title> 滚动速度属性 </title>
</head>
<body>
<marquee direction="up" behavior="scroll" scrollamount="1">
    <p> 公寓采用宾馆式的设计理念，根据老年人的生活特点，从居住、饮食、医疗、娱乐、安
全五方面为老人提供舒适的生活环境。</p>
    <p> 楼内装有两部电梯，公共空间装有 39 个监控摄像头，并配有电子烟感报警系统；老人
房间都有独立卫生间，</p>
    <p> 每个床头都有呼叫按钮；设有多功能厅、图书室、绘画室、棋牌室、台球室等活动场
所，丰富老年人的精神文化生活。</p>
    <p> 院内两个花园并配有健身器械，阳光充足的时候老人们到公园散步、锻炼。</p>
    </marquee>
    </body>
    </html>
```

在代码中加粗的 \<marquee\> 与 \</marquee\> 之间的文字滚动出现，scrollamount="1" 将文字滚动的速度设置为1。在浏览器中浏览，效果如图 3-20 所示。

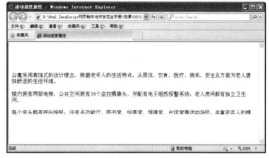

图3-20 设置滚动速度

3.5.5 滚动延迟属性——scrolldelay

scrolldelay 标记用于设置滚动文字的时间间隔。

基本语法：

\<marquee scrolldelay=" 时间间隔 "\> 滚动的文字 \</marquee\>

语法说明：

scrolldelay 的时间间隔单位是"毫秒"，如果设置的时间比较长，会产生走走停停的效果。

实例代码：

```
<!DOCTYPE html PUBLIC "-//W3C//DTD XHTML 1.0 Transitional//EN"
"http://www.w3.org/TR/xhtml1/DTD/xhtml1-transitional.dtd">
<html xmlns="http://www.w3.org/1999/xhtml">
<head>
<meta http-equiv="Content-Type" content="text/html; charset=gb2312" />
<title> 滚动延迟属性 </title>
</head>
<body>
<marquee direction="up" behavior="scroll" scrollamount="1" scrolldelay="60">
<p> 公寓采用宾馆式的设计理念，根据老年人的生活特点，从居住、饮食、医疗、娱乐、安全五方面为老人提供舒适的生活环境。</p>
<p> 楼内装有两部电梯，公共空间装有 39 个监控摄像头，并配有电子烟感报警系统；老人房间都有独立卫生间，</p>
<p> 每个床头都有呼叫按钮；设有多功能厅、图书室、绘画室、棋牌室、台球室等活动场所，丰富老年人的精神文化生活。</p>
<p> 院内两个花园并配有健身器械，阳光充足的时候老人们到公园散步、锻炼。</p>
</marquee>
</body>
</html>
```

在代码中加粗的 <marquee> 与 </marquee>
之间的文字滚动出现，scrolldelay="60" 将文字
的滚动延迟设置为 60。在浏览器中浏览，效
果如图 3-21 所示。

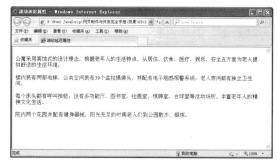

图3-21　设置滚动延迟

3.5.6　滚动循环属性——loop

设置文字滚动后，默认情况下会不断地循环下去，如果希望滚动几次就停止，可以使用
loop 标记设置滚动的次数。

基本语法：

```
<marquee loop=" 循环次数 "> 滚动的文字 </marquee>
```

实例代码：

```
<!DOCTYPE html PUBLIC "-//W3C//DTD XHTML 1.0 Transitional//EN"
"http://www.w3.org/TR/xhtml1/DTD/xhtml1-transitional.dtd">
<html xmlns="http://www.w3.org/1999/xhtml">
<head>
<meta http-equiv="Content-Type" content="text/html; charset=gb2312" />
<title> 滚动循环属性 </title>
</head>
<body>
<marquee direction="up" scrolldelay="60" loop="3">
<p> 公寓采用宾馆式的设计理念，根据老年人的生活特点，从居住、饮食、医疗、娱乐、安
全五方面为老人提供舒适的生活环境。</p>
<p> 楼内装有两部电梯，公共空间装有 39 个监控摄像头，并配有电子烟感报警系统；老人
房间都有独立卫生间，</p>
<p> 每个床头都有呼叫按钮；设有多功能厅、图书室、绘画室、棋牌室、台球室等活动场
所，丰富老年人的精神文化生活。</p>
<p> 院内两个花园并配有健身器械，阳光充足的时候老人们到公园散步、锻炼。</p>
</marquee>
</body>
</html>
```

在代码中加粗的 <marquee> 与 </marquee> 之间的文字滚动出现，loop="3" 将文字滚动的循
环次数设置为 3。在浏览器中浏览，效果如图 3-22 所示。

Html + JavaScript网页制作与开发完全学习手册

HTML技术

当文字滚动 3 个循环之后，滚动文字将不再出现，如图 3-23 所示。

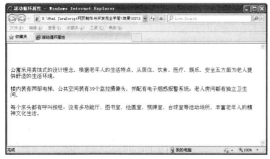

图3-22 设置循环次数

图3-23 滚动文字不再出现

3.5.7 滚动范围属性——width、height

如果不设置滚动背景的面积，默认情况下，水平滚动的文字背景与文字同高、与浏览器窗口同宽，使用 width 和 height 标记可以调整其水平和垂直的范围。

基本语法：

<marquee width=" 背景宽度 " height =" 背景高度 "> 滚动的文字 </marquee>

语法说明：

以 "像素" 为单位设置滚动背景宽度和高度。

实例代码：

```
<!DOCTYPE html PUBLIC "-//W3C//DTD XHTML 1.0 Transitional//EN"
"http://www.w3.org/TR/xhtml1/DTD/xhtml1-transitional.dtd">
<html xmlns="http://www.w3.org/1999/xhtml">
<head>
<meta http-equiv="Content-Type" content="text/html; charset=gb2312" />
<title> 滚动范围属性 </title>
</head>
<body>
<marquee direction="up" scrollamount="1" width="450" height="280">
<p> 公寓采用宾馆式的设计理念，根据老年人的生活特点，从居住、饮食、医疗、娱乐、安全五方面为老人提供舒适的生活环境。</p>
<p> 楼内装有两部电梯，公共空间装有 39 个监控摄像头，并配有电子烟感报警系统；老人房间都有独立卫生间，</p>
<p> 每个床头都有呼叫按钮；设有多功能厅、图书室、绘画室、棋牌室、台球室等活动场所，丰富老年人的精神文化生活。</p>
<p> 院内两个花园并配有健身器械，阳光充足的时候老人们到公园散步、锻炼。</p>
</marquee>
```

```
</body>
</html>
```

在代码中加粗的<marquee>与</marquee>之间的文字滚动出现，width="450" height="280"将文字的滚动宽度和高度分别设置为 450 和280，在浏览器中浏览，效果如图 3-24 所示。

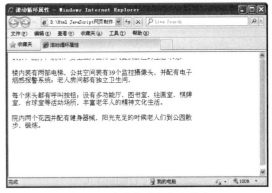

图3-24 设置滚动宽度和高度

3.5.8 滚动背景颜色属性——bgcolor

bgcolor 标记用于设置滚动区域的背景颜色，以突出显示某部分。

基本语法：

<marquee bgcolor=" 背景颜色 "> 滚动的文字 </marquee>

语法说明：

滚动背景颜色可以是一个已命名的颜色，也可以是一个十六进制的颜色值。

实例代码：

```
<!DOCTYPE html PUBLIC "-//W3C//DTD XHTML 1.0 Transitional//EN"
"http://www.w3.org/TR/xhtml1/DTD/xhtml1-transitional.dtd">
<html xmlns="http://www.w3.org/1999/xhtml">
<head>
<meta http-equiv="Content-Type" content="text/html; charset=gb2312" />
<title> 滚动背景颜色属性 </title>
</head>
<body>
<marquee direction="up" scrollamount="1" width="450" height="280"
bgcolor="#F99000">
<p> 公寓采用宾馆式的设计理念，根据老年人的生活特点，从居住、饮食、医疗、娱乐、安
全五方面为老人提供舒适的生活环境。</p>
<p> 楼内装有两部电梯，公共空间装有 39 个监控摄像头，并配有电子烟感报警系统；老人
房间都有独立卫生间，</p>
<p> 每个床头都有呼叫按钮；设有多功能厅、图书室、绘画室、棋牌室、台球室等活动场
所，丰富老年人的精神文化生活。</p>
<p> 院内两个花园并配有健身器械，阳光充足的时候老人们到公园散步、锻炼。</p>
</marquee>
```

```
</body>
</html>
```

在代码中加粗的 `<marquee>` 与 `</marquee>` 之间的文字滚动出现,`bgcolor="#F99000"` 将文字滚动区域的背景颜色设置为黄色。在浏览器中浏览,效果如图 3-25 所示。

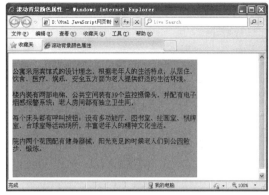

图3-25 设置滚动区域的背景颜色

3.5.9 滚动空间属性——hspace、vspace

hspace 和 vspac 标记用于设置滚动文字周围的文字与滚动背景之间的空白空间。

基本语法:

```
<marquee hspace=" 水平范围 " vspace=" 垂直范围 "> 滚动的文字 </marquee>
```

语法说明:

以"像素"为单位设置水平范围和垂直范围。

实例代码:

```
<!DOCTYPE html PUBLIC "-//W3C//DTD XHTML 1.0 Transitional//EN"
"http://www.w3.org/TR/xhtml1/DTD/xhtml1-transitional.dtd">
<html xmlns="http://www.w3.org/1999/xhtml">
<head>
<meta http-equiv="Content-Type" content="text/html; charset=gb2312" />
<title> 滚动空间属性 </title>
</head>
<body>
<marquee direction="up" scrollamount="1" width="450" height="280"
bgcolor="#F99000" hspace="40" vspace="20">
<p> 公寓采用宾馆式的设计理念,根据老年人的生活特点,从居住、饮食、医疗、娱乐、安全五方面为老人提供舒适的生活环境。</p>
<p> 楼内装有两部电梯,公共空间装有 39 个监控摄像头,并配有电子烟感报警系统;老人房间都有独立卫生间。</p>
<p> 每个床头都有呼叫按钮;设有多功能厅、图书室、绘画室、棋牌室、台球室等活动场所,丰富老年人的精神文化生活。</p>
<p> 院内两个花园并配有健身器械,阳光充足的时候老人们到公园散步、锻炼。</p>
```

```
</marquee>
</body>
</html>
```

在代码中加粗的 <marquee> 与 </marquee> 之间的文字滚动出现，hspace="40" vspace="20" 将文字的水平范围和垂直范围分别设置为 40 和 20。在浏览器中浏览，效果如图 3-26 所示。

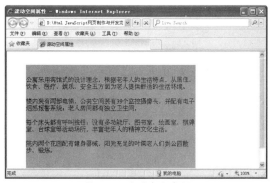

图3-26 设置空白空间

3.6 综合实战——设置页面文本及段落

文字是人类语言最基本的表达方式，文本的控制与布局在网页设计中占了很大比例，文本与段落也可以说是最重要的组成部分。本章通过大量实例详细讲述了文本与段落标记的使用，下面通过实例练习网页文本与段落的设置方法。

❶使用 Dreamweaver CS6 打开网页文档，如图 3-27 所示。

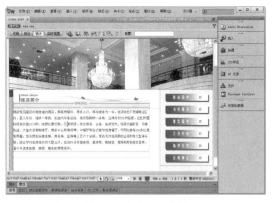

图3-27 打开网页文档

❷切换到代码视图，在文字的前面输入代码 <font color="#FF0000" face=" 宋体 " size="4">，设置文字的字体、大小、颜色，如图 3-28 所示。

图3-28 输入代码

❸在代码视图中，在文字的最后面输入代码 </font>，如图 3-29 所示。

图3-29 输入代码

④打开代码视图，在文本中输入代码 <p>……</p>，即可将文字分成相应的段落。如图 3-30 所示。

图3-30 输入段落标记

⑤在拆分视图中，在第 2 段文字的前面输入代码 <p align="center">，设置文本的段落左对齐，如图 3-31 所示。

图3-31 输入段落的对齐标记

⑥在拆分视图中，在文字中相应的位置输入   ，设置空格，如图 3-32 所示。

图3-32 输入空格标记

⑦保存网页，在浏览器中预览，效果如图 3-33 所示。

图3-33 设置页面文本及段落的效果

第4章 用HTML创建精彩的图像和多媒体页面

本章导读

  图像是网页中不可缺少的元素，巧妙地在网页中使用图像可以为网页增色不少。网页美化最简单、最直接的方法就是在网页上添加图像，图像不但使网页更加美观、形象和生动，而且使网页中的内容更加丰富多彩。利用图像创建精美网页，能够给网页增加生机，从而吸引更多的浏览者。在网页中，除了可以插入文本和图像外，还可以插入动画、声音、视频等媒体元素，如滚动效果、Flash、Applet、ActiveX及Midi声音文件等。通过对本章的学习，读者可以学习到多媒体文件的使用，从而丰富网页的效果，吸引浏览者的注意。

技术要点

- 网页中常见的图像格式
- 插入图像并设置图像属性
- 添加多媒体文件
- 添加背景音乐

实例展示

多媒体效果

图文混合排版

4.1 网页中常见的图像格式

每天在网络上交流的网友数不胜数，因此使用的图像格式一定能够被每一台计算机接受，当前互联网上流行的图像格式通常以 GIF 和 JPEG 为主。另外还有一种名叫 PNG 的文件格式，也被越来越多地应用在网络中，下面就对这 3 种图像格式的特点进行介绍。

1. GIF 格式

GIF 是英文单词 Graphic Interchange Format 的缩写，即图像交换格式，文件最多可使用 256 种颜色，最适合显示色调不连续或具有大面积单一颜色的图像，例如导航条、按钮、图标、徽标或其他具有统一色彩和色调的图像。

GIF 格式的最大优点就是可制作动态图像，可以将数张静态文件作为动画帧串联起来，转换成一个动画文件。

GIF 格式的另一优点就是可以将图像以交错的方式在网页中呈现。所谓"交错显示"，就是当图像尚未下载完成时，浏览器会先以马赛克的形式将图像显示出来，让浏览者可以大略猜出下载图像的雏形。

2. JPEG 格式

JPEG 是英文单词 Joint Photographic Experts Group 的缩写，它是一种图像压缩格式。此文件格式是用于摄影或连续色调图像的高级格式，这是因为 JPEG 文件可以包含数百万种颜色。随着 JPEG 文件品质的提高，文件的大小和下载时间也会随之增加。通常可以通过压缩 JPEG 文件在图像品质和文件大小之间达到良好的平衡。

JPEG 格式是一种压缩得非常紧凑的格式，专门用于不含大色块的图像。JPEG 图像有一定的失真度，但是在正常的损失下肉眼分辨不出 JPEG 和 GIF 图像的区别，而 JPEG 文件只有 GIF 文件的 1/4。JPEG 对图标之类的含大色块的图像不是很有效，不支持透明图和动态图，但它能够保留全真的色调板格式。如果图像需要全彩模式才能表现效果，JPEG 就是最佳的选择。

3. PNG 格式

PNG（Portable Network Graphics）图像格式是一种非破坏性的网页图像文件格式，它提供了将图像文件以最小的方式压缩却又不造成图像失真的技术。它不仅具备了 GIF 图像格式的大部分优点，而且还支持 48-bit 的色彩、更快地交错显示、跨平台的图像亮度控制、更多层的透明度设置。

4.2 插入图像并设置图像属性

今天看到的丰富多彩的网页，都是因为有了图像的作用。想一想过去，网络中全部都是纯文本的网页，非常枯燥，就知道图像在网页设计中的重要性了。在 HTML 页面中可以插入图像，并设置图像属性。

4.2.1　图像标记：img

有了图像文件后，就可以使用 img 标记将图像插入到网页中，从而达到美化网页的效果。img 元素的相关属性如表 4-1 图像标记。

表4-1图像标记

属　　性	描　　述
src	图像的源文件
alt	提示文字
width，height	宽度和高度
border	边框
vspace	垂直间距
hspace	水平间距
align	排列
dynsrc	设定 avi 文件的播放
loop	设定 avi 文件循环播放的次数
loopdelay	设定 avi 文件循环播放的延迟时间
start	设定 avi 文件的播放方式
lowsrc	设定低分辨率图片
usemap	映像地图

基本语法：

<img src=" 图像文件的地址 ">

语法说明：

在语法中，src 参数用来设置图像文件所在的路径，这一路径可以是相对路径，也可以是绝对路径。

4.2.2　设置图像高度：height

height 属性用来定义图片的高度，如果 <img> 元素不定义高度，图片就会按照它的原始尺寸显示。

基本语法：

<img src=" 图像文件的地址 " height=" 图像的高度 ">

语法说明：

在该语法中，height 设置图像的高度。

实例代码：

```
<!DOCTYPE html PUBLIC "-//W3C//DTD XHTML 1.0 Transitional//EN"
"http://www.w3.org/TR/xhtml1/DTD/xhtml1-transitional.dtd">
<html xmlns="http://www.w3.org/1999/xhtml">
<head>
<meta http-equiv="Content-Type" content="text/html; charset=gb2312" />
```

```
<title> 设置图像高度 </title>
</head>
<body>
<img src="images/xhs.jpg"
width="372" height="326" />
<img src="images/xhs.jpg"
width="372" height="188" />
</body>
</html>
```

在代码中加粗部分的第 1 行标记是使用 height="326" 设置图像高度为 326；而第 2 行标记是使用 height="188" 调整图像的高度为 188。在浏览器中预览可以看到调整图像的高度，如图 4-1 所示。

图4-1 调整图像的高度

★ 提示 ★

尽量不要通过 height 和 width 属性来缩放图像。如果通过 height 和 width 属性来缩小图像，那么，用户就必须下载大容量的图像（即使图像在页面上看上去很小）。正确的做法是，在网页上使用图像之前，应该通过软件把图像处理为合适的尺寸。

4.2.3 设置图像宽度: width

width 属性用来定义图片的宽度，如果 <img> 元素不定义宽度，图片就会按照它的原始尺寸显示。

基本语法:

<img src=" 图像文件的地址 " width=" 图像的宽度 >

语法说明:

在该语法中，width 设置图像的宽度。

实例代码:

```
<!DOCTYPE html PUBLIC "-//W3C//DTD
XHTML 1.0 Transitional//EN"
    "http://www.w3.org/TR/xhtml1/DTD/xhtml1-
transitional.dtd">
    <html xmlns="http://www.w3.org/1999/
xhtml">
    <head>
    <meta http-equiv="Content-Type"
content="text/html; charset=gb2312" />
    <title> 设置图像宽度 </title>
    </head>
    <body>
    <img src="images/xhs.jpg"
width="450" height="384" />
    <img src="images/xhs.jpg"
width="250" height="384" />
    </body>
    </html>
```

在代码中加粗部分的第 1 行标记是使用 width="450" 设置图像宽度为 450;而第 2 行标记是使用 width="250" 调整图像的宽度为 250。在浏览器中预览可以看到调整图像的宽度，如图 4-2 所示。

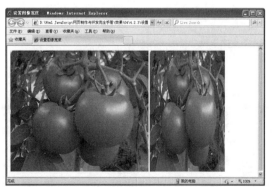

图4-2 调整图像的宽度

★ 提示 ★

在指定宽、高时，如果只给出宽度或高度中的一项，则图像将按原宽高比例进行缩放；否则，图像将按指定的宽度和高度显示。

4.2.4 设置图像的边框: border

默认情况下，图像是没有边框的，使用 img 标记符的 border 属性，可以定义图像周围的边框。

基本语法：

<img src=" 图像文件的地址 " border=" 图像边框的宽度 ">

语法说明：

在该语法中，border 的单位是"像素"，值越大边框越宽。HTML4.01 不推荐使用图像的 "border" 属性，但是所有主流浏览器均支持该属性。

实例代码：

```
<!DOCTYPE html PUBLIC "-//W3C//DTD
XHTML 1.0 Transitional//EN"
"http://www.w3.org/TR/xhtml1/DTD/xhtml1-
transitional.dtd">
<html xmlns="http://www.w3.org/1999/
xhtml">
<head>
<meta http-equiv="Content-Type"
content="text/html; charset=gb2312" />
<title> 设置图像的边框 </title>
</head>
<body>
<img src="images/tu.jpg" width="382"
height="493">
<img src="images/tu.jpg" width="382"
height="493" border="5">
</body>
```

```
</html>
```

在代码中加粗部分的标记第 1 行为没有为图像添加边框；第 2 行是使用 border="5" 为图像添加边框。在浏览器中预览可以看到添加的边框宽度为 5 像素，如图 4-3 所示。

图4-3 添加图像边框效果

4.2.5 设置图像水平间距: hspace

通常浏览器不会在图像和其周围的文字之间留出很多空间。除非创建一个透明的图像边框来扩大这些间距，否则图像与其周围文字之间默认的两个像素的距离，对于大多数设计者来说是太近了。可以在 img 标记符内使用 hspace 属性设置图像周围空白，通过调整图像的边距，可以使文字和图像的排列显得紧凑，看上去更加协调。

基本语法：

<img src=" 图像文件的地址 " hspace=" 水平边距 ">

语法说明：

通过 hspace，可以以"像素"为单位，指定图像左边和右边的文字与图像之间的间距，水平边距 hspace 属性的单位是"像素"。

实例代码：

```
<!DOCTYPE html PUBLIC "-//W3C//DTD
XHTML 1.0 Transitional//EN"
"http://www.w3.org/TR/xhtml1/DTD/xhtml1-
```

transitional.dtd">

```
<html xmlns="http://www.w3.org/1999/xhtml">
<head>
<meta http-equiv="Content-Type" content="text/html; charset=gb2312" />
<title> 设置图像水平间距 </title>
</head>
<body>
<img src="images/jiudian.jpg" width="600" height="400" hspace="100">
</body>
</html>
```

在代码中加粗部分的标记 hspace="100" 是为图像添加水平边距的，在浏览器中预览可以看到设置的水平边距为 100 像素，如图 4-4 所示。

图4-4 设置图像的水平边距效果

4.2.6 设置图像垂直间距: vspace

vspace 是上面的或下面的文字与图像之间的距离。

基本语法：

<img src=" 图像文件的地址 " vspace=" 垂直边距 ">

语法说明：

在该语法中，vspace 属性的单位是 "像素"。

实例代码：

```
<!DOCTYPE html PUBLIC "-//W3C//DTD XHTML 1.0 Transitional//EN"
"http://www.w3.org/TR/xhtml1/DTD/xhtml1-transitional.dtd">
<html xmlns="http://www.w3.org/1999/xhtml">
<head>
<meta http-equiv="Content-Type" content="text/html; charset=gb2312" />
<title> 设置图像垂直间距 </title>
</head>
<body>
<img src="images/jiudian.jpg" width="600" height="400" vspace="50">
</body>
</html>
```

在代码中加粗部分的标记 vspace="50" 是为图像添加垂直边距的，在浏览器中预览可以看到设置的垂直边距为 50 像素，如图 4-5 所示。

图4-5 设置图像的垂直边距效果

4.2.7 设置图像的对齐方式: align

<img> 标签的 align 属性定义了图像相对于周围元素的水平和垂直对齐方式。

基本语法:

```
<img src=" 图像文件的地址 " align=" 对齐方式 ">
```

语法说明:

可以通过 <img> 标签的 align 属性来控制带有文字包围的图像的对齐方式。HTML 和 XHTML 标准指定了 5 种图像对齐属性值: left、right、top、middle 和 bottom。align 的取值如表 4-2 所示。

表4-2 align属性

属 性	描 述
bottom	把图像与底部对齐
top	把图像与顶部对齐
middle	把图像与中央对齐
left	把图像对齐到左边
right	把图像对齐到右边

实例代码:

```
<!DOCTYPE html PUBLIC "-//W3C//DTD
XHTML 1.0 Transitional//EN"
"http://www.w3.org/TR/xhtml1/DTD/xhtml1-
transitional.dtd">
<html xmlns="http://www.w3.org/1999/
xhtml">
<head>
<meta http-equiv="Content-Type"
content="text/html; charset=gb2312" />
<title> 设置图像的对齐方式 </title>
</head>
<body>
应广大农民朋友的要求,公司又于
2008、2009 年相继推出" 大果 -175"
和 "A-175", <img src="images/hong.
jpg" width="200" height="150"hspace="40"
align="right">新品推出后也深受包商及农
```

民朋友的喜爱。为了品种的多样化及不同时期的需求,目前公司已着手推广辣椒、西红柿、甜玉米等优良品种,公司主要研发的双色地膜是目前中国农业所欠缺的。本公司拥有先进的农膜生产线、完善的管理制度、雄厚的技术力量,采用全新原粒来打造最好的农膜产品,

公司人员长期下到农村第一线。本着"先学做人再学做事,诚实互信,服务农村"的理念,与广大农民朋友建立起互惠互信的良好关系。

```
</body>
</html>
```

在代码中加粗部分的标记 align="right" 是为图像设置对齐方式的,在浏览器中预览效果,可以看出图像是右对齐的,如图 4-6 所示。

图4-6 设置图像对齐方式

4.2.8 设置图像的替代文字: alt

<img> 标签的 alt 属性指定了替代文本,用于在图像无法显示或用户禁用图像显示时,代替图像显示在浏览器中的内容。强烈推荐在文档的每幅图像中都使用这个属性。这样即使图像无法显示,用户还可以了解到相应信息。

基本语法:

```
<img src=" 图像文件的地址 " alt=" 提示文字的内容 ">
```

语法说明:

alt 属性的值是一个最多可以包含 1024 个字符的字符串,其中包括空格和标点。这个字

符串必须包含在引号中。这段 alt 文本中可以包含对特殊字符的实体引用，但它不允许包含其他类别的标记，尤其是不允许有任何样式标签。

实例代码：

```
<!DOCTYPE html PUBLIC "-//W3C//DTD XHTML 1.0 Transitional//EN"
"http://www.w3.org/TR/xhtml1/DTD/xhtml1-transitional.dtd">
<html xmlns="http://www.w3.org/1999/xhtml">
<head>
<meta http-equiv="Content-Type" content="text/html; charset=gb2312" />
<title> 设置图像的替代文字 </title>
</head>
<body>
应广大农民朋友的要求，公司又于 2008、2009 年相继推出"大果 -175"和"A-175"，<img
src="images/hong. jpg" width="200" height="150"hspace="40" align="right" alt="红果"> 新品推出
后也深受包商及农民朋友的喜爱。为了品种的多样化及不同时期的需求，目前公司已着手推广
辣椒、西红柿、甜玉米等优良品种，公司主要研发的双色地膜是目前中国农业所欠缺的。本公
司拥有先进的农膜生产线、完善的管理制度、雄厚的技术力量，采用全新原粒来打造最好的农
膜产品，
公司人员长期下到农村第一线。本着"先学做人再学做事，诚实互信，服务农村"的理念，
与广大农民朋友建立起互惠互信的良好关系。
</body>
</html>
```

在代码中加粗部分的标记 alt="红果" 是添加图像的提示文字的，在浏览器中预览可以看到添加的提示文字，如图 4-7 所示。

图4-7 添加提示文字效果

4.3 添加多媒体文件

如果能在网页中添加音乐或视频文件，可以使单调的网页变得更加生动，但是如果要正确浏览嵌入这些文件的网页，就需要在客户端的计算机中安装相应的播放软件，在网页中常见的多媒体文件包括声音文件和视频文件。

Html + JavaScript网页制作与开发完全学习手册

基本语法：

<embed src=" 多媒体文件地址 " width=" 多媒体的宽度 " height=" 多媒体的高度 " autostart=" 是否自动运行 " loop= 是否循环播放 " ></embed>

语法说明：

在语法中，width 和 height 一定要设置，单位是"像素"，否则无法正确显示播放多媒体的软件。Autostart 的取值有两个，一个是 true，表示自动播放；另一个是 False，表示不自动播放。loop 的取值不是具体的数字，而是 true 或 False，如果取值为 true，表示媒体文件将无限次的循环播放；而如果取值为 False，则只播放一次。

实例代码：

```
<!DOCTYPE html PUBLIC "-//W3C//DTD XHTML 1.0 Transitional//EN"
"http://www.w3.org/TR/xhtml1/DTD/xhtml1-transitional.dtd">
<html xmlns="http://www.w3.org/1999/xhtml">
<head>
<meta http-equiv="Content-Type" content="text/html; charset=gb2312" />
<title> 添加多媒体文件标记 </title>
</head>
<body>
<embed src="images/1b.swf" width="980" height="280"></embed>
</body>
</html>
```

在代码中加粗部分的代码标记是插入多媒体的，在浏览器中预览插入的 Flash 效果，如图 4-8 所示。

图4-8 插入多媒体文件效果

4.4 添加背景音乐

许多有特色的网页上都添加了背景音乐，随网页的打开而循环播放。在网页中加入一段背景音乐，只要用 bgsound 标记就可以实现。

4.4.1 设置背景音乐: bgsound

在网页中，除了可以嵌入普通的声音文件外，还可以为某个网页设置背景音乐。

基本语法：

```
<bgsound src=" 背景音乐的地址 ">
```

语法说明：

src 是音乐文件的地址，可以是绝对路径也可以是相对路径。背景音乐的文件可以是 avi、mp3 等声音文件。

实例代码：

```
<!DOCTYPE html PUBLIC "-//W3C//DTD XHTML 1.0 Transitional//EN"
"http://www.w3.org/TR/xhtml1/DTD/xhtml1-transitional.dtd">
<html xmlns="http://www.w3.org/1999/xhtml">
<head>
<meta http-equiv="Content-Type" content="text/html; charset=gb2312" />
<title> 设置背景音乐 </title>
</head>
<body >
<img src="images/index.jpg" width="1002" height="610" />
<bgsound src="images/yinyue.wav">
</body>
</html>
```

第 4 章 用 HTML 创建精彩的图像和多媒体页面

在代码中加粗部分的代码标记 <bgsound src="images/yinyue.wav"> 是插入背景音乐的，在浏览器中预览可以听到音乐效果，如图 4-9 所示。在制作网页时，添加一种背景音乐，可以使网页更加引人注意。

图4-9 插入背景音乐效果

4.4.2 设置循环播放次数: loop

通常情况下，背景音乐需要不断地播放，可以通过设置 loop 来实现循环次数的控制。

基本语法：

```
<bgsound src=" 背景音乐的地址 " loop=" 播放次数 ">
```

语法说明：

loop 是循环次数，-1 是无限循环。

实例代码：

```
<!DOCTYPE html PUBLIC "-//W3C//DTD XHTML 1.0 Transitional//EN"
"http://www.w3.org/TR/xhtml1/DTD/xhtml1-transitional.dtd">
<html xmlns="http://www.w3.org/1999/xhtml">
<head>
<meta http-equiv="Content-Type" content="text/html; charset=gb2312" />
<title> 设置循环播放次数 </title>
</head>
<body >
<img src="images/index.jpg" width="1002" height="610" />
<bgsound src="images/yinyue.wav" loop="5">
</body>
</html>
```

在代码中加粗部分的代码标记 loop="5" 是
设置插入的背景音乐循环播放次数的，在浏览
器中预览可以听到背景音乐循环播放 5 次后，
自动停止播放，如图 4-10 所示。

图4-10 背景音乐循环播放5次后自动停止

4.5　综合实战

本章主要讲述了网页中常用的图像格式以及如何在网页中插入图像、设置图像属性、在网
页中插入多媒体等，下面通过以上所学到的知识讲述两个实例。

4.5.1　实战——创建多媒体网页

下面将通过具体的实例来讲述创建多媒体网页的方法，具体操作步骤如下。

❶使用 Dreamweaver CS6 打开网页文档，如图 4-11 所示。

❷打开拆分视图，在相应的位置输入代码 <embed src="images/top.swf" width="978"
height="238"></embed>，如图 4-12 所示。

图4-11 打开网页文档

图4-13 输入背景音乐代码

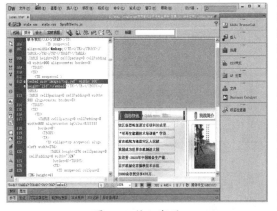

图4-12 输入代码

图4-14 输入播放次数代码

❸将光标置于body的后面，输入背景音乐代码 <bgsound src="images/gequ.wav">，如图 4-13 所示。

❹在代码中输入播放的次数，<bgsound src="images/gequ.wav" loop="infinite ">，如图 4-14 所示。

❺保存文档，按F12键在浏览器中预览，效果如图 4-15 所示。

图4-15 多媒体效果

4.5.2 实战——创建图文混合排版网页

虽然网页中提供各种图片可以使网页显得更加漂亮，但有时也需要在图片旁边添加一些文字说明。图文混排一般有几种方法，对于初学者而言，可以将图片放置在网页的左侧或右侧，然后将文字内容放置在图片旁边。下面讲述图文混排的方法，具体步骤如下。

❶使用 Dreamweaver CS6 打开网页文档，如图 4-16 所示。

图4-16 打开网页文档

❷打开代码视图，将光标置于相应的位置，输入图像代码 <imgsrc="images/pic_05.gif">，如图4-17所示。

图4-17 输入图像代码

❸ 在代码视图中输入 width="300" height="225"，设置图像的高和宽，如图4-18所示。

图4-18 设置图像的高和宽

❹ 在 代 码 视 图 中 输 入 hspace="10" vspace="5"，设置图像的水平边距和垂直边距，如图4-19所示。

图4-19 设置图像的水平边距和垂直边距

❺在代码视图中输入 align="left"，用来设置图像的对齐方式为"左对齐"，如图4-20所示。

图4-20 设置图像的对齐方式

❻保存文档，按F12键，在浏览器中预览，如图4-21所示。

图4-21 图文混合排版效果

第5章 用HTML创建超链接

本章导读

超级链接是 HTML 文档的最基本特征之一。超级链接的英文为 hyperlink，它能够让浏览者在各个独立的页面之间方便地跳转。每个网站都是由众多的网页组成的，网页之间通常都是通过链接方式相互关联的。各个网页链接在一起后，才能真正构成一个网站。

技术要点

- 链接和路径
- 链接元素 <a>
- 创建图像的超链接
- 创建锚点链接
- 下载文件链接

实例展示

网页超链接

创建超级链接实例

创建图像热区链接

5.1　链接和路径

超链接是网页中最重要的元素之一，是从一个网页或文件到另一个网页或文件的链接，包括图像或多媒体文件，还可以指向电子邮件地址或程序。在网页上加入超链接，就可以把 Internet 上众多的网站和网页联系起来，构成一个有机的整体。

5.1.1　超链接的基本概念

超级链接由源地址文件和目标地址文件构成，当访问者单击超链接时，浏览器会从相应的目标地址检索网页并显示在浏览器中。如果目标地址不是网页而是其他类型的文件，浏览器会自动调用本机上的相关程序打开所要访问的文件。

链接由以下 3 部分组成。

❶位置点标记 <a>，将文本或图片标识为链接。

❷属性 href="..."，放在位置点起始标记中。

❸地址（称为 URL），浏览器要链接的文件。URL 用于标识 Web 或本地磁盘上的文件位置，这些链接可以指向某个 HTML 文档，也可以指向文档引用的其他元素，如图形、脚本或其他文件。

5.1.2　路径URL

如果在引用超链接文件时，使用了错误的文件路径，就会导致引用失效，无法浏览链接文件。为了避免这些错误，正确地引用文件，我们需要学习一下 HTML 路径。

路径 URL 用来定义一个文件、内容或媒体等所在的地址，这个地址可以是相对链接，也可以是一个网站中绝对地址。关于路径的写法，因其所用的方式不同有相应的变换。

HTML 有两种路径的写法：相对路径和绝对路径。

1．HTML 相对路径

相对路径就是指由这个文件所在的路径引起的跟其他文件（或文件夹）的路径关系。使用相对路径可以为我们带来非常多的便利。

● 同一个目录的文件引用

如果源文件和引用文件在同一个目录里，直接写引用文件名即可。

我们现在建一个源文件 about.html，在 about.html 里要引用 index.html 文件作为超链接。

假设 about.html 路径是：c:\Inetpub\wwwroot\sites\news\about.html

假设 index.html 路径是：c:\Inetpub\wwwroot\sites\news\index.html

在 about.html 加入 index.html 超链接的代码应该这样写：

```
<a href = "index.html">index.html</a>
```

● 引用上级目录

../ 表示源文件所在目录的上一级目录，../../ 表示源文件所在目录的上上级目录，以此类推。

假设 about.html 路径是：c:\Inetpub\wwwroot\sites\news\about.html

假设 index.html 路径是：c:\Inetpub\wwwroot\sites\index.html

在 about.html 加入 index.html 超链接的代码应该这样写：

```
<a href = "../index.html">index.html</a>
```

● 引用下级目录

引用下级目录的文件，直接写下级目录文件的路径即可。

假设 about.html 路径是：c:\Inetpub\wwwroot\sites\news\about.html

假设 index.html 路径是：c:\Inetpub\wwwroot\sites\news\html\index.html

在 about.html 加入 index.html 超链接的代码应该这样写：

```
<a href = "html/index.html">index.html</a>
```

2. HTML 绝对路径

HTML 绝对路径指带域名的文件的完整路径。

例如，网站域名是 www.baidu.com，如果在根目录下放了一个文件 index.html，这个文件的绝对路径就是：http://www.baidu.com/index.html。

假设在根目录下建了一个 news 目录，然后在该目录下放了一个 index.html 文件，这个文件的绝对路径就是 http://www.baidu.com/news/index.html。

5.1.3 HTTP路径

链接到外部网站就是跳转到当前网站外部，这种链接一般情况下需要使用绝对的链接地址，经常使用 HTTP 协议进行外部链接。HTTP 路径，用来链接 Web 服务器中的文档。

基本语法：

```
<a href="http:// 网站地址 "> 链接内容 </a>
```

语法说明：

在该语法中，http:// 表明这是关于 HTTP 协议的外部链接，在其后输入网站的网址即可。

实例代码：

```
<table width="85%" align="center" cellpadding="5" cellspacing="3">
    <tr>
     <td> 友情链接 </td>
    </tr>
    <tr>
     <td><a href="http://www.baidu.com">百度 </a></td>
    </tr>
    <tr>
     <td><a href="http://www.sina.com">新浪 </a></td>
    </tr>
</table>
```

在代码中加粗的代码标记分别将文字"百度"和"新浪"的链接设置为 http://www.baidu.com、http://www.sina.com，在浏览器中浏览，效果如图 5-1 所示。当单击链接文字"百度"时，就会打开它所链接的百度网站，如图 5-2 所示。

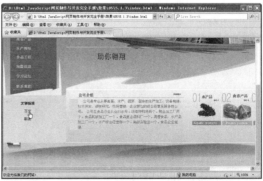

图5-1 链接到外部网站

图5-2 百度网站

5.1.4　FTP路径

FTP 是一种文件传输协议，它是计算机与计算机之间能够相互通信的语言，通过 FTP 可以获得 Internet 上丰富的资源。

FTP 路径，用来链接 FTP 服务器中的文档，使用 FTP 路径时，可以在浏览器中直接输入相应的 FTP 地址，打开相应的目录或下载相关的内容，也可以使用相关的软件，打开 FTP 地址中相应的目录或下载相关的内容。

基本语法：

```
<a href="ftp://…/"> 链接内容 </a>
```

实例代码：

```
<!DOCTYPE html PUBLIC "-//W3C//DTD
XHTML 1.0 Transitional//EN"

"http://www.w3.org/TR/xhtml1/DTD/xhtml1-transitional.dtd">

<html xmlns="http://www.w3.org/1999/xhtml">

<head>
<meta http-equiv="Content-Type" content="text/html; charset=gb2312" />
<title>ftp 链接 </title>
</head>
<body>
```

```
<p>
这是一个FTP 链接：<a href= "ftp://ftp.pku.edu.cn/">北京大学 FTP 服务器 </a>
</p>
</body>
</html>
```

在代码中加粗部分的标记 <a href="ftp://ftp.pku.edu.cn/"> 是 FTP 链接，在浏览器中预览，效果如图 5-3 所示。单击超链接可以链接到北京大学 FTP 服务器，如图 5-4 所示。

图5-3 FTP链接

图5-4 链接到FTP服务器

5.1.5　邮件路径

在网页上创建 E-mail 链接，可以使浏览者能够快速反馈自己的意见。当浏览者单击 E-mail 链接时，可以立即打开浏览器默认的 E-mail 处理程序，收件人邮件地址被 E-mail 超链接中指定的地址自动更新，无须浏览者输入。

Html + JavaScript网页制作与开发完全学习手册

基本语法：

<a href="mailto: 电子邮件地址 "> 链接内容 </a>

语法说明：

在该语法中，电子邮件地址后面还可以增加一些参数如表 5-1 所示。

表5-1　邮件的参数

属性值	说明	语法
cc	抄送收件人	<a href="mailto: 电子邮件地址 ?cc= 电子邮件地址 "> 链接内容 </a>
subject	电子邮件主题	<a href="mailto: 电子邮件地址 ?subject= 主题文字 "> 链接内容 </a>
bcc	暗送收件人	<a href="mailto: 电子邮件地址 ?bcc= 电子邮件地址 "> 链接内容 </a>
body	电子邮件内容	<a href="mailto: 电子邮件地址 ?body= 邮件内容 "> 链接内容 </a>

实例代码：

```
<tr>
<td valign=bottom height=35>
<a href="mailto:mailto: sdwdxia@163.com">联系我们 </a>
</td>
</tr>
```

在代码中加粗的代码标记 <a href="mailto:mailto: sdwdxia@163.com"> 用于创建 E-mail 链接，在浏览器中浏览，效果如图 5-5 所示。当单击链接文字"联系我们"时，会打开默认的电子邮件软件，如图 5-6 所示。

图5-5　创建E-mail链接

图5-6　电子邮件软件

5.2　链接元素 \<a\>

超链接的范围很广泛，利用它不仅可以进行网页间的相互链接，还可以使网页链接到相关的图像文件、多媒体文件及下载程序等。

5.2.1　指定路径href

链接标记 \<a\> 在 HTML 中既可以作为一个跳转其他页面的链接，也可以作为"埋设"在文档中某处的一个"锚定位"，\<a\> 也是一个行内元素，它可以成对出现在一段文档的任何位置。

基本语法：

\<a href=" 链接目标 "\> 链接显示文本 \</a\>

语法说明：

在该语法中，\<a\> 标记的属性值，如表 5-2 所示。

表5-2　\<a\>标记的属性值

属　性	说　明
href	指定链接地址
name	给链接命名
title	给链接添加提示文字
target	指定链接的目标窗口

实例代码：

```
<!DOCTYPE html PUBLIC "-//W3C//DTD XHTML 1.0 Transitional//EN"
"http://www.w3.org/TR/xhtml1/DTD/xhtml1-transitional.dtd">
<html xmlns="http://www.w3.org/1999/xhtml">
<head>
<meta http-equiv="Content-Type" content="text/html; charset=gb2312" />
<title> 指定路径属性 </title>
</head>
<body>
<p><a href="1">1、河流之所以能够到达目的地，是因为它懂得怎样避开障碍。</a></p>
<p><a href=" 2">2、日出东海落西山，愁也一天，喜也一天；遇事不钻牛角尖，人也舒坦，心也舒坦。</a></p>
<p><a href=" 3">3、后悔是一种耗费精神的情绪，后悔是比损失更大的损失，比错误更大的错误，所以不要后悔。</a></p>
<p><a href=" 4">4、死亡教会人一切，如同考试之后公布的结果——虽然恍然大悟，但为时晚矣！</a></p>
<p><a href=" 5">5、每个人出生的时候都是原创，可悲的是很多人渐渐都成了盗版。</a></p>
```

Html＋JavaScript网页制作与开发完全学习手册

`<p><a href="6">6、每个人都有潜在的能量，只是很容易被习惯所掩盖，被时间所迷离，被惰性所消磨。</a></p>`

`</body>`

`</html>`

在代码中加粗部分的代码标记为设置文档中的超链接，在浏览器中预览可以看到链接效果，如图5-7所示。我们在网站上也经常看到链接的效果，如图5-8所示。

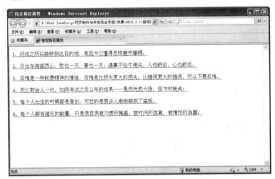

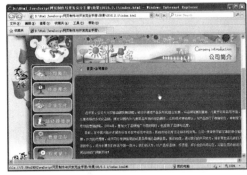

图5-7 超链接效果   图5-8 超链接网页

5.2.2 显示链接目标属性target

在创建网页的过程中，默认情况下超链接在原来的浏览器窗口中打开，可以使用 target 属性来控制打开的目标窗口。

基本语法：

`<a href="链接目标"target="目标窗口的打开方式">`

语法说明：

在该语法中，target 参数的取值有 4 种，如表5-3所示。

表5-3 target参数的取值

属 性 值	含 义
-self	在当前页面中打开链接
-blank	在一个全新的空白窗口中打开链接
-top	在顶层框架中打开链接，也可以理解为在根框架中打开链接
-parent	在当前框架的上一层里打开链接

实例代码：

```
<!DOCTYPE html PUBLIC "-//W3C//DTD XHTML 1.0 Transitional//EN"
"http://www.w3.org/TR/xhtml1/DTD/xhtml1-transitional.dtd">
<html xmlns="http://www.w3.org/1999/xhtml">
<head>
<meta http-equiv="Content-Type" content="text/html; charset=gb2312" />
<title>显示链接目标属性</title>
```

```
</head>

<body>

<p><a href="jieshao.html" target="_
blank">1、河流之所以能够到达目的地，是因
为它懂得怎样避开障碍。</a></p>

<p><a href=" 2 ">2、日出东海落西山，愁
也一天，喜也一天；遇事不钻牛角尖，人也舒
坦，心也舒坦。</a></p>

<p><a href=" 3 ">3、后悔是一种耗费精神
的情绪，后悔是比损失更大的损失，比错误更
大的错误，所以不要后悔。</a></p>

<p><a href=" 4 ">4、死亡教会人一切，如
同考试之后公布的结果——虽然恍然大悟，但
为时晚矣！</a></p>

<p><a href=" 5 ">5、每个人出生的时候都
是原创，可悲的是很多人渐渐都成了盗版。</
a></p>

<p><a href=" 6 ">6、每个人都有潜在的能
量，只是很容易被习惯所掩盖，被时间所迷
离，被惰性所消磨。</a></p>

</body>

</html>
```

在代码中加粗的代码标记 target="_blank"
是设置内部链接的目标窗口的，在浏览器中预
览单击设置链接的对象，可以打开一个新的窗
口，如图 5-9 和图 5-10 所示。

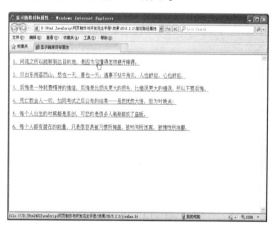

图5-9 设置链接目标窗口

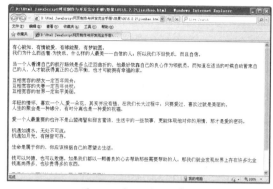

图5-10 打开的目标窗口

5.2.3 链接的热键属性 accesskey

HTML 教程标签中的 AccessKey 属性相当
于 Windows 应用程序中的 Alt 快捷键。该属性
可以设置某个 HTML 元素的快捷键，这样就可
以不用鼠标定位某个页面元素，而只用快捷键
Alt 和某个字母键，就可以快速切换定位到页
面对象上。

基本语法：

```
<a href="http://www.xxxx.com/xhtml/"
accesskey="h">( 按住 Alt 键 ) 按键盘上的 h 键，
再按 Enter 键 (IE) 就可以直接链接到 HTML 教
程 .</a>
```

语法说明：

定义了 accesskey 的链接可以使用快捷
键 (ALT+ 字母) 访问，主菜单与导航菜单使用
accesskey，通常是不错的选择。

实例代码：

```
<!DOCTYPE html PUBLIC "-//W3C//DTD
XHTML 1.0 Transitional//EN"
    "http://www.w3.org/TR/xhtml1/DTD/xhtml1-
transitional.dtd">
    <html xmlns="http://www.w3.org/1999/
xhtml">
    <head>
```

```
<meta http-equiv="Content-Type" content="text/html; charset=gb2312" />
<title> 链接的热键属性 accesskey</title>
</head>
<body>
<p><a  href="http://www.xxxx.com/xhtml/"  accesskey="h">（按住 Alt 键）按键盘上的 h
键，再按 Enter 键（IE）就可以直接链接到 HTML 教程。</a></p>
<h2> 各种浏览器下 accesskey 快捷键的使用方法。</h2>
<p><strong>IE浏览器 </strong></p>
<p> 按住 Alt 键，按 accesskey 定义的快捷键（焦点将移动到链接），再按 Enter 键。</p>
<p><strong>FireFox 浏览器 </strong></p>
<p> 按住 Alt+Shift 键，按 accesskey 定义的快捷键。</p>
<p><strong>Chrome 浏览器 </strong></p>
<p> 按住 Alt 键，按 accesskey 定义的快捷键。</p>
<p><strong>Opera 浏览器 </strong></p>
<p> 按住 Shift 键，按 esc 键，出现本页定义的 accesskey 快捷键列表可供选择。</p>
<p><strong>Safari 浏览器 </strong></p>
<p> 按住 Alt 键，按 accesskey 定义的快捷键。</p>
</body>
</html>
```

在代码中加粗的代码标记是设置链接的热键属性的，在浏览器中预览，效果如图 5-11 所示。

图5-11 链接的热键属性

5.3 创建图像的超链接

图像的链接包括为图像元素制作链接和在图像的局部制作链接，其中在图像的局部制作链接比较复杂，将会使用到 <map>、<area> 等元素及相关属性。

5.3.1　设置图像超链接

设置普通图像的超链接的方法非常简单，通过 <a></a> 标记来实现。

基本语法：

<a href=" 链接目标 "> 链接的图像 </a>

语法说明：

给图像添加超级链接，使其指向其他的网页或文件，这就是图像超级链接。

实例代码：

```
<!DOCTYPE html PUBLIC "-//W3C//DTD
XHTML 1.0 Transitional//EN"
   "http://www.w3.org/TR/xhtml1/DTD/xhtml1-
transitional.dtd">
   <html xmlns="http://www.w3.org/1999/xhtml">
   <head>
   <meta http-equiv="Content-Type"
content="text/html; charset=gb2312" />
   <title> 设置图像超链接 </title>
   </head>
   <body>
   <a href="index1"><img src="images/
index_08. jpg" width="1005" height="583"></a>
   </body>
   </html>
```

在代码中加粗部分的标记是为图像添加空链接的，在浏览器中预览，当鼠标指针放置在链接的图像上时，鼠标指针会发生相应的变化，如图 5-12 所示。

图5-12　图像的超链接效果

在网页中我们经常看到一些图像的链接，如图 5-13 所示。

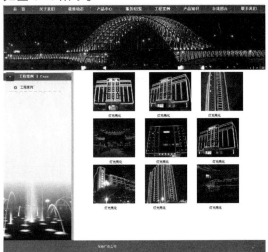

图5-13　网页上的图像链接

5.3.2　设置图像热区链接

图像整体可以是一个超链接的载体，而且图像中的一部分或多个部分也可以分别成为不同的链接，就是图像的热区链接。图像链接单击的是图像，而热点链接单击的是图像中的热点区域。

基本语法：

<img usemap="# 热区名称 ">
<map name=" 热区名称 ">
<area shape=" 热点形状 " coords=" 区域坐标 " href="# 链接目标 " alt=" 替换文字 ">
　……
</map>

语法解释：

创建链接区域元素 <map>，用来在图像元素中定义一个链接区域，<map> 元素本身并不能指定链接区域的大小和链接目标，<map> 元素的主要作用是，用来标记链接区域，页面中的图像元素可以使用 <map> 元素标记的区域。

在 <area> 标记中定义了热区的位置和链

接，其中 shape 参数用来定义热区形状，热点的形状包括 rect（矩形区域）、circle（椭圆形区域）和 poly（多边形区域）3 种，对于复杂的热点图像可以选择多边形工具来进行绘制。coords 参数则用来设置区域坐标，对于不同形状来说，coords 设置的方式也不同。链接的文本说明属性 alt 用来使用附件的文本，对链接进行说明。链接区域的名称属性 name，用来定义链接区域的名称，方便图像元素的调用。Name 属性的取值必须是唯一的。

实例代码：

```
<map name="Map">
  <area shape="rect" coords="44,5,134,29" href="#">
  <area shape="rect" coords="45,4,131,31" href="#">
  <area shape="rect" coords="43,45,119,62" href="#">
  <area shape="rect" coords="40,74,123,100" href="#">
  <area shape="rect" coords="45,111,137,137" href="#">
  <area shape="rect" coords="41,148,128,169" href="#">
  <area shape="rect" coords="42,182,137,207" href="#">
</map>
```

代码中加粗的部分 name="Map" 和 shape="rect"，将热区的名称设置为 Map，热点形状设置为 rect 矩形区域，并分别设置了热区的区域坐标和链接目标，如图 5-14 所示。

图5-14 创建链接区域元素

5.4 创建锚点链接

网站中经常会有一些文档页面由于文本或图像内容过多，导致页面过长。访问者需要不停地拖动浏览器上的滚动条来查看文档中的内容。为了方便用户查看文档中的内容，在文档中需要进行锚点链接。

5.4.1 创建锚点

锚点就是指在给定名称的一个网页中的某一位置，在创建锚点链接前首先要建立锚点。

基本语法：

```
<a name=" 锚点的名称 "></a>
```

语法说明：

利用锚点名称可以链接到相应的位置。这个名称只能包含小写 ASII 和数字，且不能以数字开头，同一个网页中可以有无数个锚点，但是不能有相同名称的两个锚点。

实例代码：

```
<!DOCTYPE html PUBLIC "-//W3C//DTD XHTML 1.0 Transitional//EN"
"http://www.w3.org/TR/xhtml1/DTD/xhtml1-transitional.dtd">
<html xmlns="http://www.w3.org/1999/xhtml">
<head>
<meta http-equiv="Content-Type" content="text/html; charset=gb2312" />
<title> 创建锚点 </title>
</head>
<body>
<p>      公司介绍        公司新闻           招聘中心 </p>
<p><a name="a"></a> 公司简介 </p>
<p> 公司集产品开发、工程设计、生产制作、后期服务于一体的专业生产各种品牌服装展
架、鞋柜、酒店用品系列、展示架、货架等五金配件，并可接受客户的特殊设计和订货，拥有
生产、装配流水线和完善的售后服务。<br>
多年来公司以追求完美品质为宗旨，专业从事卖场展示道具，为诸多客户提供了规划设计、
制造、运输、安装、维修、咨询等全方位服务。<br>
我们的理念：诚信经营、用心做事。
欢迎新老顾客光临！！！ </p>
<p><a name="b"></a> 新闻中心 </p>
<p> 五金行业悲与喜。<br>
服装店装修需要掌控四个关键区域。< br>
卖场货柜陈列。<br>
商务休闲装的由来。<br>
男人的别样生活，从穿衣服开始。<br>
天阔服装道具网站开通了。<br>
怎样学习服装制板？ </p>
<p><a name="c"></a> 人才招聘 </p>
<p> 招聘人数       10 <br>
 招聘职位      网络销售 <br>
 工作地点      长沙 <br>
在线应聘      查看详细 </p>
<p> </p>
<p> </p>
</body>
```

</html>

在代码中加粗部分的代码标记 <a name="c"></a> 是创建的锚点，在浏览器中预览，效果如图 5-15 所示。

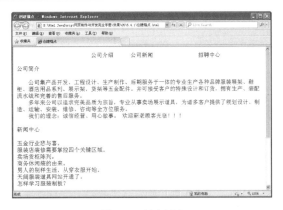

图5-15 创建锚点

5.4.2 链接到页面不同位置的锚点链接

建立了锚点以后，就可以创建到锚点的链接，需要用 # 号及锚点的名称作为 href 属性值。

基本语法：

<a href="# 锚点的名称 ">……</a>

语法说明：

在该语法中，在 href 属性后输入页面中创建锚点的名称，可以链接到页面中不同的位置。

实例代码：

```
<!DOCTYPE html PUBLIC "-//W3C//DTD XHTML 1.0 Transitional//EN"
"http://www.w3.org/TR/xhtml1/DTD/xhtml1-transitional.dtd">
<html xmlns="http://www.w3.org/1999/xhtml">
<head>
<meta http-equiv="Content-Type" content="text/html; charset=gb2312" />
<title> 链接到页面不同位置的锚点链接 </title>
</head>
<body>
<p><a href="#a"> 公司介绍 </a>
    <a href="#b"> 公司新闻 </a>
    <a href="#b"> 招聘中心 </a>
</p>
<p><a name="a"></a> 公司简介 </p>
<p> 公司集产品开发、工程设计、生产制作、后期服务于一体的专业生产各种品牌服装展
架、鞋柜、酒店用品系列、展示架、货架等五金配件、并可接受客户的特殊设计和订货，拥有
生产、装配流水线和完善的售后服务。<br>
```

多年来公司以追求完美品质为宗旨，专业从事卖场展示道具，为诸多客户提供了规划设计、制造、运输、安装、维修、咨询等全方位服务。

我们的理念：诚信经营、用心做事。

欢迎新老顾客光临！！！ </p>

<p><a name="b"></a> 新闻中心 </p>

<p> 五金行业悲与喜。

服装店装修需要掌控四个关键区域。

卖场货柜陈列。

商务休闲装的由来。

男人的别样生活，从穿衣服开始。

天阔服装道具网站开通了。

怎样学习服装制板？ </p>

<p><a name="c"></a> 人才招聘 </p>

<p> 招聘人数　　　10

招聘职位　　　网络销售

工作地点　　　长沙

在线应聘　　　查看详细 </p>

<p> </p>

<p> </p>

</body>

</html>

在代码中加粗部分的标记为设置锚点链接，在浏览器中预览，单击创建的锚点链接，如图5-16 所示，可以链接到相应的位置，如图 5-17 所示。

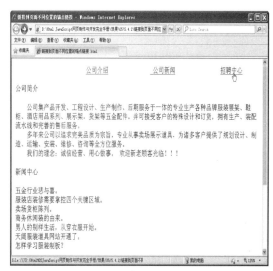

图5-16 单击锚点链接

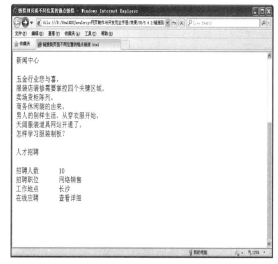

图5-17 链接到相应的位置

在浏览页面时，如果页面篇幅很长，要不断的拖动滚动条，给浏览带来不便，想要浏览者既可以从头阅读到尾，又可以很快寻找到自己感兴趣的特定内容进行部分阅读，此时就可以通过锚点链接来实现。当浏览者单击页面上的某一"锚点"，就能自动跳到网页相应的位置进行阅读，给浏览者带来方便。如图5-18所示为锚点链接网页。

图5-18 锚点链接网页

5.5 下载文件链接

如果希望制作下载文件的链接，只须在链接地址处输入文件所在的位置即可。当浏览器用户单击链接后，浏览器会自动判断文件的类型，以做出不同情况的处理。

基本语法：

<a href="url"> 链接内容 </a>

语法说明：

如果超级链接指向的不是一个网页文件，而是其他文件例如 zip、mp3、exe 文件等，单击链接的时候就会下载文件。

★ 提示 ★

网站中每个下载文件必须对应一个下载链接，而不能为多个文件或则一个文件夹建立下载链接，如果需要对多个文件或则文件夹提供下载，只能利用压缩软件将这些文件或文件夹压缩为一个文件。

实例代码：

<!DOCTYPE html PUBLIC."-//W3C//DTD XHTML 1.0 Transitional//EN"

```
"http://www.w3.org/TR/xhtml1/DTD/xhtml1-transitional.dtd">
<html xmlns="http://www.w3.org/1999/xhtml">
<head>
<title> 下载文件链接 </title>
</head>
<body>
<p>
这是一本电子书，请下载：<a href="dianzi.rar"> 网页设计与网站建设 </a>
</p>
</body>
</html>
```

这里使用 <a href="dianzi.rar"> 创建了一个下载文件的链接，在浏览器中浏览，效果如图 5-19 所示。

下载文件链接在网页中很常见，一般用于下载网站的文件，如图 5-20 所示为下载链接的网页。

图5-19 下载文件链接

图5-20 下载链接的网页

5.6 综合实战——给网页添加链接

通过网页上的超级链接可以实现在网上方便、快捷的访问，它是网页上不可缺少的重要元素，使用超级链接可以将众多的网页链接在一起，形成一个有机整体。本章主要讲述了各种超级链接的创建，下面就用所学的知识来给页面添加各种链接。

❶使用 Dreamweaver CS6 打开网页文档，如图 5-21 所示。

❷打开代码视图，在 <body> 和 </body> 之间相应的位置输入如下代码，设置文字链接，如图 5-22 所示。

```
<a class=left_menu href="#gongshijianjie"> 企业简介 </a>
```

图5-21 打开网页文档

图5-22 输入文字链接

❸ 打开代码视图，在 `<body>` 和 `</body>` 之间相应的位置输入如下代码，设置图像的热区链接，如图 5-23 所示。

```
<map name="Image5Map">
    <area shape="rect" coords="-113,2605,-35,2618" href="#">
    <area shape="rect" coords="9,2,94,34" href="#">
    </map>
    <map name="Image6Map">
    <area shape="rect" coords="15,3,88,17" href="#">
    </map>
    <map name="Image7Map">
    <area shape="rect" coords="18,3,81,18" href="#">
    </map>
    <map name="Image8Map">
```

```
    <area shape="rect" coords="12,3,82,21" href="#">
    </map>
    <map name="Image9Map">
    <area shape="rect" coords="9,1,96,22" href="#">
    </map>
    <map name="Image10Map">
    <area shape="rect" coords="15,4,94,23" href="#">
    </map>
    <map name="Image11Map">
    <area shape="rect" coords="13,1,92,28" href="#">
    </map>
```

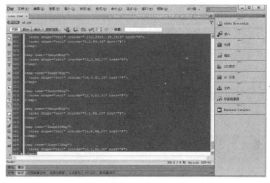

图5-23 设置图像的热区

❹ 保存网页，在浏览器中预览，效果如图 5-24 所示。

图5-24 预览效果

第6章 使用HTML创建强大的表格

本章导读

　　表格是网页制作中使用最多的工具之一，在制作网页时，使用表格可以更清晰地排列数据。但在实际制作过程中，表格更多地用在网页布局的定位上。很多网页都是用表格布局的，这是因为表格在文本和图像的位置控制方面都有很强的功能。灵活、熟练地使用表格，在网页制作时会有如虎添翼的感觉。

技术要点

● 创建并设置表格属性

● 表格的结构标记

实例展示

使用表格排列文字

细线表格

6.1 \\ 创建并设置表格属性

表格由行、列和单元格三部分组成。使用表格可以排列页面中的文本、图像，以及各种对象。行贯穿表格的左右，列则是上下方式的，单元格是行和列交汇的部分，它是输入信息的地方。

6.1.1 表格的基本标记: table、tr、td

表格由行、列和单元格 3 部分组成，一般通过 3 个标记来创建，分别是表格标记 table、行标记 tr 和单元格标记 td。表格的各种属性都要在表格的开始标记 <table> 和表格的结束标记 </table> 之间才有效。

● 行: 表格中的水平间隔。

● 列: 表格中的垂直间隔。

● 单元格: 表格中行与列相交所产生的区域。

基本语法 :

```
<table>
<tr>
<td> 单元格内的文字 </td>
<td> 单元格内的文字 </td>
</tr>
<tr>
<td> 单元格内的文字 </td>
<td> 单元格内的文字 </td>
</tr>
</table>
```

语法说明 :

<table> 标记和 </table> 标记分别表示表格的开始和结束，而 <tr> 和 </tr> 则分别表示行的开始和结束，在表格中包含几组 <tr>…</tr> 就表示该表格为几行，<td> 和 </td> 表示单元格的起始和结束。

实例代码 :

```
<!DOCTYPE html PUBLIC "-//W3C//DTD XHTML 1.0 Transitional//EN"
"http://www.w3.org/TR/xhtml1/DTD/xhtml1-transitional.dtd">
<html xmlns="http://www.w3.org/1999/xhtml">
<head>
<meta http-equiv="Content-Type" content="text/html; charset=gb2312" />
<title> 表格的基本标记 </title>
</head>
```

```
<body>
<table border="1">
<tr>
<td> 第 1 行第 1 列单元格 </td><td> 第 1 行第 2 列单元格 </td>
</tr>
<tr>
<td> 第 2 行第 1 列单元格 </td><td> 第 2 行第 2 列单元格 </td>
</tr>
</table>
</body>
</html>
```

在代码中加粗部分的代码标记是表格的基本构成，在浏览器中预览可以看到在网页中添加了一个 2 行 2 列的表格，表格没有边框，如图 6-1 所示。

在制作网页的过程中，一般都使用表格来控制网页的布局，如图 6-2 所示。

图6-1 表格的基本构成效果

图6-2 使用表格来控制网页的布局

6.1.2 表格宽度和高度: width、height

width 标签用来设置表格的宽度；height 标签用来设置表格的高度。以"像素"或"百分比"为单位。

基本语法：

<table width=" 表格宽度 " height=" 表格高度 ">

语法说明：

表格高度和表格宽度值可以是像素，也可以为百分比，如果设计者不指定，则默认宽度为自适应。

实例代码：

<!DOCTYPE html PUBLIC "-//W3C//DTD XHTML 1.0 Transitional//EN"

```
"http://www.w3.org/TR/xhtml1/DTD/xhtml1-
transitional.dtd">
<html xmlns="http://www.w3.org/1999/
xhtml">
<head>
<meta http-equiv="Content-Type"
content="text/html; charset=gb2312" />
<title> 表格宽度和高度 </title>
</head>
<body>
<table width="700" height="200">
<tr>
<td> 第1行第1列单元格 </td><td> 第1
行第2列单元格 </td>
</tr>
<tr>
<td> 第2行第1列单元格 </td><td> 第2
行第2列单元格 </td>
</tr>
</table>
</body>
</html>
```

在代码中加粗部分的代码标记 width="700"
height="200" 是设置表格的宽度为 700 像素，
高度设置为 200 像素的，在浏览器中预览可
以看到如图 6-3 所示的效果。

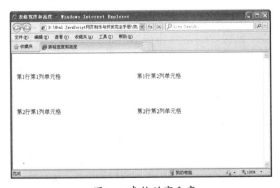

图6-3 表格的宽和高

6.1.3 表格的标题：caption

<caption> 标签可以为表格提供一个简短
的说明，与图像的说明比较类似。默认情况
下，大部分可视化浏览器显示表格标题在表格
的顶部中央。

基本语法：

<caption> 表格的标题 </caption>

实例代码：

```
<!DOCTYPE html PUBLIC "-//W3C//DTD
XHTML 1.0 Transitional//EN"
"http://www.w3.org/TR/xhtml1/DTD/xhtml1-
transitional.dtd">
<html xmlns="http://www.w3.org/1999/
xhtml">
<head>
<meta http-equiv="Content-Type"
content="text/html; charset=gb2312" />
<title> 表格的标题 </title>
</head>
<body>
<table width="700" height="150">
<caption>
KDW2 型按键开关资料一览表
</caption>
<tr>
<td width="98"> 序号 </td>
<td width="96"> 规格型号 </td>
<td width="105"> 总高度 (H) </td>
<td width="95"> 键帽外径 </td>
<td width="101"> 盖尺寸 </td>
<td width="77"> 基座尺寸 </td>
</tr>
<tr>
<td>1</td>
<td>KDW2-1A( 大 ) </td>
```

第6章 使用HTML创建强大的表格

```
<td>22.9+0.1</td>
<td>5</td>
<td>5-0.05 白 </td>
<td>18 白 </td>
</tr>
<tr>
<td>2</td>
<td>KDW2-2B( 小 ) </td>
<td>22.9+0.1</td>
<td>3.5</td>
<td>4.9-0.05 白 </td>
<td>18 白 </td>
</tr>
<tr>
<td>3</td>
<td>KDW2-2</td>
<td>22.9+0.1</td>
<td>5</td>
<td>5.2 黑 </td>
<td>18 黑 </td>
</tr>
</table>
</body>
</html>
```

在代码中加粗部分的标记为设置表格的标题为"KDW2型按键开关资料一览表",在浏览器中预览,可以看到表格的标题,如图6-4所示。

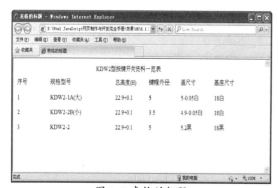

图6-4 表格的标题

> **★ 提示 ★**
>
> 使用<caption>标记创建表格标题的好处是标题定义包含在表格内。如果表格移动或在HTML文件中重新定位,标题会随着表格相应地移动,是某种类型设备应具备的特性。

6.1.4 表格的表头:th

表头是指表格的第一行或第一列等对表格内容的说明,文字样式居中、加粗显示,都通过 <th> 标记实现。

基本语法:

```
<table >
<tr>
<th>……</th>
……
</tr>
</table>
```

语法说明:

❶ <th> 表示头标记,包含在 <tr> 标记中。

❷ 在表格中,只要把标记 <td> 改为 <th> 就可以实现表格的表头。

实例代码:

```
<!DOCTYPE html PUBLIC "-//W3C//DTD
XHTML 1.0 Transitional//EN"
    "http://www.w3.org/TR/xhtml1/DTD/xhtml1-
transitional.dtd">
    <html xmlns="http://www.w3.org/1999/
xhtml">
    <head>
    <meta http-equiv="Content-Type"
content="text/html; charset=gb2312" />
    <title> 表格的表头 </title>
    </head>
    <body>
```

```
<table width="700" height="150">
<caption>
KDW2 型按键开关资料一览表
</caption>
<tr>
<th> 序号 </th>
<th> 规格型号 </th>
<th> 总高度 (H)</th>
<th> 键帽外径 </th>
<th> 盖尺寸 </th>
<th> 基座尺寸 </th>
</tr>
<tr>
<td>1</td>
<td>KDW2-1A( 大 ) </td>
<td>22.9+0.1</td>
<td>5</td>
<td>5-0.05 白 </td>
<td>18 白 </td>
</tr>
<tr>
<td>2</td>
<td>KDW2-2B( 小 ) </td>
<td>22.9+0.1</td>
<td>3.5</td>
<td>4.9-0.05 白 </td>
<td>18 白 </td>
</tr>
<tr>
<td>3</td>
<td>KDW2-2</td>
<td>22.9+0.1</td>
<td>5</td>
<td>5.2 黑 </td>
<td>18 黑 </td>
</tr>
</table>
```

```
</body>
</html>
```

在代码中加粗部分的代码标记为设置表格的表头，在浏览器中预览，可以看到表格的表头效果，如图 6-5 所示。

图6-5 表格的表头效果

6.1.5 表格对齐方式：align

可以使用表格的 align 属性来设置表格的对齐方式。

基本语法：

```
<table align=" 对齐方式 ">
```

语法说明：

align 的参数取值，如表 6-1 所示。

表6-1 align参数取值

属 性 值	说 明
left	整个表格在浏览器页面中左对齐
center	整个表格在浏览器页面中居中对齐
right	整个表格在浏览器页面中右对齐

实例代码：

```
<!DOCTYPE html PUBLIC "-//W3C//DTD
XHTML 1.0 Transitional//EN"
    "http://www.w3.org/TR/xhtml1/DTD/xhtml1-
transitional.dtd">
    <html xmlns="http://www.w3.org/1999/
xhtml">
    <head>
    <meta http-equiv="Content-Type"
```

```
content="text/html; charset=gb2312" />
        <title> 表格对齐方式 </title>
    </head>
    <body>
        <table width="700" height="150"
align="right">
        <caption>
            KDW2 型按键开关资料一览表
        </caption>
        <tr>
            <th> 序号 </th>
            <th> 规格型号 </th>
            <th> 总高度 (H)</th>
            <th> 键帽外径 </th>
            <th> 盖尺寸 </th>
            <th> 基座尺寸 </th>
        </tr>
        <tr>
            <td>1</td>
            <td>KDW2-1A( 大 ) </td>
            <td>22.9+0.1</td>
            <td>5</td>
            <td>5-0.05 白 </td>
            <td>18 白 </td>
        </tr>
        <tr>
            <td>2</td>
            <td>KDW2-2B( 小 ) </td>
            <td>22.9+0.1</td>
            <td>3.5</td>
            <td>4.9-0.05 白 </td>
            <td>18 白 </td>
        </tr>
        <tr>
            <td>3</td>
            <td>KDW2-2</td>
            <td>22.9+0.1</td>
```

```
            <td>5</td>
            <td>5.2 黑 </td>
            <td>18 黑 </td>
        </tr>
        </table>
    </body>
</html>
```

在代码中加粗部分的标记 align="right" 设置表格的对齐方式，在浏览器中预览，可以看到表格为右对齐，如图 6-6 所示。

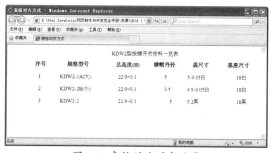

图6-6 表格的右对齐效果

表格的基本属性在网页制作的过程中应用是非常广泛的，如图 6-7 所示为使用表格排列文字。

图6-7 使用表格排列文字

★ 提示 ★

虽然整个表格在浏览器页面范围内居中对齐，但是表格里单元格的对齐方式并不会因此而改变。如果要改变单元格的对齐方式，就需要在行、列或单元格内另行定义。

6.1.6　表格的边框宽度：border

可以通过表格添加 border 属性，从而实现为表格设置边框线及美化表格的目的。默认情况下，如果不指定 border 属性，表格的边框为 0，则浏览器将不显示表格边框。

基本语法：

```
<table border=" 边框宽度 ">
```

语法说明：

通过 border 属性定义边框线的宽度，单位为"像素"。

实例代码：

```
<!DOCTYPE html PUBLIC "-//W3C//DTD XHTML 1.0 Transitional//EN"
"http://www.w3.org/TR/xhtml1/DTD/xhtml1-transitional.dtd">
<html xmlns="http://www.w3.org/1999/xhtml">
<head>
<meta http-equiv="Content-Type" content="text/html; charset=gb2312" />
<title> 表格的边框宽度 </title>
</head>
<body>
<table width="700" height="150" align="right" border="2">
 <caption>
  KDW2 型按键开关资料一览表
 </caption>
 <tr>
 <th> 序号 </th>
 <th> 规格型号 </th>
 <th> 总高度 (H)</th>
 <th> 键帽外径 </th>
 <th> 盖尺寸 </th>
 <th> 基座尺寸 </th>
 </tr>
 <tr>
 <td>1</td>
 <td>KDW2-1A( 大 ) </td>
 <td>22.9+0.1</td>
 <td>5</td>
 <td>5-0.05 白 </td>
 <td>18 白 </td>
```

Html＋JavaScript网页制作与开发完全学习手册

```
</tr>
<tr>
<td>2</td>
<td>KDW2-2B( 小 ) </td>
<td>22.9+0.1</td>
<td>3.5</td>
<td>4.9-0.05 白 </td>
<td>18 白 </td>
</tr>
<tr>
<td>3</td>
<td>KDW2-2</td>
<td>22.9+0.1</td>
<td>5</td>
<td>5.2 黑 </td>
<td>18 黑 </td>
</tr>
</table>
</body>
</html>
```

在代码中加粗部分的标记 border="2" 为设置表格的边框宽度，在浏览器中预览，可以看到将表格边框宽度设置为 2 像素的效果，如图6-8 所示。

图6-8 表格的边框宽度效果

★ 提示 ★

border属性设置的表格边框只能影响表格四周的边框宽度，而并不能影响单元格之间边框尺寸。虽然设置边框宽度没有限制，但是一般边框设置不应超过5像素，过于宽大的边框会影响表格的整体美观。

6.1.7　表格边框颜色: bordercolor

为了美化表格，可以为表格设定不同的边框颜色。默认情况下边框的颜色是灰色的，可以使用 bordercolor 设置边框颜色。但是设置边框颜色的前提是边框的宽度不能为 0，否则无法显示出边框的颜色。

基本语法 :

<table border=" 边框宽度 " bordercolor=" 边框颜色 ">

语法说明 :

定义颜色的时候，可以使用英文颜色名称或十六进制颜色值。

实例代码 :

```
<!DOCTYPE html PUBLIC "-//W3C//DTD XHTML 1.0 Transitional//EN"
"http://www.w3.org/TR/xhtml1/DTD/xhtml1-transitional.dtd">
<html xmlns="http://www.w3.org/1999/xhtml">
<head>
<meta http-equiv="Content-Type" content="text/html; charset=gb2312" />
<title> 表格边框颜色 </title>
```

```
</head>
<body>
<table width="500" border="1"
bordercolor="#FF0000">
  <tr>
   <td> 单元格 1</td>
   <td> 单元格 2</td>
  </tr>
  <tr>
   <td> 单元格 3</td>
   <td> 单元格 4</td>
  </tr>
</table>
</body>
</html>
```

在代码中加粗部分的代码标记 bordercolor="#FF0000" 是设置表格边框颜色的，在浏览器中预览，可以看到边框颜色的效果，如图6-9所示。

图6-9 表格边框颜色效果

6.1.8 单元格间距：cellspacing

表格的单元格和单元格之间，可以设置一定的距离，这样可以使表格显得不会过于紧凑。

基本语法：

<table cellspacing=" 间距值 ">

语法说明：

单元格的间距以"像素"为单位，默认值是2。

实例代码：

```
<!DOCTYPE html PUBLIC "-//W3C//DTD XHTML 1.0 Transitional//EN"
"http://www.w3.org/TR/xhtml1/DTD/xhtml1-transitional.dtd">
<html xmlns="http://www.w3.org/1999/xhtml">
<head>
<meta http-equiv="Content-Type" content="text/html; charset=gb2312" />
<title> 单元格间距 </title>
</head>
<body>
<table width="500" border="1" bordercolor="#FF0000" cellspacing="10">
  <tr>
   <td> 单元格 1</td>
   <td> 单元格 2</td>
  </tr>
```

```
  <tr>
   <td> 单元格 3</td>
   <td> 单元格 4</td>
  </tr>
 </table>
</body>
</html>
```

在代码中加粗部分的代码标记 cellspacing="10" 设置单元格的间距，在浏览器中预览，可以看到单元格的间距为 10 像素的

效果，如图 6-10 所示。

图6-10 单元格间距效果

6.1.9 单元格边距：cellpadding

在默认情况下，单元格里的内容会紧贴着表格的边框，这样看上去非常拥挤。可以使用 cellpadding 来设置单元格边框与单元格里的内容之间的距离。

基本语法：

<table cellpadding=" 文字与边框距离值 ">

语法说明：

单元格里的内容与边框的距离以"像素"为单位，一般可以根据需要设置，但是不能过大。

实例代码：

```
<!DOCTYPE html PUBLIC "-//W3C//DTD XHTML 1.0 Transitional//EN"
"http://www.w3.org/TR/xhtml1/DTD/xhtml1-transitional.dtd">
<html xmlns="http://www.w3.org/1999/xhtml">
<head>
<meta http-equiv="Content-Type" content="text/html; charset=gb2312" />
<title> 单元格边距 </title>
</head>
<body>
<table width="500" border="1" bordercolor="#FF0000" cellpadding="10">
 <tr>
  <td> 单元格 1</td><td> 单元格 2</td>
 </tr>
 <tr>
  <td> 单元格 3</td><td> 单元格 4</td>
 </tr>
</table>
</body>
```

```
</html>
```

在代码中加粗部分的代码标记 cellpadding="10" 设置单元格边距，在浏览器中预览，可以看到文字与边框的距离效果，如图6-11所示。

图6-11 单元格边距效果

在制作网页的同时，对表格的边框进行相应的设置，可以很容易地制作出一些细线的表格，如图6-12所示为细线表格。

图6-12 细线表格的效果

6.1.10 表格的背景色：bgcolor

表格的背景颜色属性 bgcolor 是针对整个表格的，bgcolor 定义的颜色可以被行、列或单元格定义的背景颜色所覆盖。

基本语法：

```
<table bgcolor=" 背景颜色 ">
```

语法解释：

定义颜色的时候，可以使用英文颜色名称或十六进制颜色值表现。

实例代码：

```
<!DOCTYPE html PUBLIC "-//W3C//DTD
```

XHTML 1.0 Transitional//EN"

```
"http://www.w3.org/TR/xhtml1/DTD/xhtml1-transitional.dtd">
<html xmlns="http://www.w3.org/1999/xhtml">
<head>
<meta http-equiv="Content-Type" content="text/html; charset=gb2312" />
<title> 表格的背景色 </title>
</head>
<body>
<table width="500" border="1"cellpadding="10" cellspacing="10"
bordercolor="#FF0000" bgcolor="#FFFF00">
<tr>
<td> 单元格 1</td>
<td> 单元格 2</td>
</tr>
<tr>
<td> 单元格 3</td>
<td> 单元格 4</td>
</tr>
</table>
</body>
</html>
```

在代码中加粗部分的代码标记 bgcolor="#FFFF00" 是设置表格背景颜色的，在浏览器中预览，可以看到表格设置了黄色的背景，如图6-13所示。

图6-13 设置表格背景颜色效果

Html＋JavaScript网页制作与开发完全学习手册

表格背景颜色在网页中也比较常见，如图6-14所示的表格就使用了背景颜色。

图6-14 表格使用了背景颜色

6.1.11 表格的背景图像：background

除了可以为表格设置背景颜色之外，还可以为表格设置更加美观的背景图像。

基本语法：

<table background=" 背景图像地址 ">

语法说明：

背景图像的地址可以为相对地址，也可以为绝对地址。

实例代码：

```
<!DOCTYPE html PUBLIC "-//W3C//DTD
XHTML 1.0 Transitional//EN"
  "http://www.w3.org/TR/xhtml1/DTD/xhtml1-
transitional.dtd">
  <html xmlns="http://www.w3.org/1999/
xhtml">
  <head>
```

```
  <meta http-equiv="Content-Type"
content="text/html; charset=gb2312" />
  <title> 表格的背景图像 </title>
  </head>
  <body>
  <table width="500" border="1"cellpadding=
"10" cellspacing="10"
    bordercolor="#FF0000"
background="images/bg4.gif">
  <tr>
  <td> 单元格 1</td>
  <td> 单元格 2</td>
  </tr>
  <tr>
  <td> 单元格 3</td>
  <td> 单元格 4</td>
  </tr>
  </table>
  </body>
  </html>
```

在代码中加粗部分的代码标记background="images/bg4.gif"为设置表格的背景图像，在浏览器中预览，可以看到表格设置了背景图像的效果，如图6-15所示。

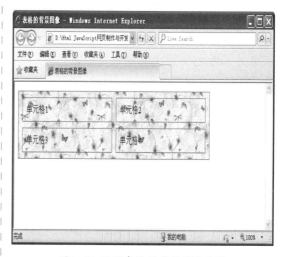

图6-15 设置表格的背景图像效果

在网页中设置表格背景图像的效果，如图 6-16 所示。

图6-16 表格的背景图像

6.2 表格的结构标记

为了在源代码中清楚地区分表格结构，HTML 语言中规定了 <thead>、<tdoby> 和 <tfoot> 三个标记，分别对应于表格的表头、表主体和表尾。

6.2.1 设计表头样式：thead

表首样式的开始标记是 <thead>，结束标记是 </thead>。它们用于定义表格最上端表首的样式，可以设置背景颜色、文字对齐方式、文字的垂直对齐方式等。

基本语法：

```
<thead>
……
</thead>
```

语法说明：

在该语法中，bgcolor、align、valign 的取值范围与单元格中的设置方法相同。在 <thead> 标记内还可以包含 <td>、<th> 和 <tr> 标记，而一个表元素中只能有一个 <thead> 标记。

实例代码：

```
<!DOCTYPE html PUBLIC "-//W3C//DTD XHTML 1.0 Transitional//EN"
```

Html＋JavaScript网页制作与开发完全学习手册

```
"http://www.w3.org/TR/xhtml1/DTD/xhtml1-
transitional.dtd">
    <html xmlns="http://www.w3.org/1999/
xhtml">
    <head>
    <meta http-equiv="Content-Type"
content="text/html; charset=gb2312" />
    <title> 设计表头样式 </title>
    </head>
    <body>
    <table width="600" height="150" border="1">
    <caption>
        产品询价
    </caption>
    <thead bgcolor="#00FFFF" align="left">
    <tr>
    <td width="98"> 产品名称 </td>
    <td width="96"> 产品编号 </td>
    <td width="105"> 产品规格 </td>
    </tr>
    </thead>
    <tr>
    <td> 梦幻婚礼 </td>
    <td>GZ-089</td>
    <td>130x130</td>
    </tr>
    <tr>
    <td> 玫瑰花环 <br></td>
    <td>GZ-088</td>
    <td>145x130</td>
    </tr>
    <tr>
    <td> 亲亲恋人 <br><br></td>
    <td>GZ-087</td>
    <td>123x133</td>
    </tr>
    <tr>
```

```
    <td> 幸福相伴 </td>
    <td>GZ-086</td>
    <td>78x78</td>
    </tr>
    <tr>
    <td> 新婚之喜 </td>
    <td>GZ-085</td>
    <td>100x100</td>
    </tr>
    <tr>
    <td colspan="3"> 共 41 条记录页次：1/7
每页：12> 条记录 1[2][3][4][][6][7]</td>
    </tr>
    </table>
    </body>
    </html>
```

在代码中加粗部分的 <thead></thead> 代码之间为设置表格的表头，在浏览器中预览，效果如图 6-17 所示。

图6-17　设置表格的表头

6.2.2　设计表主体样式：tbody

与表首样式的标记功能类似，表主体样式用于统一设计表主体部分的样式，标记为 <tbody>。

基本语法：

```
<tbody bgcolor=" 背景颜色 "align=" 对齐方式 ">
……
```

```
</tbody>
```

语法说明：

在该语法中，bgcolor、align、valign 的取值范围与 <thead> 标记中的相同。一个表元素中只能有一个 <tbody> 标记。

实例代码：

```
<!DOCTYPE html PUBLIC "-//W3C//DTD
XHTML 1.0 Transitional//EN"
    "http://www.w3.org/TR/xhtml1/DTD/xhtml1-
transitional.dtd">
<html xmlns="http://www.w3.org/1999/xhtml">
<head>
<meta http-equiv="Content-Type"
content="text/html; charset=gb2312" />
<title> 设计表主体样式 </title>
</head>
<body>
<table width="600" height="150" border="1">
<caption>
 产品询价
</caption>
<thead bgcolor="#00FFFF">
<tr>
<td width="98"> 产品名称 </td>
<td width="96"> 产品编号 </td>
<td width="105"> 产品规格 </td>
</tr></thead>
<tbody bgcolor="#E808A8"
align="center">
<tr>
<td> 梦幻婚礼 </td>
<td>GZ-089</td>
<td>130x130</td>
</tr>
<tr>
<td> 玫瑰花环 <br></td>
<td>GZ-088</td>
<td>145x130</td>
</tr>
<tr>
<td> 亲亲恋人 </td>
<td>GZ-087</td>
<td>123x133</td>
</tr>
<tr>
<td> 幸福相伴 </td>
<td>GZ-086</td>
<td>78x78</td>
</tr>
<tr>
<td> 新婚之喜 </td>
<td>GZ-085</td>
<td>100x100</td>
</tr></tbody>
<tr>
<td colspan="3"> 共 41 条记录 页次：1/7
每页：12> 条记录 1[2][3][4][][6][7]</td>
</tr>
</table>
</body>
</html>
```

在代码中加粗部分的代码标记为设置表格的表主体，在浏览器中预览，效果如图 6-18 所示。

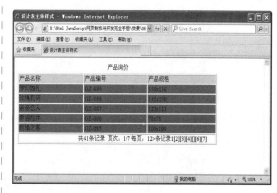

图6-18 设置表格的表主体的效果

6.2.3 设计表尾样式：tfoot

<tfoot> 标签用于定义表尾样式。

基本语法：

< tfoot bgcolor=" 背景颜色 "align=" 对齐方式 "valign=" 垂直对齐方式 ">

......

</tfoot>

语法说明：

在该语法中，bgcolor、align、valign 的取值范围与 <thead> 标签中的相同。一个表元素中只能有个 <tfoot> 标签。

实例代码：

```
<!DOCTYPE html PUBLIC "-//W3C//DTD XHTML 1.0 Transitional//EN"
"http://www.w3.org/TR/xhtml1/DTD/xhtml1-transitional.dtd">
<html xmlns="http://www.w3.org/1999/xhtml">
<head>
<meta http-equiv="Content-Type" content="text/html; charset=gb2312" />
<title> 设计表尾样式 </title>
</head>
<body>
<table width="600" height="150" border="1">
 <caption>
  产品询价
 </caption>
 <thead bgcolor="#00FFFF">
 <tr>
 <td width="98"> 产品名称 </td>
  <td width="96"> 产品编号 </td>
  <td width="105"> 产品规格 </td>
 </tr></thead>
 <tbody bgcolor="#E808A8">
 <tr>
 <td> 梦幻婚礼 </td>
 <td>GZ-089</td>
 <td>130x130</td>
 </tr>
 <tr>
```

```
        <td> 玫瑰花环 <br></td>
        <td>GZ-088</td>
        <td>145x130</td>
    </tr>
    <tr>
        <td> 亲亲恋人 </td>
        <td>GZ-087</td>
        <td>123x133</td>
    </tr>
    <tr>
        <td> 幸福相伴 </td>
        <td>GZ-086</td>
        <td>78x78</td>
    </tr>
    <tr>
        <td> 新婚之喜 </td>
        <td>GZ-085</td>
        <td>100x100</td>
    </tr></tbody>
    <tr>
    <tfoot align="right" bgcolor="#00FF00">
<td colspan="3"> 共 41 条记录 页次：1/7 每页：12>条记录 1[2][3][4][][6][7]</td>
    </tr>
</tfoot>
</table>
</body>
</html>
```

在代码中加粗部分的代码标记为设置表尾样式，在浏览器中预览，效果如图 6-19 所示。

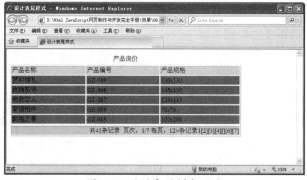

图6-19 设置表尾样式效果

6.3 综合实战——使用表格排版网页

Html + JavaScript网页制作与开发完全学习手册

表格在网页版面布局中发挥着非常重要的作用，网页中的很多元素都需要表格来排列。本章主要讲述了表格的常用标签，下面就通过实例讲述表格在整个网页排版布局方面的综合运用。

❶打开 Dreamweaver CS6，新建一空白文档，如图 6-20 所示。

❷打开代码视图，将光标置于相应的位置，输入如下代码，插入 3 行 1 列的表格。此表格记为"表格1"，如图 6-21 所示。

```
<table width="1000" cellspacing="0" cellpadding="0">
 <tr>
  <td> </td>
 </tr>
 <tr>
  <td> </td>
 </tr>
 <tr>
  <td> </td>
 </tr>
</table>
```

图6-20 新建文档

图6-21 插入表格1

❸在表格1的第1行单元格中输入以下代码，如图 6-22 所示。

```
<table cellspacing=0 cellpadding=0 width=1000 align=center border=0>
   <tbody>
    <tr>
     <td><table cellspacing=0 cellpadding=0 width=1000 align=center border=0>
      <tbody>
      <tr>
       <td><img height=13 src="images/shou_1.gif" width=1000></td>
```

```
    </tr>
   </tbody>
  </table>
  <table cellspacing=0 cellpadding=0 width=1000 align=center border=0>
   <tbody>
    <tr>
  <td valign=bottom background=images/shou_2.gif height=191> </td>
    </tr>
   </tbody>
  </table>
  <table cellspacing=0 cellpadding=0 width=1000 align=center border=0>
   <tbody>
    <tr>
   <td width=254>
<img height=46 src="images/shou_3.gif" width=254 border=0></td>
   <td width=98><img height=46 src="images/shou_4.gif"
     width=98 border=0 name=image4></td>
   <td width=88><img height=46 src="images/shou_5.gif" width=88
     border=0 name=image5></td>
   <td width=88><img height=46 src="images/shou_6.gif" width=88 border=0
    name=image6></td>
   <td width=90><img height=46 src="images/shou_7.gif" width=90 border=0
    name=image7></td>
    <td width=105><img height=46 src="images/shou_8.gif" width=105
     border=0 name=image8></td>
   <td width=93><img height=46 src="images/shou_9.gif" width=93 border=0
    name=image9></td>
   <td width=94><img height=46 src="images/shou_10.gif" width=94 border=0
    name=image10></td>
   <td width=90><img height=46 src="images/shou_11.gif" width=90
    border=0 name=image11></td>
    </tr>
   </tbody>
  </table></td>
  </tr>
 </tbody>
</table>
```

④将光标置于表格1的第2行单元格中，输入以下代码，插入1行2列的表格，此表格记为"表格2"，如图6-23所示。

```html
<table width="100%" cellspacing="0" cellpadding="0">
    <tr>
        <td> </td>
        <td> </td>
    </tr>
</table>
```

图6-22 输入内容

图6-23 插入表格2

⑤将光标置于表格2的第1列单元格中，输入相应的内容，如图6-24所示。

```html
<table cellspacing=0 cellpadding=0 width=246 border=0>
……
</table>
```

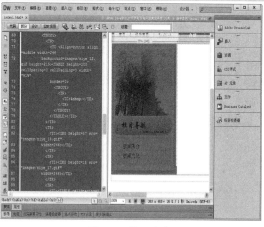

图6-24 输入内容

⑥将光标置于表格2的第2列单元格中，输入以下相应的内容，如图6-25所示。

```html
table cellspacing=0 cellpadding=0 width=754 border=0>
……
</table>
```

HTML技术

图6-25 输入内容

❼将光标置于表格1的第3行单元格中，输入以下代码内容，如图6-26所示。

```
<table cellspacing=0 cellpadding=0
width=1000 align=center border=0>
        <tbody>
        <tr>
                <td valign=bottom align=middle
background=images/shou_31.gif height=81>
                <table class=hei height=59 cellspacing=0
cellpadding=0 width="83%"
                border=0>
                <tbody>
                <tr>
                <td align=center width="83%"> 版权所有 万
通宾馆 </td>
                </tbody>
```

图6-26 输入内容

❽保存文档，按F12键在浏览器中预览，效果如图6-27所示。

图6-27 利用表格布局网页的效果

第7章 创建框架结构网页

本章导读

框架是网页设计中很常用的技术，可以在一个浏览器窗口中显示多个文档。利用这个特点，框架技术可以广泛地应用到网站导航和文档浏览器中，方便访问者对网页的浏览，减少访问者下载页面所需的时间。框架一般由框架集和框架组成。框架集就像一个大容器，包括了所有的框架，是框架的集合；框架是框架集中一个独立的区域，用于显示一个独立的网页文档。

技术要点

- 窗口框架简介
- 设置框架集标记 frameset 属性
- 设置框架标记 frame 属性
- 浮动框架

实例展示

框架网页

浮动框架网页

7.1 　窗口框架简介

框架技术可以将浏览器分割成多个小窗口，并且在每个小窗口中，显示不同的网页，这样我们就可以很方便地在浏览器中浏览不同的网页效果。

框架结构是将两个或两个以上的网页组合起来，在同一个窗口中打开的网页结构。框架把一个网页分成几个单独的区域，每个区域为一个单独的 HTML 文件。显示时，每个区域像一个单独的网页，可以有自己的滚动条、背景、标题等。当浏览器分割成多个窗口后，各窗口就会扮演不同的角色，实现不同的功能。举例来说，有些论坛就是把浏览器分割成两个窗口，一个窗口主要用来显示帖子的标题，而另一个窗口会显示具体的内容。这样的设计显然比起一个窗口的网页在浏览时方便得多，而且用户也可以任意的切换题目。

框架最常见的用途就是导航。一组框架通常包括一个含有导航条的框架和另一个显示主要内容的框架。

框架的基本结构主要分为框架和框架集两个部分。它是利用 <frame> 标记与 <frameset> 标记来定义的。其中 <frame> 标记用于定义框架，而 <frameset> 标记则用于定义框架集。

```
<html>
<head>
<title> 框架的基本结构 </title>
</head>
<frameset …>
<frame …>
</frame …>
</frameset>
</html>
```

7.2 　设置框架集标记frameset属性

所谓 "框架" 就是网页页面分成几个窗口，同时可取得多个 URL。只要使用标记 <frameset> 和 <frame> 设置即可，而所有框架标记要放在一个总的 html 文档中，这个文档只记录了该框架是如何划分的，而不会显示任何其他的资料，所以不必放入 <body> 标记，浏览该框架必须先读取这个文档。<frameset> 是用来划分窗口的，每一窗口由一个 <frame> 标记所标识。

7.2.1　水平分割窗口: rows

常见窗口的分割包括：水平分割、垂直分割和嵌套分割。具体采用哪种分割方式，取决于实际需要，可用 <frameset> 标记中的 rows（水平分割）或 cols（垂直分割）属性来进行分割。水平分割窗口是将页面沿水平方向切割，也就是将页面分成上下排列的多个窗口。

基本语法：

```
<frameset rows=" 高度1，高度2,…,*">
<frame src="url">
<frame src="url">
…
</frameset>
```

语法说明：

rows 属性的值代表各子窗口的高度，第一个子窗口的高度为1，第二个子窗口的高度为2，依此类推，而最后一个 *，则代表最后一个子窗口的高度，值为其他子窗口高度分配后所剩余的高度。设置高度数值的方式有两种：

● 采用整数设置，单位为"像素"（px），语法如下：

```
<frameset rows="100，200，*">
```

● 用百分比设置，语法如下：

```
<frameset rows="20％，50％，*">
```

实例代码：

```
<!DOCTYPE html PUBLIC "-//W3C//DTD
XHTML 1.0 Transitional//EN"
    "http://www.w3.org/TR/xhtml1/DTD/xhtml1-
transitional.dtd">
    <html xmlns="http://www.w3.org/1999/
xhtml">
    <head>
    <meta http-equiv="Content-Type"
content="text/html; charset=gb2312" />
    <title> 水平分割窗口 </title>
    </head>
    <frameset rows="100,*" frameborder=
"yes" border="1" framespacing="1">
    <frame src="top.html" name="topFrame"
scrolling="No"
    noresize="noresize" id="topFrame" />
    <frame src="foot.html" name="mainFrame"
id="mainFrame" />
```

```
</frameset>
<noframes>
<body>
</body>
</noframes>
</html>>
```

在代码中加粗部分的代码标记rows="100,*" 是设置水平分割的，在浏览器中预览，可以看到页面被分为上下两个窗口，如图 7-1 所示。

图7-1 水平分割效果

7.2.2　垂直分割窗口：cols

cols 属性指定了垂直框架的布局方法，它将页面沿垂直方向分割成多个窗口，由一组用逗号分隔的像素值、百分比值或相对度量值组成列表。

基本语法：

```
<frameset cols=" 宽度1，宽度2,…,*">
<frame src="url">
<frame src="url">
…
</frameset>
```

语法说明：

cols 可以取多个值，每个值表示一个框架窗口的水平宽度，它的单位可以是像素，也可以是占浏览器的百分比。

实例代码 :

```
<!DOCTYPE html PUBLIC "-//W3C//DTD XHTML 1.0 Transitional//EN"
"http://www.w3.org/TR/xhtml1/DTD/xhtml1-transitional.dtd">
<html xmlns="http://www.w3.org/1999/xhtml">
<head>
<meta http-equiv="Content-Type" content="text/html; charset=gb2312" />
<title> 垂直分割窗口 </title>
</head>
<frameset rows="*" cols="156*,649*" framespacing="1" frameborder="yes"
border="1">
 <frame src="left1.html" name="leftFrame" frameborder="Yes" id="leftFrame" />
 <frameset rows="*" cols="499,149">
  <frame src="left2.html" frameborder="yes"/>
  <frame src="left3.html" name="mainFrame" frameborder="Yes" id="mainFrame" />
 </frameset>
</frameset>
<noframes>
<body>
</body>
</noframes>
</html>
```

在代码中加粗的代码标记 cols="156*,649*" 是设置框架的垂直分割的，在浏览器中预览，效果如图 7-2 所示。

图7-2　垂直分割效果

7.2.3　嵌套分割窗口

在实际应用中，嵌套分割窗口字型框架使用极为广泛。嵌套分割窗口就是在一个页面中，既有水平分割的框架，又有垂直分割的框架。

基本语法：

```
<frameset rows="30%,*">
<frame>
<frameset cols="20%,*">
    <frame>
<frame>
</frameset>
</frameset>
```

实例代码：

```
<!DOCTYPE html PUBLIC "-//W3C//DTD
XHTML 1.0 Transitional//EN"
    "http://www.w3.org/TR/xhtml1/DTD/xhtml1-
transitional.dtd">
<html xmlns="http://www.w3.org/1999/
xhtml">
<head>
<meta http-equiv="Content-Type"
content="text/html; charset=gb2312" />
<title> 嵌套分割窗口 </title>
</head>
<frameset  rows="200,*" cols="*"
frameborder="no" border="0"
framespacing="0">
<frame src="top.html" name="topFrame"
frameborder="yes" scrolling="No"
noresize="noresize" id="topFrame" />
<frameset rows="*" cols="300,*"
framespacing="1" frameborder="yes"
border="1">
<frame src="left.html" name="leftFrame"
frameborder="yes" scrolling="No"
noresize="noresize" id="leftFrame" />
<frame src="right.html" name="mainFrame"
frameborder="yes"
    id="mainFrame" />
</frameset>
</frameset>
<noframes>
```

```
<body>
</body>
</noframes>
</html>
```

在代码中加粗部分的代码标记 <frameset> 是设置嵌套分割窗口的，在浏览器中预览，效果如图 7-3 所示。

图7-3 嵌套分割窗口效果

7.2.4 设置边框：frameborder

frameborder 属性用于控制窗口框架的周围是否显示框架，此属性可使用在 <frameset> 标记与 <frame> 标记中，如果使用在 <frameset> 标记内时，可控制窗口框架的所有子窗口，如果用在 <frame> 标记中，则只能控制该标记所代表的子窗口。

基本语法：

```
<frameset frameborder=" 是否显示 ">
```

语法说明：

frameborder 的取值只能为 0、1，或者 yes、no。如果取值为 0 或 no，那么，边框将会隐藏；如果取值为 1 或 yes，边框将会显示。

实例代码：

```
<!DOCTYPE html PUBLIC "-//W3C//DTD
XHTML 1.0 Transitional//EN"
    "http://www.w3.org/TR/xhtml1/DTD/xhtml1-
transitional.dtd">
```

```
<html xmlns="http://www.w3.org/1999/
xhtml">
    <head>
    <meta http-equiv="Content-Type"
content="text/html; charset=gb2312"/>
    <title> 设置边框 </title>
    </head>
    <frameset rows="220,*" cols="*"
framespacing="1" frameborder="1"
border="1">
        <frame src="top.html" name="topFrame"
scrolling="No" noresize="noresize"
    id="topFrame" />
        <frame src="foot.html" name="mainFrame"
id="mainFrame" />
    </frameset>
    <noframes>
    <body>
    </body>
    </noframes>
    </html>
```

在代码中加粗部分的标记 frameborder="1" 为设置框架的边框，此处将边框设置为1以显示边框效果，在浏览器中预览，效果如图 7-4 所示。

图7-4 设置框架边框

★ 提示 ★

如果不想显示边框，最好把相邻框架的边框都设置为不显示。

7.2.5 框架的边框宽度：framespacing

在默认情况下框架的边框宽度是1，通过 framespacing 可以调整边框的宽度。

基本语法：

<frameset framespacing=" 边框宽度 ">

语法说明：

边框宽度就是在页面中各个边框之间的线条宽度，以"像素"为单位。边框宽度只能对框架集使用，对单个框架无效。

实例代码：

```
<!DOCTYPE html PUBLIC "-//W3C//DTD XHTML 1.0 Transitional//EN"
"http://www.w3.org/TR/xhtml1/DTD/xhtml1-transitional.dtd">
<html xmlns="http://www.w3.org/1999/xhtml">
<head>
<meta http-equiv="Content-Type" content="text/html; charset=gb2312" />
<title> 框架的边框宽度 </title>
```

第 7 章 创建框架结构网页

Html+JavaScript网页制作与开发完全学习手册

```
</head>
<frameset rows="102,*" cols="*" frameborder
="yes" border="6" framespacing="6">
  <frame src="top.html" name="topFrame"
frameborder="yes" scrolling="No"
  noresize="noresize" id="topFrame" />
  <frameset rows="*" cols="300,*"
framespacing="6" frameborder="yes" border="6">
    <frame src="left.html" name="leftFrame"
frameborder="yes" scrolling="No"
    noresize="noresize" id="leftFrame" />
    <frame src="right.html" name="mainFrame"
frameborder="yes" id="mainFrame" />
  </frameset>
</frameset>
<noframes>
<body>
```

```
</body>
</noframes>
</html>
```

在代码中加粗部分的标记 framespacing
="6" 为设置框架的边框宽度，在浏览器中预
览将边框宽度设置为 6 像素的效果，如图 7-5
所示。

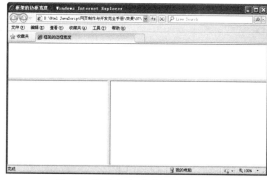

图7-5　设置框架的边框宽度效果

7.2.6　框架的边框颜色：bordercolor

通过 bordercolor 可以设置框架集的边框颜色。

基本语法：

```
<frameset bordercolor=" 边框颜色 ">
```

实例代码：

```
<!DOCTYPE html PUBLIC "-//W3C//DTD XHTML 1.0 Transitional//EN"
"http://www.w3.org/TR/xhtml1/DTD/xhtml1-transitional.dtd">
<html xmlns="http://www.w3.org/1999/xhtml">
<head>
<meta http-equiv="Content-Type" content="text/html; charset=gb2312" />
<title> 框架的边框颜色 </title>
</head>
<frameset rows="102,*" cols="*" frameborder="yes" border="6" framespacing="6"
bordercolor="#FF0033">
  <frame src="top.html" name="topFrame" frameborder="yes" scrolling="No"
  noresize="noresize" id="topFrame" />
```

```
<frameset rows="*" cols="300,*"
framespacing="6" frameborder="yes" border="6">
    <frame src="left.html" name="leftFrame"
frameborder="yes" scrolling="No"
    noresize="noresize" id="leftFrame" />
    <frame src="right.html" name="mainFrame"
frameborder="yes" id="mainFrame" />
</frameset>
</frameset>
<noframes>
<body>
</body>
</noframes>
</html>
```

在代码中加粗部分的标记 bordercolor="#FF0033" 为设置框架边框的颜色，在浏览器中预览，可以看到边框的颜色，效果如图 7-6 所示。

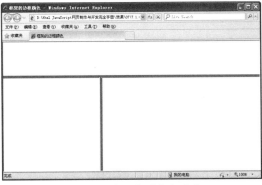

图7-6 框架边框的颜色效果

7.3 设置框架标记frame属性

<frame> 用来定义每一个单独的框架页面，框架页面的属性设置都在 <frame> 标记里进行。

7.3.1 框架页面源文件: src

框架结构中的每一个页面都是一个单独的文件，这些文件都是通过 src 来指定一个初始文件地址。

基本语法：

```
<frame src="html 文件的位置 ">
```

语法说明：

src 属性的设置方法和前面介绍的 <img> 标记的 src 属性的用法相同，html 文件可以是一个网页文件，也可以是一张图片，地址类型可以是相对地址、绝对地址或带有锚点链接的地址。

实例代码：

```
<!DOCTYPE html PUBLIC "-//W3C//DTD XHTML 1.0 Transitional//EN"
"http://www.w3.org/TR/xhtml1/DTD/xhtml1-transitional.dtd">
<html xmlns="http://www.w3.org/1999/xhtml">
<head>
```

```
    <meta http-equiv="Content-Type"
content="text/html; charset=gb2312" />
    <title> 框架页面源文件 </title>
    </head>
    <frameset rows="257,*" cols="*"
frameborder="yes" border="6" framespacing="6">
  <frame src="top.html" name="topFrame"
frameborder="yes" scrolling="No"
    noresize="noresize" id="topFrame" />
        <frameset rows="*" cols="275,*"
framespacing="6" frameborder="yes" border="6">
    <frame src="left.html" name="leftFrame"
frameborder="yes" scrolling="No"
      noresize="noresize" id="leftFrame" />
  <frame src="right.html" name="mainFrame"
frameborder="yes" id="mainFrame" />
        </frameset>
        </frameset>
        <noframes>
        <body>
        </body>
        </noframes>
        </html>
```

在代码中加粗部分的代码标记 src="top.
html"、src="left.html"、src="right.html" 分别设置
框架的页面源文件 top.html、left.html 和 right.
html，在浏览器中预览，可以看到如图 7-7 所
示的效果。

图7-7 框架页面源文件

7.3.2 框架名称：name

name 属性用来指定窗口的名称，当完成
子窗口的名称定义后，可指定超链接的链接目
标显示到网页的某个子窗口。

基本语法：

```
<frame src=" html 文件的位置 " name=" 子
窗口名称 ">
```

语法说明：

框架的页面名称中不允许包含特殊字符、
连字符、空格等，必须是单个的单词或字母
组合。

实例代码：

```
<!DOCTYPE html PUBLIC "-//W3C//DTD
XHTML 1.0 Transitional//EN"
    "http://www.w3.org/TR/xhtml1/DTD/xhtml1-
transitional.dtd">
    <html xmlns="http://www.w3.org/1999/
xhtml">
    <head>
    <meta http-equiv="Content-Type"
content="text/html; charset=gb2312" />
    <title> 框架名称 </title>
    </head>
    <frameset rows="257,*" cols="*"
frameborder="yes" border="6" framespacing="6">
  <frame src="top.html" name="topFrame"
frameborder="yes" scrolling="No"
    noresize="noresize" id="topFrame" />
        <frameset rows="*" cols="275,*"
framespacing="6" frameborder="yes" border="6">
    <frame src="left.html" name="leftFrame"
frameborder="yes" scrolling="No"
      noresize="noresize" id="leftFrame" />
    <frame src="right.html" name="mainFrame"
```

```
frameborder="yes" id="mainFrame" />
    </frameset>
    </frameset>
    <noframes>
    <body>
    </body>
    </noframes>
    </html>
```

在代码中加粗部分的代码标记为设置框架页面的名称，在浏览器中预览，效果如图 7-8 所示。

图7-8　设置框架页面的名称

7.3.3　调整框架窗口的尺寸：noresize

每一个框架都有其固定的宽度和高度，可以通过拖动边框进行调整。不过有时候需要框架的宽度和高度保持不变，禁止浏览器在访问框架的时候随意改变框架尺寸，此时就可以使用 noresize 属性。

基本语法：

<frame src=" 页面源文件地址 " noresize>

语法说明：

noresize 没有属性值，添加该属性后就不能拖动边框，反之无须指定此属性。

实例代码：

```
<!DOCTYPE html PUBLIC "-//W3C//DTD XHTML 1.0 Transitional//EN"
"http://www.w3.org/TR/xhtml1/DTD/xhtml1-transitional.dtd">
<html xmlns="http://www.w3.org/1999/xhtml">
<head>
<meta http-equiv="Content-Type" content="text/html; charset=gb2312" />
<title> 调整框架窗口的尺寸 </title>
</head>
<frameset rows="257,*" cols="*" frameborder="yes" border="6" framespacing="6">
 <frame src="top.html" name="topFrame" frameborder="yes" scrolling="No"
 noresize="noresize" id="topFrame" />
 <frameset rows="*" cols="275,*" framespacing="6" frameborder="yes" border="6">
  <frame src="left.html" name="leftFrame" frameborder="yes" scrolling="No"
 noresize="noresize" id="leftFrame" />
  <frame src="right.html" name="mainFrame" frameborder="yes" noresize
id="mainFrame" />
 </frameset>
</frameset>
<noframes>
<body>
</body>
</noframes>
</html>
```

在代码中加粗部分的代码标记为设置不能调整窗口的尺寸，在浏览器中预览，可以看到左侧的框架和头部的框架不能调整，如图 7-9 所示。

图7-9 调整框架窗口的尺寸

7.3.4　框架边框与页面内容的水平边距：marginwidth

网页的边距可以通过 margin 来设定，那么，框架和网页一样也可设置边距，可以利用 <frame> 标记中的 marginwidth 属性来设置框架左右边缘的宽度；marginheight 属性可以设置框架上下边缘的宽度。

基本语法：

```
<frame src="页面源文件地址" marginwidth="value">
```

语法说明：

在 HTML 文件中，利用框架 <frame> 标记中的 marginwidth 属性可以设置相应子框架的左右边缘的空白。

实例代码：

```
<!DOCTYPE html PUBLIC "-//W3C//DTD XHTML 1.0 Transitional//EN"
    "http://www.w3.org/TR/xhtml1/DTD/xhtml1-transitional.dtd">
<html xmlns="http://www.w3.org/1999/xhtml">
<head>
<meta http-equiv="Content-Type" content="text/html; charset=gb2312" />
<title> 框架边框与页面内容的水平边距 </title>
</head>
<frameset rows="257,*" cols="*" frameborder="yes" border="6" framespacing="6">
    <frame src="top.html" name="topFrame" frameborder="yes" scrolling="No"
    noresize="noresize" id="topFrame" />
    <frameset rows="*" cols="275,*" framespacing="6" frameborder="yes" border="6">
    <frame src="left.html" name="leftFrame" frameborder="yes" scrolling="No"
    noresize="noresize" id="leftFrame" />
    <frame src="right.html" name="mainFrame" scrolling="No" frameborder="yes"
    noresize id="mainFrame" marginwidth="50"/>
    </frameset>
</frameset>
<noframes>
<body>
</body>
</noframes>
</html>
```

在代码中加粗部分的代码标记 marginwidth="50" 为在右侧的框架中设置水平边距为 50 像素，在浏览器中预览，可以看到文本内容与框架的边框之间有很多空间，效果如图 7-10 所示。

图7-10　边框与页面内容的水平边距效果

7.3.5 框架边框与页面内容的垂直边距: marginheight

通过 marginheight 可以设置边框与页面内容的垂直边距。

基本语法：

```
<frame src=" 页面源文件地址 " marginheight="value">
```

语法说明：

垂直边距用来设置页面的上、下边缘与框架边框的距离。

实例代码：

```
<!DOCTYPE html PUBLIC "-//W3C//DTD XHTML 1.0 Transitional//EN"
"http://www.w3.org/TR/xhtml1/DTD/xhtml1-transitional.dtd">
<html xmlns="http://www.w3.org/1999/xhtml">
<head>
<meta http-equiv="Content-Type" content="text/html; charset=gb2312" />
<title> 框架边框与页面内容的垂直边距 </title>
</head>
<frameset rows="257,*" cols="*" frameborder="yes" border="6" framespacing="6">
  <frame src="top.html" name="topFrame" frameborder="yes" scrolling="No"
  noresize="noresize" id="topFrame" />
  <frameset rows="*" cols="275,*" framespacing="6" frameborder="yes" border="6">
    <frame src="left.html" name="leftFrame" frameborder="yes" scrolling="No"
noresize="noresize" id="leftFrame" />
    <frame src="right.html" name="mainFrame" scrolling="No" frameborder="yes"
noresize id="mainFrame" marginwidth="50"marginheight="50"/>
  </frameset>
</frameset>
<noframes>
<body>
</body>
</noframes>
</html>
```

在 代 码 中 加 粗 部 分 的 代 码 标 记
marginheight="50" 为在右侧框架中设置边框与
页面内容的垂直边距为 50 像素，在浏览器中
预览，可以看到边框与页面内容之间有很大空
白，如图 7-11 所示。

图7-11 边框与页面内容的垂直边距效果

7.3.6　设置框架滚动条显示: scrolling

scrolling 属性用于控制窗口框架中是否显示滚动条，使用此属性，可以避免 HTML 文件因内容过多而无法完全显示。此属性用在 <frame> 标记中。

基本语法：

<frame scrolling="yes 或 no 或 auto">

语法说明：

scrolling 取值包括 yes、no 或 auto。其中，yes 表示一直显示滚动条；no 则表示无论什么情况都不显示滚动条；auto 是系统的默认值，它是根据具体内容来调整的，当页面长度超出浏览器窗口的范围时就会自动显示滚动条。

实例代码：

```
<!DOCTYPE html PUBLIC "-//W3C//DTD
XHTML 1.0 Transitional//EN"
    "http://www.w3.org/TR/xhtml1/DTD/xhtml1-
transitional.dtd">
    <html xmlns="http://www.w3.org/1999/
xhtml">
    <head>
    <meta http-equiv="Content-Type"
content="text/html; charset=gb2312" />
    <title> 设置框架滚动条显示 </title>
    </head>
    <frameset rows="257,*" cols="*"
frameborder="yes" border="6" framespacing="6">
    <frame src="top.html" name="topFrame"
frameborder="yes" scrolling="yes"
    noresize="noresize" id="topFrame" />
    <frameset rows="*" cols="251,*"
framespacing="6" frameborder="yes" border="6">
    <frame src="left.html" name="leftFrame"
frameborder="yes" scrolling="yes"
    noresize="noresize" id="leftFrame" />
```

```
    <frame src="right.html" name="mainFrame"
scrolling="yes" frameborder="yes"
    noresize id="mainFrame"/>
    </frameset>
    </frameset>
    <noframes>
    <body>
    </body>
    </noframes>
    </html>
```

在代码中加粗部分的代码标记 scrolling="yes" 为设置框架中显示滚动条，在这里将 scrolling 的值设置为 yes，在浏览器中预览可以看到滚动条效果，如图 7-12 所示。

图7-12　显示滚动条效果

7.3.7　不支持框架标记: noframes

当别人使用的浏览器太旧，不支持框架功能时，就会看到一片空白。为了避免这种情况，可使用 <nofames> 标记，当使用者的浏览器看不到框架时，就会看到 <nofames> 与 </nofames> 之间的内容，而不是一片空白。这些内容可以是提醒浏览者转用新的浏览器的字句，甚至是一个没有框架的网页或能自动切换至没有框架的版本。

基本语法：

```
<noframes>
</noframes>
```

语法说明：

noframes 可为那些不支持框架的浏览器显示文本。如果希望 frameset 添加 <noframes> 标签，就必须将其中的文本包装在 <body></body> 标签中。

实例代码：

```
<!DOCTYPE html PUBLIC "-//W3C//DTD XHTML 1.0 Transitional//EN"
"http://www.w3.org/TR/xhtml1/DTD/xhtml1-transitional.dtd">
<html xmlns="http://www.w3.org/1999/xhtml">
<head>
<meta http-equiv="Content-Type" content="text/html; charset=gb2312" />
<title> 不支持框架 </title>
</head>
<frameset rows="*" cols="209,*" framespacing="1" frameborder="yes" border="1">
<frame src="left.html" name="leftframe" scrolling="yes">
<frame src="right.html" name="mainframe">
</frameset>
<noframes>
很抱歉，您使用的浏览器不支持框架功能，请转用新的浏览器！
</noframes>
</html>
```

在代码中加粗部分的代码标记为设置不支持框架标记，若浏览器支持框架，那么它不会理会 <noframes> 中的内容，但若浏览器不支持框架，由于不认识所有框架标记，不明的标记会被略过，标记包围的东西便被解读出来，所以放在 <noframes> 范围内的文字会被显示。

7.4 浮动框架

浮动框架是一种较为特殊的框架，它是在浏览器窗口中嵌套的子窗口，整个页面并不一定是框架页面，但要包含一个框架窗口。<iframe> 框架可以完全由设计者定义宽度和高度，并且可以放置在一个网页的任何位置，这极大地扩展了框架页面的应用范围。

7.4.1 浮动框架的页面源文件：src

浮动框架中最基本的属性就是 src，它用来指定浮动框架页面的源文件地址。

基本语法：

<iframe src="url"></iframe>

语法说明：

Src="" 当前框架所链接的页面地址。

实例代码：

```
<td valign=top>
<iframe src="fudong.html"></iframe>
</td>
```

在代码中加粗部分的代码标记 <iframe src="fudong.html"> 为设置浮动框架的源文件，在浏览器中预览，效果如图 7-13 所示。

图7-13　设置浮动框架的源文件

7.4.2　浮动框架的宽度和高度：width和height

<frameset> 生成的框架结构是依赖上级空间尺寸的，它的宽度或高度必须有一个和上级框架相同。而 <iframe> 浮动框架可以完全由指定宽度和高度决定。

基本语法：

<iframe src=" 浮动框架的源文件 " width=" 浮动框架的宽 " height=" 浮动框架的高 ">
</iframe>

语法说明：

浮动框架的宽度和高度值都以"像素"为单位。

实例代码：

```
<td valign=top>
<iframe src="fudong.html" width="800" height="400"></iframe>
</td>
```

在代码中加粗部分的代码标记 width="800" height="400" 为设置浮动框架的宽为 800 像素、高为 400 像素，在浏览器中预览，效果如图 7-14 所示。

图7-14　设置浮动框架页面的宽和高

7.4.3　浮动框架对齐方式：align

浮动框架的对齐方式用于设置浮动框架页面相对于浏览器窗口的水平位置。

基本语法：

<iframe src=" 浮动框架的源文件 " align=" 对齐方式 "></iframe>

语法说明：

它的取值包括左对齐 left、右对齐 right、居中对齐 middle 和底部对齐 bottom。

实例代码：

```
<td valign=top>
<iframe src="fudong.html" width="700" height="400" align="right"></iframe>
</td>
```

Html＋JavaScript网页制作与开发完全学习手册

在代码中加粗部分的代码标记 align="right" 为设置浮动框架的对齐方式，在浏览器中预览，可以看到浮动框架右对齐的效果，如图 7-15 所示。

图7-15　浮动框架的对齐方式

7.4.4　设置浮动框架是否显示滚动条：scrolling

浮动框架的 scrolling 属性有 3 种情况，包括不显示、根据需要显示和总显示滚动条。

基本语法：

<iframe src=" 浮动框架的源文件 " scrolling=" 是否显示滚动条 "></iframe>

语法说明：

scrolling的取值范围

属 性 值	说　　明
auto	默认值，整个框架在浏览器页面中左对齐
yes	总是显示滚动条，即使页面内容不足以撑满框架范围，滚动条的位置也预留
no	在任何情况下都不显示滚动条

实例代码：

```
<td valign=top>
<iframe src="fudong.html" width="700" height="400"
```

```
align="right" scrolling="yes"></iframe>
</td>
```

在代码中加粗部分的代码标记 scrolling="yes" 为设置显示浮动框架滚动条，在浏览器中预览，效果如图 7-16 所示。

图7-16 浮动框架滚

7.4.5 浮动框架的边框：frameborder

在浮动框架页面中，可以使用 frameborder 设置显示框架边框。

基本语法：

<iframe src=" 浮动框架的源文件 " frameborder=" 是否显示框架边框 "></iframe>

语法说明：

frameborder 只能取 0 和 1，或者 yes 和 no。0 和 no 表示边框不显示，1 和 yes 为默认取值，表示显示边框。

实例代码：

```
<td valign=top>
<iframe src="fudong.html"width="700" height="400" scrolling="yes"
frameborder="0"></iframe>
</td>
```

在代码中加粗部分的代码标记 frameborder="0" 为设置浮动框架边框为不显示，在浏览器中预览，效果如图 7-17 所示。

> **★ 提示 ★**
>
> 浮动框架的边框有显示和不显示两种，如果设置为显示边框，则<iframe>尺寸范围会有一种立体边框效果出现。

图7-17 设置浮动框架边框的效果

7.5 综合实战——创建上方固定、左侧嵌套的框架网页

将浏览器画面分割成多个子窗口时，可赋予各子窗口不同的功能。最常见的应用方式，就是以一个子窗口作为网页的主画面，另一个窗口则用于控制该窗口的显示内容。要达到这个目的，我们可以运用 <a> 标记的 target 属性，来指定显示链接网页的子窗口。

下面就用本章所学的知识来创建上方固定、左侧嵌套的框架网页，具体操作步骤如下。

❶启动 Dreamweaver CS6，新建一空白文档，打开代码视图，在相应的位置输入以下代码，如图 7-18 所示。

```html
<html>
<head>
<meta http-equiv="Content-Type"
content="text/html; charset=gb2312" />
<title>创建上方固定、左侧嵌套的框架网页</title>
</head>
<frameset rows="211,*" cols="*"
frameborder="no" border="1" framespacing="1">
<frame src="top.html" name="topFrame"
frameborder="yes" scrolling="yes"
noresize="noresize" id="topFrame" />
<frameset rows="*" cols="289,*"
framespacing="0" frameborder="no" border="0">
<frame src="left.html" name="leftFrame"
frameborder="yes" scrolling="yes"
noresize="noresize" id="leftFrame" />
<frame src="right.html" name="mainFrame"
scrolling="yes" noresize id="mainFrame" />
</frameset>
</frameset>
<noframes>
```

```html
<body>
</body>
</noframes>
</html>
```

图7-18 输入代码

❷打开拆分视图，将光标置于头部框架中，在头部框架 top.html 中输入以下代码，如图 7-19 所示。

```html
<img src="images/top.jpg" width="1003"
height="292" />
```

图7-19 在顶部框架中输入内容

❸将光标置于左侧框架中，在左侧框架中输入以下代码，如图 7-20 所示。

```html
<table border=0 cellspacing=0 cellpadding=0
width=203>
<tbody>
<tr>
<td colspan=3><img src="images/left_01.
```

```
jpg" width=203 height=82></td>
       </tr>
       <tr>
        <td valign=top rowspan=2>
    <img src="images/left_02.jpg" width=18
height=281></td>
         <td bgcolor=#fef0d3 height=205
valign=top width=165>
      <table border=0 cellspacing=0 cellpadding=0
width="100%">
        <tbody>
        <tr>
         <td width="28%"><div align=right>
    <img src="images/20087167912.jpg"
width=31 height=24></div>
    </td>
         <td width="6%"> </td>
         <td width="66%"> 晴纶 </td>
        </tr>
        <tr bgcolor=#d3c0a2>
         <td height=1 colspan=3></td>
        </tr>
        <tr>
         <td width="28%"><div align=right><img
src="images/20087192956.jpg"
         width=31 height=24></div></td>
         <td width="6%"> </td>
         <td width="66%"> 毛晴 </td>
        </tr>
        <tr bgcolor=#d3c0a2>
         <td height=1 colspan=3></td>
        </tr>
        <tr>
         <td width="28%"><div align=right><img
src="images/20087116548.jpg"
         width=31 height=24></div></td>
         <td width="6%"> </td>
```

```
         <td width="66%"> 半边绒 </td>
        </tr>
        <tr bgcolor=#d3c0a2>
         <td height=1 colspan=3></td>
        </tr>
        <tr>
         <td width="28%"><div align=right>
    <img src="images/20087178437.jpg"
width=31 height=24></div></td>
         <td width="6%"> </td>
         <td width="66%"> 棉纱 </td>
        </tr>
        <tr bgcolor=#d3c0a2>
         <td height=1 colspan=3></td>
        </tr>
        <tr>
         <td width="28%"><div align=right>
    <img src="images/20087184507.jpg"
width=31 height=24></div></td>
         <td width="6%"> </td>
         <td width="66%"> 羽毛纱 </td>
        </tr>
        <tr bgcolor=#d3c0a2>
         <td height=1 colspan=3></td>
        </tr>
        <tr>
         <td width="28%"><div align=right>
    <img src="images/20087187255.jpg"
width=31 height=24></div></td>
         <td width="6%"> </td>
         <td width="66%">coolmax</td>
        </tr>
        <tr bgcolor=#d3c0a2>
         <td height=1 colspan=3></td>
        </tr>
        <tr>
         <td width="28%"><div align=right>
    <img src="images/20087149094.jpg"
```

```
width=31 height=24></div></td>
        <td width="6%"> </td>
        <td width="66%"> 尼龙羽毛纱 </td>
      </tr>
      <tr bgcolor=#d3c0a2>
        <td height=1 colspan=3></td>
      </tr>
    </tbody>
  </table></td>
    <td valign=top rowspan=2>
    <img src="images/left_04.jpg" width=20
height=281>
    </td>
  </tr>
  <tr>
      <td><img src="images/left_05.jpg"
width=165 height=76></td>
  </tr>
  <tr>
      <td colspan=3><img src="images/left_06.
jpg" width=203 height=130></td>
  </tr>
  </tbody>
  </table>
```

图7-20 在左侧框架中输入内容

❹将光标置于右侧的框架中，在右侧框架中输入以下代码，如图 7-21 所示。

```
<table border=0 cellspacing=0 cellpadding=0
width=686 height="100%">
```

```
  <tr>
    <td><img src="images/center_01.jpg"
width=700
      height=77></td>
  </tr>
  <tr>
    <td background=images/center_03bg.
jpg>
    <table border=0 cellspacing=0 cellpadding=0
width="90%" align=center>
    <tbody>
    <tr>
      <td class=12zhengwen> </td>
    </tr>
    <tbody>
    <tr>
      <td class=8>    公司主要生产各类棉、
化纤、混纺织物，以及运动系列袜。工厂成立
于 1992 年，风景秀丽、交通便利。工厂占地
面积 2080 平方米，年产值 1500 万 ~2000 万。
本公司拥有先进的计算机控制织袜机，针数有
144n、132n、120n、108n、96n、84n、76n、
64n，以及后道辅助设备，熟练的员工 80 人
等。<br>
    本厂严格控制产品质量，从原料采购起
就严格把关，采购国内最好的原材料，在生产
过程中使用先进的工艺技术及生产管理，辅以
计算机设计控制，使本公司产品达到国际先进
水平，与欧美流行同步。生产效率高，交货及
时，产品直接销往日本、澳大利亚、新加坡、
欧美、中国香港等地。<br>
    凭着良好的信誉、优质的产品、一流的
服务，热忱欢迎国内外客户来我厂考察合作。
      <p><br>
      </p></td>
    </tr>
    </tbody>
  </table></td>
```

```
    </tr>

    <tr>

    <td><img src="images/center_03.jpg" width=700 height=39></td>

    </tr>

  </tbody>

</table>
```

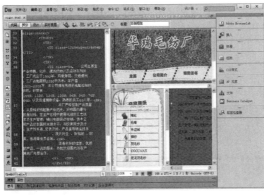

图7-21 输入内容

❺保存文档，在浏览器预览框架网页的效果，如图 7-22 所示。

图7-22 框架网页效果

第8章 创建交换式表单

本章导读

表单的用途很多，在制作网页中，特别是制作动态网页时常常会用到，表单的作用就是收集用户的信息，将其提交到服务器，从而实现与客户的交互，它是 HTML 页面与浏览器端实现交互的重要手段。

技术要点

- 表单元素 </form>
- 表单的控件 <input>

实例展示

表单网页

8.1 表单元素\<form\>

在网页中 \<form\>\</form\> 标记对用来创建一个表单，即定义表单的开始和结束位置，在标记对之间的一切都属于表单的内容。在表单的 \<form\> 标记中，可以设置表单的基本属性，包括表单的名称、处理程序和传送方法等。一般情况下，表单的处理程序 action 和传送方法 method 是必不可少的参数。

8.1.1 动作属性: action

action 用于指定表单数据提交到哪个地址进行处理。

基本语法：

```
<form action=" 表单的处理程序 ">
......
</form>
```

语法说明：

表单的处理程序是表单要提交的地址，也就是表单中收集到的资料将要传递的程序地址。这一地址可以是绝对地址，也可以是相对地址，还可以是一些其他形式的地址。

实例代码：

```
<!DOCTYPE html PUBLIC "-//W3C//DTD XHTML 1.0 Transitional//EN"
"http://www.w3.org/TR/xhtml1/DTD/xhtml1-transitional.dtd">
<html xmlns="http://www.w3.org/1999/xhtml">
<head>
<meta http-equiv="content-type" content="text/html; charset=gb2312" />
<title> 程序提交 </title>
</head>
<body>
欢迎您预定本店的房间，您填写的预订表将被发送到酒店客房预订处，我们会在最短的时间内给您回复。
<form action="mailto:jiudian@.com">
</form>
</body>
</html>
```

在代码中加粗部分的标记 action 是程序提交标记，这里将表单提交到电子邮件。

8.1.2 发送数据方式属性method

表单的 method 属性用于指定在数据提交到服务器时，使用哪种 HTTP 提交方法，可取值为 get 或 post。

基本语法：

```
<form method=" 传送方法 ">
……
</form>
```

语法说明：

传送方法的值只有两种即 get 和 post。

get：表单数据被传送到 action 属性指定的 URL，然后这个新 URL 被送到处理程序上。

post：表单数据被包含在表单主体中，然后被送到处理程序上。

实例代码：

```
<!DOCTYPE html PUBLIC "-//W3C//DTD
XHTML 1.0 Transitional//EN"
  "http://www.w3.org/TR/xhtml1/DTD/xhtml1-
transitional.dtd">
<html xmlns="http://www.w3.org/1999/
xhtml">
<head>
<meta http-equiv="content-type"
content="text/html; charset=gb2312" />
<title> 传送方法 </title>
</head>
<body>
```

欢迎您预定本店的房间，您填写的预订表将被发送到酒店客房预订处，我们会在最短的时间内给您回复。

```
<form action="mailto:jiudian@.com"
method="post" name="form1">
</form>
</body>
</html>
```

在代码中加粗部分的代码标记 method="post" 是传送方法。

8.1.3　名称属性：name

name 用于给表单命名，这一属性不是表

单的必要属性，但是为了防止表单提交到后台处理程序时出现混乱，一般需要给表单命名。

基本语法：

```
<form name=" 表单名称 ">
……
</form>
```

语法说明：

表单名称中不能包含特殊字符和空格。

实例代码：

```
<!DOCTYPE html PUBLIC "-//W3C//DTD
XHTML 1.0 Transitional//EN"
  "http://www.w3.org/TR/xhtml1/DTD/xhtml1-
transitional.dtd">
<html xmlns="http://www.w3.org/1999/
xhtml">
<head>
<meta http-equiv="content-type"
content="text/html; charset=gb2312" />
<title> 表单名称 </title>
</head>
<body>
```

欢迎您预定本店的房间，您填写的预订表将被发送到酒店客房预订处，我们会在最短的时间内给您回复。

```
<form action="mailto:jiudian@.com"
name="form1">
</form>
</body>
</html>
```

在代码中加粗部分的标记 name="form1" 是表单名称标记。

8.1.4　编码方式：enctype

表单中的 enctype 属性用于设置表单信息提交的编码方式。

基本语法：

```
<form enctype=" 编码方式 ">
……
</form>
```

语法说明：

enctype 属性为表单定义了 MIME 编码方式，编码方式的取值如表 8-1 所示。

表8-1 编码方式的属性值

enctype 的取值	取值的含义
application/x-www-form-urlencoded	默认的编码形式
multipart/form-data	MIME 编码，上传文件的表单必须选择该项

实例代码：

```
<!DOCTYPE html PUBLIC "-//W3C//DTD
XHTML 1.0 Transitional//EN"
    "http://www.w3.org/TR/xhtml1/DTD/xhtml1-
transitional.dtd">
    <html xmlns="http://www.w3.org/1999/
xhtml">
    <head>
    <meta http-equiv="content-type"
content="text/html; charset=gb2312" />
    <title> 编码方式 </title>
    </head>
    <body>
```
欢迎您预定本店的房间，您填写的预订表将被发送到酒店客房预订处，我们会在最短的时间内给您回复。
```
    <form action="mailto:jiudian@.com"
method="post"
    enctype="application/x-www-form-
urlencoded" name="form1">
    </form>
    </body>
    </html>
```
在代码中加粗的代码标记是编码方式。

★ 提示 ★

enctype属性默认的取值是application/x-www-form-urlencoded，这是所有网页的表单所使用的可接受类型。

8.1.5　目标显示方式：target

target 用来指定目标窗口的打开方式，表单的目标窗口往往用来显示表单的返回信息。

基本语法：

```
<form target=" 目标窗口的打开方式 ">
……
</form>
```

语法说明：

目标窗口的打开方式有 4 个选项：_blank、_parent、_self 和 _top。其中 _blank 为将链接的文件载入一个未命名的新浏览器窗口中；_parent 为将链接的文件载入含有该链接框架的父框架集或父窗口中；_self 为将链接的文件载入该链接所在的同一框架或窗口中；_top 为在整个浏览器窗口中载入所链接的文件，因而会删除所有框架。

实例代码：

```
<!DOCTYPE html PUBLIC "-//W3C//DTD
XHTML 1.0 Transitional//EN"
    "http://www.w3.org/TR/xhtml1/DTD/xhtml1-
transitional.dtd">
    <html xmlns="http://www.w3.org/1999/
xhtml">
    <head>
    <meta http-equiv="content-type"
content="text/html; charset=gb2312" />
    <title> 目标显示方式 </title>
    </head>
    <body>
```

第 8 章　创建交换式表单

欢迎您预订本店的房间，您填写的预订表将被发送到酒店客房预订处，我们会在最短的时间内给您回复。

```
<form action="mailto:jiudian@.com" method="post"
enctype="application/x-www-form-urlencoded" name="form1" target="_blank">
</form>
</body>
</html>
```

在代码中加粗部分的代码标记 target="_blank" 是目标显示方式。

8.2　表单的控件<input>

在网页中插入的表单对象包括文本字段、复选框、单选按钮、提交按钮、重置按钮和图像域等。在 HTML 表单中，input 标记是最常用的表单标记，包括常见的文本字段和按钮都采用这个标记。

基本语法：

```
<form>
<input type=" 表单对象 " name=" 表单对象的名称 ">
</form>
```

在该语法中，name 是为了便于程序对不同表单对象的区分；type 则是确定了这一个表单对象的类型。type 所包含的属性值，如表 8-2 所示。

表8-2　type所包含的属性值

属 性 值	说 明
text	文本字段
password	密码域
radio	单选按钮
checkbox	复选框
button	普通按钮
submit	提交按钮
reset	重置按钮
image	图像域
hidden	隐藏域
file	文件域

8.2.1　文本域text

text 标记用来设置表单中的单行文本框，在其中可输入任何类型的文本、数字或字母，输入的内容以单行显示。

基本语法：

```
<input name=" 文本字段的名称 " type="text" value=" 文字字段的默认取值 " size=" 文本字段的
```

长度 " maxlength=" 最多字符数 "/>

语法说明：

在该语法中包含了很多参数，它们的含义和取值方法不同，如表 8-3 所示。

表8-3 文本字段text的参数值

属 性 值	说 明
name	文字字段的名称，用于与页面中其他控件加以区别。名称由英文或数字，以及下划线组成，但有大小写之分
type	指定插入哪种表单对象，如 type ＝ "text"，即为文字字段
value	设置文本框的默认值
size	确定文本字段在页面中显示的长度，以"字符"为单位
maxlength	设置文本字段中最多可以输入的字符数

实例代码：

```
<tr>
<td width="134">
<span class="style4"> 姓名：</span>
</td>
<td width="296">
<input name="textfield" type="text"  size="25" maxlength="20">
</td>
</tr>
```

在代码中加粗的 <input name="textfield" type="text" size="25" maxlength="20"> 标记将文本域的名称设置为 textfield，长度设置为 25，最多字符数设置为 20。在浏览器中浏览，效果如图 8-1 所示。

★ 提示 ★

文本域的长度如果加入了size属性，就可以设置size属性的大小，最小值为1，最大值将取决于浏览器的宽度。

图8-1 设置文字字段

8.2.2 密码区域password

在表单中还有一种文本字段的形式——密码域，输入到其中的文字均以星号"*"或圆点"●"显示。

基本语法：

<input name=" 密码域的名称 " type="password" value=" 密码域的默认取值 " size=" 密码域的长度 " maxlength=" 最多字符数 "/>

语法说明：

在该语法中包含了很多参数，它们的含义和取值方法不同，如表 8-4 所示。

表8-4 密码域password的参数值

属 性 值	说 明
name	密码域的名称，用于与页面中其他控件加以区别。名称由英文或数字，以及下划线组成，但有大小写之分
type	指定插入哪种表单对象
value	用来定义密码域的默认值，以"*"或"●"显示
size	确定密码域在页面中显示的长度，以"字符"为单位
maxlength	设置密码域中最多可以输入的字符数

实例代码：

```
<td>
<input name="password" type="password"  size="18"
maxlength="20" id="password">
</td>
```

在代码中加粗的 <input name="password" type="password" size="18" maxlength="20"> 标记将密码域的名称设置 password，长度设置为 18，最多字符数设置为 20。在浏览器中浏览，效果如图 8-2 所示。当在密码域中输入内容时将以"●"显示。

图8-2 设置密码域

8.2.3 提交按钮submit

提交按钮是一种特殊的按钮，单击该类按钮可以实现表单内容的提交。

基本语法：

<input type="submit" name=" 按钮的名称 " value=" 按钮的取值 " />

语法说明：

在该语法中，value 同样用来设置显示在按钮上的文字。type="submit" 表示提交按钮。

实例代码：

```
<td><input type="submit" name=
"button" value=" 提交 "></td>
```

在 代 码 中 加 粗 的 <input type="submit" name="button" value=" 提交 "> 标记将按钮的名称设置为 button，取值设置为 "提交"。在浏览器中浏览，效果如图 8-3 所示。

图8-3 设置提交按钮

8.2.4 复位按钮reset

重置按钮可以清除用户在页面中输入的信息，将其恢复成默认的表单内容。

基本语法：

<input type="reset" name=" 按钮的名称 " value=" 按钮的取值 " />

语法说明：

在该语法中，value 同样用来设置显示在按钮上的文字。type="reset" 表示复位按钮。

实例代码：

```
<tr>
<td> </td>
 <td><input type="submit" name="button"
value=" 提交 ">
  <input type="reset" name="button2"
value=" 重置 "></td>
 </tr>
```

在 代 码 中 加 粗 的 <input type="reset" name="button2" value=" 重置 "> 标记将按钮的类型设置为 reset，取值设置为 "重置"。在浏览器中浏览，效果如图 8-4 所示。

图8-4 设置重置按钮

8.2.5 图像按钮image

图像域是指可以用在提交按钮位置的图像，使这幅图像具有按钮的功能。一般来说，使用默认的按钮形式往往会让人觉得单调，若网页使用了较为丰富的色彩，或者稍微复杂的设计，再使用表单默认的按钮形式甚至会破坏整体的美感。此时，可以使用图像域，从而创建与网页整体效果一致的图像提交按钮。

基本语法：

<input name=" 图 像 域 的 名 称 " type="image" src=" 图像域的地址 " />

语法说明：

在语法中，图像的路径可以是绝对的，也

可以是相对的。

实例代码：

```
<tr>
<td> </td>
<td><input type="submit" name="button"
value=" 提交 ">
<input type="reset" name="button2" value=
" 重置 ">
<input type="image" name="imageField"
src="images/no.jpg"></td>
</tr>
```

在代码中加粗的 <input type=image src="images/no.jpg" name=imageField> 标记将图像域的名称设置为 Image，地址设置为 images/no.jpg。在浏览器中浏览，效果如图 8-5 所示。

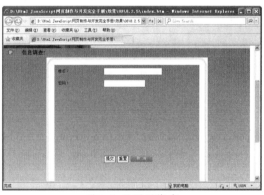

图8-5 设置图像域

8.2.6 单击按钮button

表单中的按钮起着至关重要的作用，它可以激发提交表单的动作，也可以在用户需要修改表单的时候，将表单恢复到初始的状态，还可以依照程序的需要，发挥其他的作用。普通按钮主要是配合 JavaScript 脚本来进行表单处理的。

基本语法：

```
<input type="submit" name=" 按钮的名称 "
value=" 按钮的取值 " onclick=" 处理程序 "/>
```

语法说明：

在该语法中，value 的取值就是显示在按钮上的文字，在按钮中可以添加 onclick 来实现一些特殊的功能，onclick 是设置当鼠标单击按钮时所进行的处理。

实例代码：

```
<tr>
<td> </td>
<td><input type="submit" name="button"
value=" 提交 ">
<input type="reset" name="button2" value="
重置 ">
<input type="submit" name="button"
value=" 关闭窗口
"onclick="window.close()"></td>
</tr>
```

在代码中加粗的 <input type="submit" name="button" value=" 关 闭 窗 口 "onclick="window.close()"> 标记将按钮的取值设置为"关闭窗口"，处理程序设置为 window.close()。在浏览器中浏览，效果如图 8-6 所示。当单击"关闭窗口"按钮时弹出一个关闭窗口提示框。

图8-6 设置普通按钮

8.2.7 复选框checkbox

浏览者在填写表单时，有一些内容可以通过做出选择的形式来实现。例如，常见的网上调查，表现形式为首先提出调查的问题，然后让浏览者在若干个选项中做出选择。复选框能够实现项目的多项选择功能，以一个方框表示。

基本语法：

```
<input name="复选框的名称" type="checkbox" value="复选框的取值" checked/>
```

语法说明：

在该语法中，checked 表示复选框在默认情况下已经被选中，一个选项中可以有多个复选框被选中。

实例代码：

```
<td class="style4">您是如何知道本网站的？：</td>
<td>
<input type="checkbox" name="checkbox" value="1">
        <span class="STYLE4">通过朋友介绍</span>
<input type="checkbox" name="checkbox2" value="2">
        <span class="STYLE4">其他网站的链接</span>
        <input type="checkbox" name="checkbox3" value="3">
        <span class="STYLE4">通过电视宣传</span>
<input type="checkbox" name="checkbox4"value="4">
        <span class="STYLE4">通过其他的方式</span>
        </td>
```

在代码中加粗的 `<input name="checkbox" type="checkbox" value="1" checked>` 标记将复选框的名称设置为 checkbox，取值设置为 1 并设置为已勾选；`<input name="checkbox2"` `type="checkbox" value="2">` 标记将复选框的名称设置为 checkbox2，取值设置为 2；`<input name="checkbox3" type="checkbox" value="3">` 标记将复选框的名称设置为 checkbox3，取值设置为 3；`<input name="checkbox4" type="checkbox" value="4">` 标记将复选框的名称设置为 checkbox4，取值设置为 4。在浏览器中浏览，效果如图 8-7 所示。

图8-7 设置复选框

8.2.8 单选按钮radio

在网页中，单选按钮用来让浏览者进行单一选择，在页面中以圆框显示。

基本语法：

```
<input name="单选按钮的名称" type="radio" value="单选按钮的取值" checked/>
```

语法说明：

在该语法中，value 用于用户选中单选按钮后，传送到处理程序中的值，checked 表示这一单选按钮被选中，而在一个单选按钮组中只有一个单选按钮可以设置为 checked。

实例代码：

```
<tr><td class="style4">性别：</td>
<td>
<input type="radio" name="radio"
```

```
value=" 男 " checked><span class="style4"> 男
    <input type="radio" name="radio"
value=" 女 "> 女 </span>
</td></tr>
```

在 代 码 中 加 粗 的 <input name="radio" type="radio" value=" 男 " checked> 标 记 将单选按钮的名称设置为 radio，取值设置为"男"并设置为已勾选；<input type="radio" name="radio" value=" 女 "> 标记将单选按钮的名称设置为 radio，取值设置为"女"。在浏览器中浏览，效果如图 8-8 所示。

图8-8 设置单选按钮

8.2.9 隐藏区域hidden

隐藏域在页面中对于用户来说是看不见的，在表单中插入隐藏域的目的在于收集和发送信息，以便于被处理表单的程序所使用。发送表单时，隐藏域的信息也被一起发送到服务器。

基本语法：

```
<input name=" 隐 藏 域 的 名 称 "
type="hidden" value=" 隐藏域的取值 " />
```

语法说明：

通过将 type 属性设置为 hidden，可以根据需要在表单中使用任意多的隐藏域。

实例代码：

```
<tr>
<td class="style4"> 密码：</td>
```

```
<td><input name="password"
type="password" size="18"
    maxlength="20" id="password">
        <input type="hidden"
name="hiddenField" value="1">
    </td>
</tr>
```

在代码中加粗的 <input name="hiddenField" type="hidden" value="1"> 标记将隐藏域的名称设置为 hiddenField，取值设置为 1。在浏览器中浏览，效果如图 8-9 所示。

图8-9 设置隐藏域

8.2.10 文件域：file

文件域是由一个文本框和一个"浏览"按钮组成的，用户可以直接将要上传给网站的文件的路径输入在文本框中，也可以单击"浏览"按钮选择。

基本语法：

```
<input name=" 文 件 域 的 名 称 " type="file"
size=" 文件域的长度 " maxlength=" 最多字符数
" />
```

实例代码：

```
<tr>
<td class="style4"> 上传文件：</td>
    <td><label for="fileField"></label>
    <input name="fileField" type="file"
id="fileField" size="28" maxlength="30">
    </td>
```

</tr>

在代码中加粗 <input name="fileField" type="file" size="30" maxlength="32"> 标记将文件域的名称设置为 fileField，长度设置为 28，最多字符数设置为 30。在浏览器中浏览，效果如图 8-10 所示。

图8-10 设置文件域

8.2.11 文本区域标记: textarea

当需要让浏览者填入多行文本时，就应该使用文本区域而不是文本字段了。与其他大多数表单对象不同，文本区域使用的是 textarea 标记，而不是 input 标记。

基本语法：

```
<textarea name="文本区域的名称" "cols="长度" rows="行数"></textarea>
```

语法说明：

在该语法中，cols 用于设置文本域的列数，也就是其宽度，rows 用于文本域的行数，也就是高度值，当文本内容超出这一范围时会出现滚动条。

实例代码：

```
<tr>
 <td class="style4">具体内容：</td>
 <td> <textarea name="textarea" cols="45" rows="5"></textarea></td>
 </tr>
```

在代码中加粗的 <textarea name="textarea" cols="45" rows="5"></textarea> 标记将文本区域的名称设置为 textarea，长度设置为 45，行数设置为 5。在浏览器中浏览，效果如图 8-11 所示。

图8-11 设置文本区域

> ★ 提示 ★
>
> 文本区域和计算机的内存一样大，文本区域的大小不受浏览器窗口的限制。如果文本区域超出了浏览窗口的大小，此时会出现滚动条来帮助用户看到整个文本区域。

8.2.12 下拉列表

下拉列表是一种最节省页面空间的选择方式，因为在正常状态下只显示一个选项，单击按钮打开列表后才会看到全部选项。列表主要是为了节省页面的空间，它们都是通过 <select> 和 <option> 标记来实现的。

基本语法：

```
<select name="下拉列表的名称">
<option value="选项值"selected>选项显示内容
......
</select>
```

语法说明：

在语法中，选项值是提交表单时的值，而选项显示的内容才是真正在页面中显示的选项。selected 表示该选项在默认情况下是选中的，一个下拉列表中只能有一个被选中。

实例代码：

```
<tr>
    <td class="style4"> 所在地区：</td>
    <td><select name="select">
    <option> 北京 </option>
    <option> 上海 </option>
    <option> 天津 </option>
    <option> 河北省 </option>
    <option> 湖南省 </option>
    <option> 广东省 </option>
    <option> 山东省 </option>
    <option> 江西省 </option>
    <option> 江苏省 </option>
    <option> 湖北省 </option>
    <option> 重庆市 </option>
    <option> 黑龙江省 </option>
    <option> 辽宁省 </option>
    <option> 吉林省 </option>
    <option> 浙江省 </option>
    <option> 福建省 </option>
    <option> 安徽省 </option>
    <option> 陕西省 </option>
    <option> 山西省 </option>
    <option> 四川省 </option>
    </select></td>
</tr>
```

在代码中加粗的标记将下拉列表的名称设置为 select。下拉列表中包括的几个选项，在浏览器中浏览，效果如图 8-12 所示。

图8-12 下拉列表

8.2.13 列表项

列表项在页面中可以显示出几条信息，一旦超出这个信息量，在列表右侧会出现滚动条，拖动滚动条可以看到所有的选项。

基本语法：

```
<select name=" 列表项的名称 " size=" 显示的列表项数 " multiple>
    <option value=" 选项值 "selected> 选项显示内容
    ……
</select>
```

语法说明：

在语法中，size 用于设置在页面中的最多选项数，当超过这个值时会出现滚动条；multiple 表示这一列表可以进行多项选择。选项值是提交表单时的值，而选项显示内容才是真正在页面中显示的选项。

实例代码：

```
<tr>
    <td class="style4"> 所在地区：</td>
    <td><select name="select" size="3" multiple>
    <option> 北京 </option>
    <option> 上海 </option>
    <option> 天津 </option>
    <option> 河北省 </option>
    <option> 湖南省 </option>
    <option> 广东省 </option>
    <option> 山东省 </option>
    <option> 江西省 </option>
    <option> 江苏省 </option>
    <option> 湖北省 </option>
    <option> 重庆市 </option>
    <option> 黑龙江省 </option>
    <option> 辽宁省 </option>
```

Html + JavaScript网页制作与开发完全学习手册

```
        <option> 吉林省 </option>
        <option> 浙江省 </option>
        <option> 福建省 </option>
        <option> 安徽省 </option>
        <option> 陕西省 </option>
        <option> 山西省 </option>
        <option> 四川省 </option>
        </select></td>
    </tr>
```

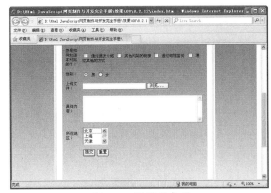

图8-13 设置列表项

在代码中加粗的代码标记将列表项的名称设置为 select，显示的列表项数设置为3。设置了多项列表项，在浏览器中浏览，效果如图8-13所示。

8.3 综合实战——用户注册表单页面实例

本章前面所讲解的只是表单的基本构成标记，而表单的 <form> 标记只有和它所包含的具体控件相结合，才能真正实现表单收集信息的功能。下面就通过一个完整的表单提交网页案例，对表单中各种功能的控件的添加方法加以说明，使读者能够更深刻的了解到它在实际中的应用，具体操作步骤如下。

❶使用 Dreamweaver CS6 打开网页文档，如图 8-14 所示。

❷打开拆分视图，在 <body> 和 </body> 之间相应的位置输入代码 <form ></form>，插入表单，如图 8-15 所示。

图8-14 打开网页文档

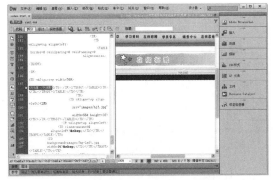

图8-15 输入代码

❸打开拆分视图，在代码中输入 <formformaction=" mailto:gw163@.com" ></form> 代码，将表单中收集到的内容以电子邮件的形式发送出去，如图 8-16 所示。

❹打开拆分视图，在代码中输入如下代码，在 <form> 标记中输入 method="post" id="form1" 代码，将表单的传送方式设置为 post，名称设置为 form1，如图 8-17 所示。

```
<form action="formaction=" mailto:gw163@.com" " method="post" id="form1"></form>
```

图8-16 输入代码

图8-17 输入代码

❺在 <form> 和 </form> 标记之间输入代码 <table>......</table>，插入 12 行 2 列的表格，将表格宽度设置为 85%，填充设置为 3，如图 8-18 所示。

❻打开拆分视图，将光标置于表格的第 1 行第 1 列的单元格中，在 <form> 和 </form> 之间相应的位置输入代码 <td> 姓名：</td>，如图 8-19 所示。

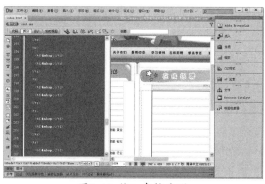

图8-18 输入表格代码

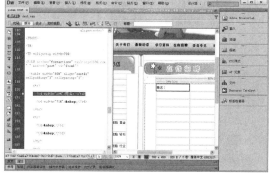

图8-19 输入文字

❼打开拆分视图，将光标置于表格的第 1 行第 2 列单元格中，输入文本域代码 <input name="textfield" type="text" id="textfield" size="30" maxlength="25">，插入文本域，如图 8-20 所示。

❽同样在表格的其他相应单元格中的第 1 列单元格中输入相应的文字，在第 2 列单元格中插入文本域代码，如图 8-21 所示。

```
<tr>
<td bgcolor=#ffffff height=25 align=right> 出生日期：</td>
<td bgcolor=#ffffff height=-1 width="77%"> 
 <inputstyle="font-size:14px"id=birthdayclass=input_text maxlength=30 size=14
  name=birthday> 格式：1976-02-02
 </td>
</tr>
<tr>
 <tdbgcolor=#ffffff height=25 align=right> 毕业院校：</td>
 <td bgcolor=#ffffff height=11 width="77%"> 
```

```
<inputstyle="font-size:14px"d=schoolclass=input_text maxlength=50 size=30
name=school>
</td>
</tr>
<tr>
<tdbgcolor=#ffffffheight=25align=right> 专业：</td>
<tdbgcolor=#ffffffheight=11width="77%"> 
<inputstyle="font-size:14px"id=specialty class=input_text maxlength=30 size=10
name=specialty>
</td>
</tr>
<tr>
<td bgcolor=#ffffff height=25 align=right> 毕业时间：</td>
<td bgcolor=#ffffff height=-3 width="77%"> 
<inputstyle="font-size:14px"id=gradyear class=input_text maxlength=30 size=14
name=gradyear> 格式：1998-7 月
</td>
</tr>
<tr>
<tdbgcolor=#ffffffheight=25align=right> 电话：</td>
<td bgcolor=#ffffff height=-2 width="77%"> 
<inputstyle="font-size:14px"id=telephone class=input_text maxlength=30 size=16
name=telephone>
</td>
</tr>
<tr>
<td bgcolor=#ffffff height=25 align=right>e-mail：</td>
<td bgcolor=#ffffff height=-1 width="77%"> 
<input name=email class=input_text id=email style="font-size: 14px"
maxlength=30>
</td>
</tr>
<tr>
<td bgcolor=#ffffff height=25  align=right> 联系地址：</td>
<td bgcolor=#ffffff height=-6 width="77%"> 
<inputstyle="font-size:14px"id=address class=input_text maxlength=50 size=30
name=address>
```

```
</td>
</tr>
```

图8-20 输入文本域代码

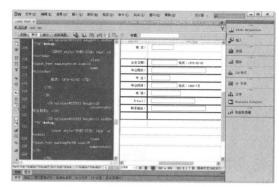

图8-21 输入其他的文本域代码

❾打开拆分视图，将光标置于表格的第2行第1列单元格中，输入文字 \<td\> 性别：\</td\>，在第2列单元格中输入单选按钮代码，如图8-22所示。

```
<td>
<input type="radio" name="radio" id="radio" value="radio"> 男
<label for="radio"><input type="radio" name="radio" id="radio2" value="radio">
女 </label>
</td>
```

❿打开拆分视图，将光标置于表格的第10行第1列单元格中，输入文字"婚姻状况："，在第2列单元格中输入列表／菜单代码，如图8-23所示。

```
<td bgcolor=#ffffff height=-3 width="77%"> 
    <select class=input_text name=marry>
    <option selected value= 未婚 > 未婚 </option>
    <option value= 已婚 > 已婚 </option>
    </select>
</td>
```

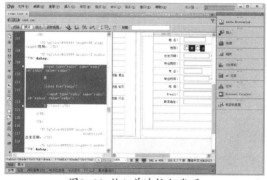

图8-22 输入单选按钮代码

图8-23 输入列表/菜单代码

⓫打开拆分视图，将光标置于表格的第11行第1列单元格中，输入文字"个人简历："，在

第 2 行单元格中输入以下文本区域代码，如图 8-24 所示。

```
<td bgcolor=#ffffff height=-1 width="77%"> 
  <label for="textarea"></label>
   <textarea name="textarea" id="textarea" cols="40" rows="8"></textarea>
</td>
```

⑫打开拆分视图，将光标置于表格的第 12 行第 2 列单元格中，输入按钮代码，如图 8-25 所示。

```
<td bgcolor=#ffffff height=0 valign=top align=middle>
<input type="submit" name="button" id="button" value=" 提交 ">
<input type="reset" name="button2" id="button2" value=" 重置 "></td>
```

图8-24 插入文本区域代码

图8-25 插入按钮域代码

⑬保存文档，按 F12 键预览表单效果，如图 8-26 所示。

图8-26 表单效果

第9章 列表元素

本章导读

在 HTML 文档中，列表用于提供结构化的、容易阅读的消息格式，可以帮助访问者方便地找到信息，并引起访问者对重要信息的注意。本章将介绍多种不同类型的列表，包括无序列表及有序列表等。

技术要点

- ● 无序列表元素
- ● 有序列表元素
- ● 列表条目元素
- ● 定义列表元素
- ● 文本导航
- ● 标签式导航
- ● 竖排导航

实例展示

无序列表

有序列表

9.1　无序列表元素\<ul>

无序列表就是列表结构中的列表项没有先后顺序的列表形式。大部分网页应用中的列表均采用无序列表。ul 用于设置无序列表，在每个项目文字之前，以项目符号作为每条列表项的前缀，各个列表之间没有顺序级别之分。ul 标记的属性及其介绍，如表 9-1 所示。

表9-1　ul标记的属性定义

	属 性 名	说 明
标记固有属性	type ＝项目符合	定义无序列表中列表项的项目符号图形样式
可在其他位置定义的属性	id	在文档范围内的识别标志
	class	
	lang	语言信息
	dir	文本方向
	title	标记标题
	style	行内样式信息

基本语法：

```
<ul>
<li> 列表项 </li>
<li> 列表项 </li>
<li> 列表项 </li>
……
</ul>
```

语法说明：

在该语法中，\<ul> 和 \</ul> 标记表示无序列表的开始和结束，\<li> 则表示一个列表项的开始。

实例代码：

```
<ul>
    <li>客房卫浴用品</li>
    <li>可调控冷暖空调</li>
    <li>卫星电视</li>
    <li>双线国际国内直拨电话</li>
    <li>电话留言信箱</li>
    <li>宽带网络接驳端口</li>
    <li>室内音乐</li>
    <li>吹风机</li>
    <li>客房小冰箱、咖啡和茶</li>
    <li>保险箱</li><
/ul>
```

在代码中加粗的标记用于设置无序列表。在浏览器中浏览，效果如图9-1所示。

无序列表在网页中的引用非常广泛，当需要列举产品的时候是最好的选择。如图9-2所示为在网页中使用无序列表。

图9-1 设置无序列表

图9-2 使用无序列表

9.2　有序列表元素<ol>

有序列表就是列表结构中的列表项有先后顺序的列表形式，从上到下可以有各种不同的序列编号，如1、2、3或a、b、c等。有序列表始于 <ol> 标签，每个列表项始于 <li> 标签，ol标记的属性及其介绍，如表9-2所示。

表9-2 ol标记的属性定义

	属 性 名	说 明
标记固有属性	type＝项目符合	有序列表中列表项的项目符号格式
	start	有序列表中列表项的起始数字
可在其他位置定义的属性	id	在文档范围内的识别标志
	lang	语言信息
	dir	文本方向
	title	标记标题
	style	行内样式信息

9.2.1　项目符号的类型属性type

默认情况下，有序列表的序号是数字。通过 type 属性可以改变序号的类型，包括大小写字母、阿拉伯数字和大小写罗马数字。

基本语法：

```
<ol type=" 序号类型 ">
<li> 列表项 </li>
```

```
<li> 列表项 </li>
<li> 列表项 </li>
……
</ol>
```

语法说明：

有序列表的序号类型如表 9-3 所示。

表9-3 有序列表的序号类型

属 性 值	说 明
1	数字 1、2、3、4……
a	小写英文字母 a、b、c、d……
A	大写英文字母 A、B、C、D……
i	小写罗马数字 i、ii、iii、iv……
I	大写罗马数字 I、II、III、IV……

下面是一个不同类型的有序列表实例。

实例代码：

```
<!DOCTYPE html PUBLIC "-//W3C//DTD XHTML 1.0 Transitional//EN"
"http://www.w3.org/TR/xhtml1/DTD/xhtml1-transitional.dtd">
<html xmlns="http://www.w3.org/1999/xhtml">
<head>
<meta http-equiv="Content-Type" content="text/html; charset=gb2312" />
<title> 不同类型的有序列表 </title>
</head>
<body>
<h4> 数字列表： </h4>
<ol>
  <li> 北京 </li>
  <li> 上海 </li>
  <li> 广州 </li>
  <li> 天津 </li>
</ol>
<h4> 字母列表： </h4>
<ol type="A">
  <li> 北京 </li>
  <li> 上海 </li>
  <li> 广州 </li>
  <li> 天津 </li>
</ol>
```

```
<h4> 小写字母列表：</h4>
<ol type="a">
<li> 北京 </li>
<li> 上海 </li>
<li> 广州 </li>
<li> 天津 </li>
</ol>
<h4> 罗马字母列表：</h4>
<ol type="I">
<li> 北京 </li>
<li> 上海 </li>
<li> 广州 </li>
<li> 天津 </li>
</ol>
<h4> 小写罗马字母列表：</h4>
<ol type="i">
<li> 北京 </li>
<li> 上海 </li>
<li> 广州 </li>
<li> 天津 </li>
</ol>
</body>
</html>
```

在代码中加粗的代码标记设置有序列表的序号类型。在浏览器中浏览，效果如图9-3所示。

图9-3 设置有序列表的类型

列表形式在网站设计中占有比较大的比重，显示的信息非常整齐、直观，便于用户理解。在网页中有序列表也很常见，如图9-4所示。

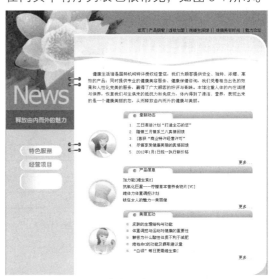

图9-4 有序列表的实际应用

★ 提示 ★

罗马数字不适合于数字较大的项目编号，不仅显示空间需要调整，而且一般用户很难直观地把罗马数字同阿拉伯数字联系起来，因此大小写罗马数字编号一般用在不超过20的编号中。

9.2.2 有序列表的起始值属性start

默认情况下，有序列表的编号是从1开始的，通过 start 属性可以调整编号的起始值。

基本语法：

```
<ol start=" 起始数值 ">
<li> 列表项 </li>
<li> 列表项 </li>
<li> 列表项 </li>
……
</ol>
```

语法说明：

在该语法中，起始数值只能是数字，但是同样可以对字母和罗马数字起作用。

实例代码：

```
<ol type="1" start="5">
    <li> 加力能 [ 维生素 E] </li>
    <li> 抗氧化巨星——柠檬草本营养食物片 [VC]</li>
    <li> 维体力体重调控计划 </li>
    <li> 锁住女人的魅力—美丽健 </li>
</ol>
```

在代码中加粗的代码标记 start="5" 将有序列表的起始数值设置为从第 5 个阿拉伯数字开始。在浏览器中浏览，效果如图 9-5 所示。

★ 提示 ★

网页在不同网页浏览器中显示可能不一样，HTML标准没有指定网页浏览器应如何格式化列表，因此使用旧网页浏览器的用户看到的缩进状态可能与在这里看到的不同。

图 9-5 设置有序列表的起始数值

9.3 列表条目元素<li>

<li> 标签定义列表项目，<li> 标签可用在有序列表 <ol> 和无序列表 <ul> 中。li 标签是成对出现的，以 <li> 开始，</li> 结束。

9.3.1 项目符号的类型属性type

默认情况下，无序列表的项目符号是●，而通过 type 属性可以调整无序列表的项目符号，避免列表符号的单调性。

基本语法：

```
<ul type=" 符号类型 ">
<li> 列表项 </li>
<li> 列表项 </li>
<li> 列表项 </li>
……
</ul>
```

语法说明：

在该语法中，无序列表其他的属性不变，type 属性则决定了列表项开始的符号。无序列表的符号类型，如表 9-4 所示。

表9-4 无序列表的符号类型

属 性 值	说 明
disc	●
circle	○
square	■

下面是一个不同类型的无序列表实例。

实例代码：

```
<!DOCTYPE html PUBLIC "-//W3C//DTD
XHTML 1.0 Transitional//EN"

"http://www.w3.org/TR/xhtml1/DTD/xhtml1-
transitional.dtd">

<html xmlns="http://www.w3.org/1999/
xhtml">

<head>

<meta http-equiv="Content-Type"
content="text/html; charset=gb2312" />

<title> 不同类型的无序列表 </title>

</head>

<body>

<h4>Disc 项目符号列表：</h4>

<ul type="disc">

<li> 中国 </li>

<li> 美国 </li>

<li> 巴西 </li>

<li> 英国 </li>

</ul>

<h4>Circle 项目符号列表：</h4>

<ul type="circle">

<li> 中国 </li>

<li> 美国 </li>

<li> 巴西 </li>

<li> 英国 </li>

</ul>

<h4>Square 项目符号列表：</h4>

<ul type="square">

<li> 中国 </li>

<li> 美国 </li>
```

```
<li> 巴西 </li>

<li> 英国 </li>

</ul>

</body>

</html>
```

在代码中加粗的代码标记设置无序列表的序号类型。在浏览器中浏览，效果如图9-6所示。

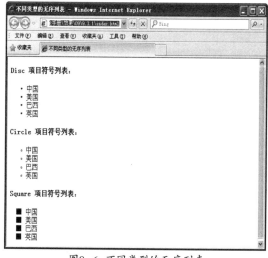

图9-6 不同类型的无序列表

如图 9-7 所示的网页中既有有序列表，也有使用 type="circle" 将无序列表的类型设置为 circle，即在列表项的前面以○符号显示。

图9-7 项目符号的类型属性

154

9.3.2 条目编号属性value

列表项标记的 value 属性，用来改变有序列表中某一条目项目符号的初始值，同时，其后条目的项目符号也将随之改变。

基本语法：

```
<ol type=" 序号类型 ">
<li> 列表项 </li>
<li> 列表项 </li>
<li value=" 改变序号的类型 "> 列表项 </li>
……
</ol>
```

语法说明：

value 属性会改变特定列表条目的编号，并影响其后所有条目的编号。由于有序列表是唯一带有顺序编号条目的列表类型，所以 value 属性只有在有序列表的 <li> 标签中使用才有效。如果要改变有序列表中与每个条目相关联的当前编号和后继标号，需要将 value 属性设置为一个任意的整数。

实例代码：

```
<ol type="A">
    <li> 体重调控与运动对健康的重要性 </li>
    <li> 解答为什么酸性体质不利于减肥 </li>
    <li value="6"> 维他命 C 的功能及摄取建议量 </li>
    <li> 白领每日更需维生素 C</li>
    <li> 皮肤的生理结构与功能 </li>
</ol>
```

在代码中，加粗的代码标记 value= "6" 的值仍须取阿拉伯数字 "6"，而不能取大写英文字母 "F"，此时尽管列表类型 type= "A"，第三列表项以后从字母 "F" 开始编写。在浏览器中浏览，效果如图 9-8 所示。

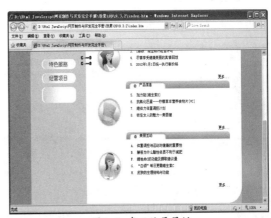

图9-8 条目编号属性

9.4 定义列表元素<dl>

自定义列表不仅仅是一列项目，也是项目及其注释的组合。自定义列表以 <dl> 标签开始。定义列表由两部分组成，包括定义条件和定义描述。<dt> 定义列表中的项目，用来指定定义条件；<dd> 描述列表中的项目。

定义列表术语元素 <dt>，用来定义 <dl> 元素中一个具体的条目，可以在 <dt> 元素中使用文本、图片等元素，但是不能使用其他元素的列表。

基本语法：

```
<dl>
<dt> 定义条件 </dt>
<dd> 定义描述 </dd>
<dt> 定义条件 </dt>
<dd> 定义描述 </dd>
……
</dl>
```

语法说明：

首先 dt 和 dd 是放于 dl 标签内，标签 dt 与 dd 处于 dl 下相同级。也就是 dt 不能放入 dd 内，dd 不能放入 dt 内。不能不加 dl 而单独使用 dt 标签或 dd 标签。

实例代码：

```
<!DOCTYPE html PUBLIC "-//W3C//DTD XHTML 1.0 Transitional//EN"
    "http://www.w3.org/TR/xhtml1/DTD/xhtml1-transitional.dtd">
<html xmlns="http://www.w3.org/1999/xhtml">
<head>
<meta http-equiv="Content-Type" content="text/html; charset=gb2312" />
<title> 定义列表 </title>
```

```
</head>
<body>
<h1> 一个定义列表：</h1>
<dl>
<dt>HTML</dt>
<dd>HyperText Markup Language 的缩写</dd>
<dt>WWW</dt>
<dd>World Wide Web 的缩写 </dd>
<dt>DW</dt>
<dd>Dreamweaver 的缩写 </dd>
</dl>
</body>
</html>
```

代码中加粗的部分用来设置定义列表，在浏览器中预览网页，如图 9-9 所示。

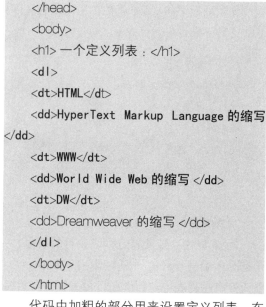

图9-9 设置定义列表

使用 dl、dt、dd 标签最多地方，通常具有标题，如图 9-10 所示为网页中定义列表的应用。

图9-10 设置定义列表

9.5　菜单列表标记menu

菜单列表主要用于设计单列的菜单列表。菜单列表在浏览器中的显示效果和无序列表是相同的，因为它的功能也可以通过无序列表来实现。menu 元素不被赞成使用，目前一般使用 <ul> 代替。

基本语法：

```
<menu>
<li> 列表项 </li>
<li> 列表项 </li>
<li> 列表项 </li>
……
</menu>
```

实例代码：

```
<td> 招商项目 : <br>
```

```
<menu>
<li> 嘉诚实业有限公司 </li><br>
<li> 浦东科技有限公司 </li><br>
<li> 高露现代化科技有限公司 </li>
</menu>
</td>
```

在代码中加粗部分的标记是设置菜单列表，在浏览器中预览，效果如图 9-11 所示。

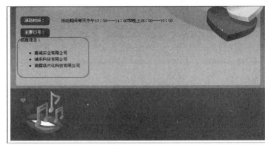

图9-11　菜单列表

9.6　目录列表dir

目录列表是用于显示文件内容的目录大纲，通常能够设计一个压缩窄列的列表，以及显示一系列的列表内容。dir 元素不被赞成使用，目前一般使用 <ul> 代替。

基本语法：

```
<dir>
<li> 列表项 </li>
<li> 列表项 </li>
<li> 列表项 </li>
……
</dir>
```

实例代码：

```
<table width=740 align="center" class=zi>
 <tbody>
   <tr>
    <td height=150 valign="top">
<p> 亲近大自然 <br>
```

```
          <dir>
<li> 这是我的表征图 </li><br>
     <li> 桃子成熟了 !</li><br>
     <li> 六一剪影 - 世界杯 </li><br>
     <li> 美术活动：美丽的花 </li><br>
     <li> 快乐 </li><br>
     <li> 春天满园桃花开 </li>
</dir>
</p>
</td>
   </tr>
</tbody>
```

```
</table>
```

在代码中加粗的代码标记用于设置目录列表。在浏览器浏览，效果如图 9-12 所示。

图9-12 设置目录列表

9.7　　列表的嵌套

无序列表和有序列表的嵌套是最常见的列表嵌套，重复使用 <ol> 和 <ul> 标记可以组合出多种嵌套列表形式。

实例代码：

```
<table width="97%" border="0"
cellspacing="0" cellpadding="0">
   <tr>
   <td>
   <ul>
   <li>餐饮服务：
   <ol><li>高贵典雅的中、西餐厅
   <li>风格各异的餐饮包厢
   <li>独特风味西式美食 </ol>
   <li>休闲娱乐：
   <ol><li>环境幽雅，景色怡人
   <li>随风轻逸的茶香，阵阵香浓的咖啡
   <li>至情满怀，回味无穷
   </ol>
```

```
</ul>
</td>
</tr>
</table>
```

在代码中加粗的部分通过 <ol> 和 <ul> 标记建立有序和无序列表的嵌套。运行代码在浏览器中预览网页，如图 9-13 所示。

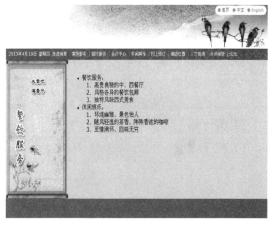

图9-13 列表嵌套

9.8 综合实战

　　网站导航都含有超链接，因此，一个完整的网站导航需要创建超链接样式。导航栏就好像一本书的目录，对整个网站有着很重要的作用。

9.8.1 实战——文本导航

　　横排导航一般位于网站的顶部，是一种比较重要的导航形式。如图 9-14 所示是一个用表格式布局制作的横排导航。

图9-14 横排导航

　　根据表格式布局的制作方法，图 9-14 的导航一共由 7 个栏目组成，所以需要在网页文档中插入 1 个 1 行 7 列的表格，在每行单元格 td 标签内添加导航文本，其代码如下。

```
<table width="545" height="43" border="1" cellpadding="2" cellspacing="2"
bgcolor="#FF00CC">
 <tr>
  <td><a href="index.htm"> 首页 </a></td>
  <td><a href="about.htm"> 关于我们 </a></td>
  <td><a href="product.htm"> 产品介绍 </a></td>
  <td><a href="technical.htm"> 新闻中心 </a></td>
  <td><a href="bbs.htm"> 工程案例 </a></td>
  <td><a href="we.htm"> 人才招聘 </a></td>
  <td><a href="we.htm"> 联系我们 </a></td>
 </tr>
</table>
```

　　可以使用 ul 列表来制作导航。实际上导航也是一种列表，可以理解为导航列表，导航中的每个栏目就是一个列表项。用列表实现导航的 XHTML 源代码如下。

```
<ul id="nav">
   <li><a href="index.htm"> 首页 </a></li>
   <li><a href="about.htm"> 关于我们 </a></li>
   <li><a href="product.htm"> 产品介绍 </a></li>
   <li><a href="technical.htm"> 技术支持 </a></li>
   <li><a href="bbs.htm"> 客户服务 </a></li>
  <li><a href="we.htm"> 联系我们 </a></li>
</ul>
```

其中，#nav 对象是列表的容器。列表效果，如图 9-15 所示。

- 首页
- 关于我们
- 产品介绍
- 新闻中心
- 工程案例
- 人才招聘
- 联系我们

图9-15 列表效果

并设置字体大小为 12px。

```
body,td,th {
    color: #F03;
    font-size: 12px;
};
```

不希望菜单还未结束就另起一行，强制在同一行内显示所有文本，直到文本结束或者遇到 br 对象。

```
body,td,th {
    color: #F03;
}
```

color:#fff; 字体颜色为红色；

```
a:link {
    text-decoration: none;
}
a:visited {
    text-decoration: none;
}
a:hover {
    text-decoration: none;
}
a:active {
    text-decoration: none;
}
```

定义链接的 link、visited。

text-decoration:none; 去除了链接文字的下划线；

至此就完成了这个实例，CSS 横向文本导航最终效果如图 9-16 所示。

首页　关于我们　产品介绍　新闻中心　工程案例　人才招聘　联系我们

图9-16 文本导航

9.8.2 实战——标签式导航

在横排导航设计中经常会遇见一种类似文件夹标签的样式。这种样式的导航不仅美观，而且能够让浏览者清楚地知道目前处在哪一个栏目，因为当前栏目标签会呈现与其他栏目标签不同的颜色或背景。如图 9-17 所示的网页导航就是标签式导航。

图9-17 标签式导航

要使某一个栏目成为当前栏目，必须对这个栏目的样式进行单独设计。对于标签式导航，首先从比较简单的文本标签式导航入手。

```
<div id="tabs">
  <ul>
    <li><a href="#"><span> 手 机 通 讯 </span></a></li>
    <li><a href="#"><span> 手 机 配 件 </span></a></li>
    <li><a href="#"><span> 数 码 影 像 </span></a></li>
    <li><a href="#"><span> 时 尚 影 音 </span></a></li>
    <li><a href="#"><span> 数 码 配 件 </span></a></li>
```

```
            <li><a href="#"><span> 电脑整机 </
span></a></li>
            <li><a href="#"><span> 电脑软件 </
span></a></li>
        </ul>
    </div>
```

CSS 代码如下，效果如图 9-18 所示。

```
h2 {
        font: bold 14px " 黑体 ";color: #000;
margin: 0px;padding: 0px 0px 0px 15px;
    }
    /* 定义 #tabs 对象的浮动方式，宽度，背
景颜色，字体大小，行高和边框 */
    #tabs {
                    float:left;
width:100%;background:#EFF4FA; font-size:93%;
        line-height:normal;border-bottom:1px solid
#DD740B;
    }
    /* 定义 #tabs 对象里无序列表的样式   */
    #tabs ul {
        margin:0;           padding:10px 10px 0
50px;list-style:none;
    }
    /* 定义 #tabs 对象里列表项的样式    */
    #tabs li {
        display:inline; margin:0; padding:0;
    }
    /* 定义 #tabs 对象里链接文字的样式    */
    #tabs a {
        float:left; background:url("tableftl.gif") no-
repeat left top;
        margin:0; padding:0 0 0 5px; text-
decoration:none;
    }
    #tabs a span {
        float:left; display:block;
```

```
background:url("tabrightl.gif") no-repeat right top;
        padding:5px 15px 4px 6px; color:#FFF;
    }
    #tabs a span {float:none;}
    /* 定义 #tabs 对象里链接文字激活时的样
式  */
    #tabs a:hover span { color:#FFF; }
    #tabs a:hover {background-position:0%
-42px; }
    #tabs a:hover span { background-
position:100% -42px;}
```

图9-18 标签式导航

9.8.3 实战——竖排导航

竖排导航是比较常见的导航，下面制作如
图 9-19 所示的竖排导航。

图9-19 竖排导航

❶在 <body> 与 </body> 之间输入以下代
码。

```
    <div id="nave">
    <ul id="navlist">
    <li id="active"><a href="#" id="current"> 网页
设计教程 </a>
```

```
<ul id="subnavlist">
<li id="subactive"><a href="#" id="subcurrent">Dreamweaver</a></li>
<li><a href="#">Flash</a></li>
<li><a href="#">Fireworks</a></li>
<li><a href="#">Photoshop</a></li>
</ul>
</li>
<li><a href="#">电脑维修 </a></li>
<li><a href="#">程序设计 </a></li>
<li><a href="#">办公用品 </a></li>
</ul>
</div>
```

❷ #nave 对象是竖排导航的容器，其 CSS 代码如下。

```
#nave { margin-left: 30px; }
#nave ul
{ margin: 0; padding: 0; list-style-type: none;
font-family: verdana, arial, Helvetica, sans-serif;
}
#nave li { margin: 0; }
#nave a
{ display: block; padding: 5px 10px; width: 140px; color: #000;
background-color: #FFCCCC; text-
decoration: none; border-top: 1px solid #fff;
border-left: 1px solid #fff; border-bottom: 1px solid #333; border-right: 1px solid #333;
font-weight: bold; font-size: .8em; background-color: #FFCCCC;
background-repeat: no-repeat; background-position: 0 0;
}
#nave a:hover
{ color: #000; background-color: #FFCCCC; text-decoration: none;
border-top: 1px solid #333; border-left: 1px solid #333; border-bottom: 1px solid #fff;
border-right: 1px solid #fff; background-color: #FFCCCC; background-repeat: no-repeat;
background-position: 0 0; }
#nave ul ul li { margin: 0; }
#nave ul ul a
{ display: block; padding: 5px 5px 5px 30px; width: 125px; color: #000;
background-color: #CCFF66; text-decoration: none; font-weight: normal; }
#nave ul ul a:hover
{ color: #000; background-color: #FFCCCC; text-decoration: none; }
```

第10章 HTML 5 入门基础

本章导读

　　HTML 5 是一种网络标准，相比现有的 HTML 4.01 和 XHTML 1.0，可以实现更强的页面表现效果，同时充分调用本地的资源，实现不输于 app 的功能效果。HTML 5 带给了浏览者更好的视觉冲击，同时让网站程序员更好地与 HTML 语言"沟通"。虽然现在 HTML 5 还没有完善，但是对于以后的网站建设者提供了更好的发展。

技术要点

- ● 认识 HTML 5
- ● 掌握 HTML 5 与 HTML 4 的区别
- ● 掌握 HTML 5 新增的元素和废除的元素
- ● 熟悉新增的属性和废除的属性
- ● 掌握创建简单的 HTML 5 页面

10.1　认识HTML 5

　　HTML 最早是作为显示文档的手段出现的。再加上 JavaScript，它其实已经演变成了一个系统，可以开发搜索引擎、在线地图、邮件阅读器等各种 Web 应用。虽然设计巧妙的 Web 应用可以实现很多令人赞叹的功能，但开发这样的应用远非易事。多数都需要手动编写大量 JavaScript 代码，还要用到 JavaScript 工具包，乃至在 Web 服务器上运行的服务器端 Web 应用。要让所有这些方面在不同的浏览器中都能紧密配合不出差错是一个挑战。由于各大浏览器厂商的内核标准不一样，使 Web 前端开发者通常在兼容性问题而引起的 bug 上要浪费很多的精力。

　　HTML 5 是 2010 年正式推出来的，随后就引起了世界上各大浏览器开发商的极大热情，不管是 Fire fox、Chrome、IE 等。那 HTML 5 为什么会如此受欢迎呢？

　　在新的 HTML 5 语法中，部分的 JavaScript 代码将被 HTML 5 的新属性所替代，部分的 DIV 布局代码也将被 HTML 5 变为更加语义化的结构标签，这使网站前段的代码变得更加精炼、简洁和清晰，让代码的开发者也更加一目了然代码所要表达的意思。

　　HTML 5 是一种设计来组织 Web 内容的语言，其目的是通过创建一种标准的和直观的标记语言来把 Web 设计和开发变得容易起来。HTML 5 提供了各种切割和划分页面的手段，允许你创建的切割组件不仅能用来逻辑地组织站点，而且能够赋予网站聚合的能力。这是 HTML 5 富于表现力的语义和实用性美学的基础，HTML 5 赋予设计者和开发者各种层面的能力来向外发布各式各样的内容，从简单的文本内容到丰富的、交互式的多媒体无不包括在内。如图 10-1 所示为用 HTML 5 技术实现的动画特效。

图10-1 HTML 5技术用来实现动画特效

　　HTML 5 提供了高效的数据管理、绘制、视频和音频工具，其促进了 Web 上的和便携式设备的跨浏览器应用的开发。HTML 5 其允许更大的灵活性，支持开发非常精彩的交互式网站。其还引入了新的标签和增强性的功能，其中包括了一个优雅的结构、表单的控制、API、多媒体、数据库支持和显著提升的处理速度等。如图 10-2 所示为 HTML 5 制作的抽奖游戏。

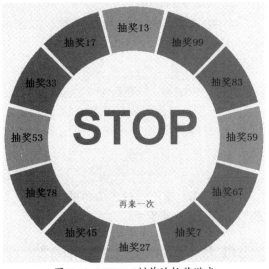

图10-2 HTML5制作的抽奖游戏

HTML 5 中的新标签都是高度关联的，标签封装了它们的作用和用法。HTML 的过去版本更多的是使用非描述性的标签，然而，HTML 5 拥有高度描述性的、直观的标签，其提供了丰富的能够立刻让人识别出内容的内容标签。例如，被频繁使用的 <div> 标签已经有了两个增补进来的 <section> 和 <article> 标签。

<video>、<audio>、<canvas> 和 <figure> 标签的增加也提供了对特定类型内容的更加精确的描述。如图 10-3 所示由为 HTML 5、CSS 3 和 JS 代码所编写的网页版 iPhone 4 模拟界面。

图10-3 由HTML 5、CSS 3和JS编写iPhone 4模拟界面

HTML 5 取消了 HTML 4.01 的一部分被 CSS 取代的标记，提供了新的元素和属性。部分元素对于搜索引擎能够更好的索引整理，对于小屏幕的设备和视障人士提供更好的帮助。HTML 5 还采用了最新的表单输入对象，还引入了微数据，这一使用计算机可以识别的标签标注内容的方法，使语义 Web 的处理更为简单。

10.2　HTML 5与HTML 4的区别

HTML 5 是最新的 HTML 标准，HTML 5 语言更加精简，解析的规则更加详细。在针对不同的浏览器时，即使语法错误也可以显示出同样的效果。下面列出的就是一些 HTML 4 和 HTML 5 之间主要的不同之处。

10.2.1　HTML 5的语法变化

HTML 的语法是在 SGML 语言的基础上建立起来的。但是 SGML 语法非常复杂，要开发能够解析 SGML 语法的程序也很不容易，所以很多浏览器都不包含 SGML 的分析器。因此，虽然 HTML 基本遵从 SGML 的语法，但是对于 HTML 的执行在各浏览器之间并没有一个统一的标准。

在这种情况下，各浏览器之间的互兼容性和互操作性在很大程度上取决于网站或网络应用程序的开发者们在开发上所做的共同努力，而浏览器本身始终是存在缺陷的。

在 HTML 5 中提高 Web 浏览器之间的兼容性是它的一个很大的目标，为了确保兼容性，就要有一个统一的标准。因此，在 HTML 5 中，就围绕着这个 Web 标准，重新定义了一套在现有的 HTML 的基础上修改而来的语法，使它运行在各浏览器时都能够符合这个通用标准。

因为关于 HTML 5 语法解析的算法也都提供了详细的记载，所以各 Web 浏览器的供应商可以把 HTML 5 分析器集中封装在自己的浏览器中。最新的 Firefox（默认为 4.0 以后的版本）与 WebKit 浏览器引擎中都迅速地封装了供 HTML 5 使用的分析器。

10.2.2　HTML 5中的标记方法

下面我们来看看在 HTML 5 中的标记方法。

1. 内容类型（ContentType）

HTML 5 的文件扩展符与内容类型保持不变。也就是说，扩展符仍然为 .HTML 或 .htm，内容类型（ContentType）仍然为 text/HTML。

2. DOCTYPE 声明

DOCTYPE 声明是 HTML 文件中必不可少的，它位于文件第一行。在 HTML 4 中，它的声明方法如下：

```
<!DOCTYPE HTML PUBLIC "-//W3C//DTD XHTML 1.0 Transitional//EN"
    "http://www.w3.org/TR/xHTML1/DTD/xHTML1-transitional.dtd">
```

DOCTYPE 声明是 HTML 5 里众多新特征之一。现在你只需要写 <!DOCTYPE HTML>，这就行了。HTML 5 中的 DOCTYPE 声明方法（不区分大小写）如下：

```
<!DOCTYPE HTML>
```

3. 指定字符编码

在 HTML 4 中，使用 meta 元素的形式指定文件中的字符编码，如下所示：

```
<meta http-equiv="Content-Type" content="text/HTML;charset=UTF-8">
```

在 HTML 中，可以使用对元素直接追加 charset 属性的方式来指定字符编码，如下所示：

```
<meta charset="UTF-8">
```

在 HTML 5 中这两种方法都可以使用，但是不能同时混合使用两种方式。

10.2.3　HTML 5语法中的3个要点

HTML 5 中规定的语法，在设计上兼顾了与现有 HTML 之间最大程度的兼容性。下面就来看看具体的 HTML 5 语法。

1. 可以省略标签的元素

在 HTML 5 中，有些元素可以省略标签，具体来讲有 3 种情况。

（1）必须写明结束标签

area、base、br、col、command、embed、hr、img、input、keygen、link、meta、param、source、track、wbr

（2）可以省略结束标签

li、dt、dd、p、rt、rp、optgroup、option、colgroup、thead、tbody、tfoot、tr、td、th

（3）可以省略整个标签

HTML、head、body、colgroup、tbody

需要注意的是，虽然这些元素可以省略，但实际上却是隐形存在的。

例如：<body> 标签可以省略，但在 DOM 树上它是存在的，可以永恒访问到 document.body。

2. 取得 boolean 值的属性

取得布尔值（Boolean）的属性，例如，disabled 和 readonly 等，通过默认属性的值来表达值为 true。

此外，在属性值为 true 时，可以将属性值设为属性名称本身，也可以将值设为空字符串。

```
<!-- 以下的 checked 属性值皆为true-->
<input type="checkbox" checked>
<input type="checkbox" checked="checked">
<input type="checkbox" checked="">
```

3. 省略属性的引用符

在 HTML 4 中设置属性值时，可以使用双引号或单引号来引用。

在 HTML 5 中，只要属性值不包含空格、<、>、'、"、`、= 等字符，都可以省略属性的引用符。

实例如下：

```
<input type="text">
<input type='text'>
<input type=text>
```

随着 HTML 5 的到来，传统的 <div id="header"> 和 <div id="footer"> 无处不在的代码方法现在

10.2.4　HTML 5与HTML 4在搜索引擎优化的对比

即将变成自己的标签，如 <Header> 和 <footer>。

如图 10-4 所示为传统的 DIV+CSS 写法，如图 10-5 所示为 HTML 5 的写法。

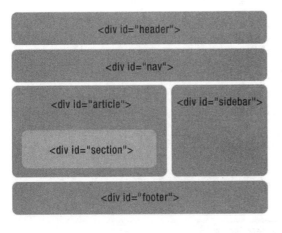

图10-4　传统的DIV+CSS写法

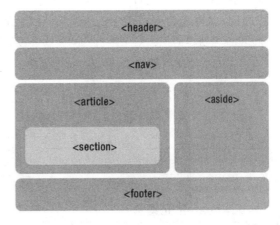

图10-5　HTML 5的写法

从图 10-4 和图 10-5 可以看出 HTML 5 的代码可读性更高了，也更简洁了，内容的组织相同，但每个元素有一个明确的、清晰的定义，搜索引擎也可以更容易地抓取网页上的内容。HTML 5 标准对于 SEO 有什么优势呢？

1. 使搜索引擎更加容易抓去和索引

对于一些网站，特别是那些严重依赖于 Flash 的网站，HTML 5 是一个大福音。如果整个网站都是 Flash 的，就一定会看到转换成 HTML 5 的好处。首先，搜索引擎的"蜘蛛"将能够抓取站点内容，所有嵌入到动画中的内容将全部可以被搜索引擎读取。

2. 提供更多的功能

使用 HTML 5 的另一个好处就是它可以增加更多的功能。对于 HTML 5 的功能性问题，我们可以从全球几个主流站点对它的青睐就可以看出。社交网络大亨 Facebook 已经推出他们期待已久的基于 HTML 5 的 iPad 应用平台，每天都有不断的基于 HTML 5 的网站和 HTML 5 特性的网站被推出。保持站点处于新技术的前沿，也可以很好地提高用户的友好体验。

3. 可用性的提高，提高用户的友好体验

最后我们可以从可用性的角度上看，HTML 5 可以更好地促进用户与网站间的互动情况。多媒体网站可以获得更多的改进，特别是在移动平台上的应用，使用 HTML 5 可以提供更多高质量的视频和音频流。

10.3　HTML 5新增的元素和废除的元素

本节将详细介绍 HTML 5 中新增和废除了哪些元素。

10.3.1　新增的结构元素

HTML 4 由于缺少结构，即使是形式良好的 HTML 页面也比较难以处理。必须分析标题的级别，才能看出各个部分的划分方式。边栏、页脚、页眉、导航条、主内容区和各篇文章都由通用的 DIV 元素来表示。HTML 5 添加了一些新元素，专门用来标识这些常见的结构，不再需要为 DIV 的命名费尽心思，对于手机、阅读器等设备更有语义的好处。

HTML 5 增加了新的结构元素来表达这些最常用的结构。

1. section 元素

section 元素表示页面中的一个内容区块，例如，章节、页眉、页脚或页面中的其他部分。它可以与 h1、h2、h3、h4、h5、h6 等元素结合起来使用，标示文档结构。

HTML 5 中代码示例：

```
<section>...</section>
```

2. header 元素

header 元素表示页面中一个内容区块或整个页面的标题。

HTML 5 中代码示例：

```
<header>...</header>
```

3. footer 元素

footer 元素表示整个页面或页面中一个内容区块的脚注。一般来说，它会包含创作者的姓名、创作日期，以及创作者联系信息。

HTML 5 中代码示例：

```
<footer></footer>
```

4. nav 元素

nav 元素表示页面中导航链接的部分。

HTML 5 中代码示例：

```
<nav></nav>
```

5. article 元素

article 元素表示页面中的一块与上下文不相关的独立内容，如博客中的一篇文章或报纸中的一篇文章。

HTML 5 中代码示例：

```
<article>...</article>
```

下面是一个网站的页面，用 HTML 5 编写的代码，如下所示。

实例代码：

```
<<!DOCTYPE HTML>
<HTML>
<head>
<title>HTML 5 新增结构元素 </title>
</head>
<body>
<header>
<h1> 新时代科技公司 </h1></header>
<section>
<article>
<h2><a href=" "> 标题 1</a></h2>
<p> 内容 1...（省略字）</p></article>
<article>
<h2><a href=" "> 标题 2</a></h2>
<p> 内容 2 在此 ...（省略字）</p>
</article>
</section>
<footer>
```

```
<nav>
<ul>
<li><a href=" "> 导航 1</a></li>
<li><a href=" "> 导航 2</a></li>
...</ul>
</nav>
<p>© 2013 新时代科技公司 </p>
</footer>
</body>
</HTML>
```

运行代码，在浏览器中浏览，效果如图 10-6 所示。这些新元素的引入，将不再使布局中都是 div，而是可以通过标签元素就可以识别出来每个部分的内容定位。这种改变对于搜索引擎而言，将带来内容准确度的极大飞跃。

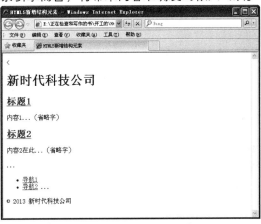

图10-6 HTML 5新增结构元素实例

10.3.2 新增块级元素

HTML 5 还增加了一些纯语义性的块级元素：aside、figure、figcaption、dialog。

❶ aside：定义页面内容之外的内容，例如侧边栏。

❷ figure：定义媒介内容的分组，以及它们的标题。

❸ figcaption：媒介内容的标题说明。

❹ dialog：定义对话（会话）。

aside 可以用以表达注记、侧栏、摘要、插入的引用等作为补充主体的内容。如下为表达 blog 的侧栏的代码。在浏览器中浏览，如图 10-7 所示。

实例代码：

```
<aside>
<h3> 最新文章 </h3>
<ul>
<li><a href="#"> 文章标题 </a></li>
</ul>
</aside>
```

图10-7　aside元素

figure 元素表示一段独立的流内容，一般表示文档主题流内容中的一个独立单元。使用 figcaption 元素为 figure 元素组添加标题。看看下面给图片添加的标示：

HTML 4 中代码示例：

```
<img src="index.jpg" alt=" 华瑞生物工程有限公司 " />
<p> 华瑞生物工程有限公司 </p>
```

上面的代码文字在 p 标签里，与 img 标签各行其道，很难让人联想到这就是标题。

HTML 5 中代码示例：

实例代码：

```
<figure>
  <img src="index.jpg" alt=" 华瑞生物工程有限公司 " />
  <figcaption>
    <p> 华瑞生物工程有限公司 </p>
```

```
  </figcaption>
</figure>
```

运行代码在浏览器中浏览，如图 10-8 所示。HTML 5 通过采用 figure 元素对此进行了改正。当与 figcaption 元素组合使用时，即可语义化地联想到这就是图片相对应的标题。

图10-8　figure元素实例

dialog 元素用于表达人们之间的对话。在 HTML 5 中，dt 用于表示说话者，而 dd 则用来表示说话者的内容。

实例代码：

```
<dialog>
<dt> 问 </dt>
<dd> 你们是怎么管理加盟商的？ </dd>
<dt> 答 </dt>
<dd> 为加盟商提供门店的管理制度、管理系统、人员配置表、并不断给加盟商带来新的经营理念。解决加盟商在实际经营中出现的种种问题。并定期做加盟商的信息反馈、总结经验、拟定方案、实施方案。</dd>
<dt> 问 </dt>
<dd> 你们提供技术支持吗？ </dd>
<dt> 答 </dt>
<dd> 一个成功的品牌必须有强大的实力做后盾，这个实力就是技术水平，公司总部技术研发团队不断追踪最新产品信息，不断研发具有市场竞争力的新产品，为加盟商提供极具
```

说服力的技术支持。</dd>

　　</dialog>

　　运行代码，在浏览器中浏览，如图 10-9 所示。

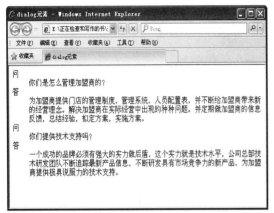

图10-9 dialog元素实例

10.3.3 新增的行内的语义元素

　　HTML 5 增加了一些行内语义元素：mark、time、meter、progress。

❶ mark：定义有记号的文本。

❷ time：定义日期 / 时间。

❸ meter：定义预定义范围内的度量。

❹ progress：定义运行中的进度。

　　mark 元素用来标记一些不是特别需要强调的文本。

```
<!DOCTYPE HTML>
<HTML>
<head>
<title>mark 元素 </title>
</head>
<body>
<p> 今天别忘记了买 <mark> 牛奶 </mark>。</p>
</body>
</HTML>
```

　　运行代码，在浏览器中浏览，如图 10-10 所示。<mark> 与 </mark> 标签之间的文字"牛

奶"添加了记号。

图10-10 mark元素实例

　　time 元素用于定义时间或日期。该元素可以代表 24 小时中的某一时刻，在表示时刻时，允许有时间差。在设置时间或日期时，只须将该元素的属性 datetime 设为相应的时间或日期即可。

　　实例代码：

```
<p id="p1">
　　<time datetime="2013-4-10">今天是 2013 年 4 月 10 日 </time>
　　<p>
<p id="p2">
　　<time datetime="2013-4-10T20:00"> 现在时间是 2013 年 4 月 10 日晚上 8 点 </time>
　　<p>
<p id="p3">
　　<time datetime="2013-12-31"> 公司最新车型将于今年年底上市 </time>
　　</p>
<p id="p4">
　　<time datetime="2013-4-1" pubdate="true"> 本消息发布于 2013 年 4 月 1 日 </time>
　　</p>
</body>
```

　　<p> 元素 ID 号为 p1 中的 <time> 元素，表示的是日期。页面在解析时，获取的是属性 datetime 中的值，而标记之间的内容只是用于显示在页面中。

<p> 元素 ID 号为 p2 中的 <time> 元素，表示的是日期和时间，它们之间使用字母 T 进行分隔。

<p> 元素 ID 号为 "p3" 中的 <time> 元素，表示的是将来时间。

<p> 元素 ID 号为 "p4" 中的 <time> 元素，表示的是发布日期。为了在文档中将这两个日期进行区分，在最后一个 <time> 元素中增加了 pubdate 属性，表示此日期为发布日期。

运行代码，在浏览器中浏览，如图 10-11 所示。

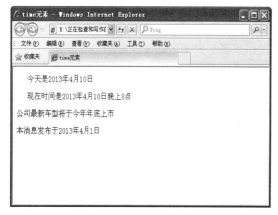

图10-11 time元素实例

progress 是 HTML 5 中新增的状态交互元素，用来表示页面中的某个任务完成的进度（进程）。例如，下载文件时，文件下载到本地的进度值，可以通过该元素动态展示在页面中，展示的方式既可以使用整数（如 1 ~ 100 ），也可以使用百分比（如 10% ~ 100% ）。

下面通过一个实例介绍 progress 元素在文件下载时的应用。

```
<!DOCTYPE HTML>
<HTML>
<head>
<meta charset="utf-8" />
<title>progress 元素在下载中的使用 </title>
```

```
<style type="text/css">
body { font-size:13px}
p {padding:0px; margin:0px }
.inputbtn {
border:solid 1px #ccc;
background-color:#eee;
line-height:18px;
font-size:12px
}
</style>
</head>
<body>
<p id="pTip"> 开始下载 </p>
<progress value="0" max="100" id="proDownFile"></progress>
<input type="button" value=" 下 载 " class="inputbtn" onClick="Btn_Click();">
<script type="text/javascript">
var intValue = 0;
var intTimer;
var objPro = document.getElementById('proDownFile');
var objTip = document.getElementById('pTip');
// 定时事件
function Interval_handler() {
intValue++;
objPro.value = intValue;
if (intValue >= objPro.max) {
clearInterval(intTimer);
objTip.innerHTML = " 下载完成 !";}
else {
objTip.innerHTML = " 正在下载 " + intValue + "%";
}
} // 下载按钮单击事件
function Btn_Click(){
    intTimer = setInterval(Interval_handler, 100);
```

```
    }
  </script>
</body>
</HTML>
```

为了使 progress 元素能动态展示下载进度，需要通过 JavaScript 代码编写一个定时事件。在该事件中，累加变量值，并将该值设置为 progress 元素的 value 属性值；当这个属性值大于或等于 progress 元素的 ma 属性值时，则停止累加，并显示"下载完成！"的字样；否则，动态显示正在累加的百分比数，如图 10-12 所示。

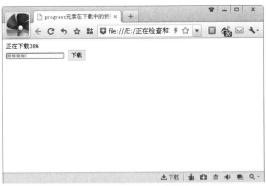

10-12 progress元素实例

meter 元素用于表示在一定数量范围中的值，如投票中，候选人各占比例情况及投票率数等。下面通过一个实例介绍 meter 元素在展示投票结果时的使用。

实例代码：

```
<!DOCTYPE HTML>
<HTML>
<head>
<meta charset="utf-8" />
<title>meter 元素 </title>
<style type="text/css">
body { font-size:13px }
</style>
</head>
<body>
<p> 共有 100 人参与投票，投票结果如下：</p>
<p> 王兵：
<meter value="0.40" optimum="1"high="0.9" low="1" max="1" min="0"></meter>
<span> 40% </span>
</p>
<p> 李明：
```

```
<meter value="60" optimum="100"  high="90" low="10" max="100" min="0">
</meter>
<span> 70% </span>
</p>
</body>
</HTML>
```

候选人"李明"所占的比例是百分制中的 60，最低比例可能为 0，但实际最低为 10；最高比例可能为 100，但实际最高为 90，如图 10-13 所示。

图10-13 meter元素实例

10.3.4　新增的嵌入多媒体元素与交互性元素

HTML 5 新增了很多多媒体和交互性元素如 video、audio。在 HTML 4 当中如果要嵌入一个视频或音频，需要引入一大段的代码，还要兼容各个浏览器，而 HTML 5 只需要通过引入一个标签即可，就像 img 标签一样方便。

1.　video 元素

video 元素定义视频，如电影片段或其他视频流。

HTML 5 中代码示例：

<video src="movie.ogg" controls="controls">video 元素 </video>

HTML 4 中代码示例：

<object type="video/ogg" data="movie.ogv">
<param name="src" value="movie.ogv">
</object>

2.　audio 元素

audio 元素定义音频，如音乐或其他音频流。

HTML 5 中代码示例：

<audio src="someaudio.wav">audio 元素 </audio>

HTML 4 中代码示例：

```
<object type="application/ogg" data="someaudio.wav">
<param name="src" value="someaudio.wav">
</object>
```

3. embed 元素

embed 元素用来插入各种多媒体文件，格式可以是 Midi、Wav、AIFF、AU、MP3 等。
HTML 5 中代码示例：

```
<embed src="horse.wav" />
```

HTML 4 中代码示例：

```
<object data="flash.swf" type="application/x-shockwave-flash"></object>
```

10.3.5 新增的input元素的类型

在创建网站页面的时候，难免会碰到表单的开发，用户输入的大部分内容都是在表单中完成并提交到后台的。在 HTML 5 中，也提供了大量的表单功能。

在 HTML 5 中，对 input 元素进行了大幅度改进，使我们可以简单地使用这些新增的元素来实现需要 JavaScript 才能实现的功能。

1. url 类型

input 元素里的 url 类型是一种专门用来输入 url 地址的文本框。如果该文本框中内容不是 url 地址格式的文字，则不允许提交。例如：

```
<form>
  <input name="urls" type="url" value="http://www.linyikongtiao.com "/>
  <input type="submit" value=" 提交 "/>
</form>
```

设置此类型后，从外观上来看与普通的元素差不多，可是如果你将此类型放到表单中之后，当单击"提交"按钮，如果此输入框中输入的不是一个 URL 地址，将无法提交，如图 10-14 所示。

图10-14 url类型实例

2. email 类型

如果将上面的 URL 类型的代码中的 type 修改为 email，那么，在表单提交的时候，会自动验证此输入框中的内容是否为 email 格式，如果不是，则无法提交。代码如下：

```
<form>
```

```
    <input name="email" type="email"
value=" http://www.linyikongtiao.com/"/>
    <input type="submit" value=" 提交 "/>
</form>
```

如果用户在该文本框中输入的不是 email 地址，则会提醒不允许提交，如图 10-15 所示。

图10-15 email类型实例

3. date 类型

input 元素里的 date 类型在开发网页过程中是非常多见的。例如，我们经常看到的购买日期、发布时间、订票时间。这种 date 类型的时间是以日历的形式来方便用户输入的。

```
<form>
    <input id="lykongtiao _date"
name="linyikongtiao.com" type="date"/>
    <input type="submit" value=" 提交 "/>
</form>
```

在 HTML4 中，需要结合使用 JavaScript 才能实现日历选择日期的效果，在 HTML5 中，只需要设置 input 为 date 类型即可，提交表单的时候也不需要验证数据了，如图 10-16 所示。

图10-16 date类型实例

4. time 类型

input 里的 time 类型是专门用来输入时间的文本框，并且会在提交时对输入时间的有效性进行检查。它的外观可能会根据不同类型的浏览器而出现不同表现形式。

```
<form>
    <input id=" linyikongtiao_time" name="
linyikongtiao.com" type="time"/>
    <input type="submit" value=" 提交 "/>
</form>
```

time 类型是用来输入时间的，在提交的时候检查是否输入了有效的时间，如图 10-17 所示。

图10-17 time类型实例

5. datetime 类型

datetime 类型是一种专门用来输入本地日期和时间的文本框，同样，它在提交的时候也会对数据进行检查。目前主流浏览器都不支持 datetime 类型。

```
<form>
    <input id=" linyikongtiao_datetime" name="
linyikongtiao.com" type="datetime"/>
    <input type="submit" value=" 提交 "/>
</form>
```

10.3.6 废除的元素

在 HTML 5 中废除了很多元素，具体如下。

1. 能使用 CSS 替代的元素

对于 basefont、big、center、font、s、strike、tt、u 这些元素，由于它们的功能都是纯粹为页面样式服务的，而 HTML 5 中提倡把页面样式性功能放在 CSS 样式表中编辑，所以将这些元素废除了。

2. 不再使用 frame 框架

对于 frameset 元素、frame 元素与 noframes 元素，由于 frame 框架对网页可用性存在负面影响，在 HTML 5 中已不支持 frame 框架，只支持 iframe 框架，同时将以上这三种元素废除。

3. 只有部分浏览器支持的元素

对于 applet、bgsound、blink、marquee 等元素，由于只有部分浏览器支持这些元素，特别是 bgsound 元素及 marquee 元素，只被 Internet Explorer 所支持，所以在 HTML 5 中被废除。其中 applet 元素可由 embed 元素或 object 元素替代，bgsound 元素可由 audio 元素替代，marquee 可以由 JavaScript 编程的方式所替代。

4. 其他被废除的元素

其他被废除元素还有：

废除 acronym 元素，使用 abbr 元素替代。

废除 dir 元素，使用 ul 元素替代

废除 isindex 元素，使用 form 元素与 input 元素相结合的方式替代。

废除 listing 元素，使用 pre 元素替代。

废除 xmp 元素，使用 code 元素替代。

废除 nextid 元素，使用 guids 替代。

废除 plaintext 元素，使用 "text/plian" mime 类型替代。

10.4 新增的属性和废除的属性

HTML 5 中，在新增和废除很多元素的同时，也增加和废除了很多属性。

10.4.1 新增的属性

1. 表单新增相关属性

● 对 input（type=text）、select、textarea 与 button 指定 autofocus 属性，它以指定属性的方式让元素在画面打开时自动获得焦点。

● 对 input（type=text）、textarea 指定 placeholder 属性，它会对用户的输入进行提示，提示用户可以输入的内容。

● 对 input、output、select、textarea、button 与 fieldset 指定 form 属性，它声明属于哪个表单，然后将其放置在页面的任何位置，而不是表单之内。

● 对input（type=text）、textarea指定required属性，该属性表示用户提交时进行检查，检查该元素内必定要有输入内容。

● 为input标签增加几个新的属性：autocomplete、min、max、multiple、pattern与step。还有list属性与datalist元素配合使用；datalist元素与autocomplete属性配合使用。multiple属性允许上传时一次上传多个文件；pattern属性用于验证输入字段的模式，其实就是正则表达式。step 属性规定输入字段的合法数字间隔（假如step="3"，则合法数字应该是-3、0、3、6，以此类推），step属性可以与max及min属性配合使用，以创建合法值的范围。

● 为input、button元素增加formaction、formenctype、formmethod、formnovalidate与formtarget属性。用户重载form元素的action、enctype、method、novalidate与target属性。为fieldset元素增加disabled属性，可以把它的子元素设为disabled状态。

● 为input、button、form增加novalidate属性，可以取消提交时进行的有关检查，表单可以被无条件地提交。

2. 链接相关属性

● 为a、area增加media属性。规定目标URL是为什么类型的媒介/设备进行优化的。该属性用于规定目标URL是为特殊设备（如iPhone）、语音或打印媒介设计的。该属性可接受多个值，只能在href属性存在时使用。

● 为area增加herflang和rel属性。hreflang属性规定在被链接文档中文本的语言。只有当设置了href属性时，才能使用该属性。rel属性规定当前文档与被链接文档/资源之间的关系。只有当使用href属性时，才能使用rel属性。

● 为link增加size属性。sizes属性规定被链接资源的尺寸。只有当被链接资源是图标时 (rel="icon")，才能使用该属性。该属性可接受多个值，值由空格分隔。

● 为base元素增加target属性，主要是保持与a元素的一致性。

3. 其他属性

● 为ol增加reversed属性，它指定列表倒序显示。

● 为meta增加charset属性，规定在外部脚本文件中使用的字符编写。

● 为menu增加type和label属性。label为菜单定义一个课件的标注，type属性让菜单可以以上下文菜单、工具条与列表菜单三种形式出现。

● 为style增加scoped属性，它允许我们为文档的指定部分定义样式，而不是整个文档。如果使用"scoped" 属性，那么，所规定的样式只能应用到style元素的父元素及其子元素。

● 为script增减属性，它定义脚本是否异步执行。async属性仅适用于外部脚本（只有在使用src属性时）有多种执行外部脚本的方法。

● 为HTML元素增加manifest，开发离线Web应用程序时它与API结合使用，定义一个URL，在这个URL上描述文档的缓存信息。

● 为iframe增加三个属性：sandbox、seamless、srcdoc。用来提高页面安全性，防止不信任的Web页面执行某些操作。

10.4.2　废除的属性

HTML 4 中一些属性在 HTML 5 中不再被使用，而是采用其他属性或其他方式进行替代。

HTML 4 中使用的属性	使用该属性的元素	在 HTML 5 中的替代方案
rev	link、a	rel
charset	link、a	在被链接的资源中使用 HTTP Content-type 头元素
shape、coords	a	使用 area 元素代替 a 元素
longdesc	img、iframe	使用 a 元素链接到较长描述
target	link	多余属性，被省略
nohref	area	多余属性，被省略
profile	head	多余属性，被省略
version	HTML	多余属性，被省略
name	img	id
scheme	meta	只为某个表单域使用 scheme
archive、chlassid、codebose、codetype、declare、standby	object	使用 data 与 type 属性类调用插件需要使用这些属性来设置参数时，使用 param 属性
valuetype、type	param	使用 name 与 value 属性，不声明之的 MIME 类型
axis、abbr	td、th	使用以明确简洁的文字开头，后跟详述文字的形式。可以对更详细内容使用 title 属性，从而使单元格的内容变得简短
scope	td	在被链接资源中使用 HTTP Content-type 头元素
align	caption、input、legend、div、h1、h2、h3、h4、h5、h6、p	使用 CSS 样式表替代
alink、link、text、vlink、background、bgcolor	body	使用 CSS 样式表替代
align、bgcolor、border、cellpadding、cellspacing、frame、rules、width	table	使用 CSS 样式表替代
align、char、charoff、height、nowrap、valign	tbody、thead、tfoot	使用 CSS 样式表替代
align、bgcolor、char、charoff、height、nowrap、valign、width	td、th	使用 CSS 样式表替代
align、bgcolor、char、charoff、valign	tr	使用 CSS 样式表替代
align、char、charoff、valign、width	col、colgroup	使用 CSS 样式表替代
align、border、hspace、vspace	object	使用 CSS 样式表替代
clear	br	使用 CSS 样式表替代
compace、type	ol、ul、li	使用 CSS 样式表替代
compace	dl	使用 CSS 样式表替代

HTML 4 中使用的属性	使用该属性的元素	在 HTML 5 中的替代方案
compace	menu	使用 CSS 样式表替代
width	pre	使用 CSS 样式表替代
align、hspace、vspace	img	使用 CSS 样式表替代
align、noshade、size、width	hr	使用 CSS 样式表替代
align、frameborder、scrolling、marginheight、marginwidth	iframe	使用 CSS 样式表替代
autosubmit	menu	

10.5　创建简单的HTML 5页面

尽管各种最新版浏览器都对 HTML 5 提供了很好的支持，但毕竟 HTML 5 是一种全新的 HTML 标记语言，许多新的功能必须在搭建好相应的浏览环境后才可以正常浏览。为此，在正式执行一个 HTML 5 页面之前，必须先搭建支持 HTML 5 的浏览器环境，并检查浏览器是否支持 HTML 5 标记。

10.5.1　HTML 5文档类型

因为各种浏览器的内核不同，对于默认样式的渲染也不尽相同，所以就需要一份各浏览器都遵循的规则来保证同一个网页文档，在不同浏览器上呈现出来的样式是一致的，这个规则就是 DOCTYPE 声明。

每个 HTML 5 文档的第一行都是一个特定的文档类型声明。这个文档类型声明用于告知这是一个 HTML 5 网页文档。

```
<!DOCTYPE HTML >
```

可以看到 HTML 5 的文档类型声明极其简单。另外它不包含官方规范的版本号，只要有新功能添加到 HTML 语言中，你在页面中就可以使用它们，而不必为此修改文档类型声明。

10.5.2　字符编码

为了能被浏览器正确解释，HTML 5 文档都应该声明所使用的字符编码。很多时候网页文档出现乱码，大部分都是由于字符编码不对而引起的。

现有的编码标准有很多种。但实际上，所有英文网站今天都在使用一种叫 UTF-8 的编码，这种编码简洁、转换速度快，而且支持非英文字符。

在 HTML 5 文档中添加字符编码信息也很简单，只要在 <head> 区块的最开始处（如果没有添加 <head> 元素，则是紧跟在文档类型声明之后）添加相应的元数据（meta）元素即可。

```
<head>
<meta charset="utf-8" />
```

```
<title> 这是我的第一个 HTML5 网页文档
</title>
    </head>
```

Dreamweaver 在创建新网页时自动添加这个元信息，也会默认将文件保存为 UTF 编码格式。

★ 提示 ★

utf-8是unicode的一种变长度的编码表达方式，作为一种全球通用型的字符编码正被越来越多的网页文档所使用，使用utf-8字符编码的网页可最大程度地避免不同区域的用户访问相同网页时，因字符编码不同而导致的乱码现象。

10.5.3　页面语言

为给内容指定语言，可以在任何元素上使用 lang 属性，并为该属性指定相应的语言代码（如 en 表示英语）。

为整个页面添加语言说明的最简单方式，就是为 <HTML> 元素指定 lang 属性。

```
<HTML lang="en">
```

如果页面中包含多种语言的文本，在这种情况下，可以为文本中的不同区块指定 lang 属性，指明该区块中文本的语言。

10.5.4　添加样式表

要想做出精美的网页一定要用到 CSS 样式表。指定想要使用的样式表时，需要在 HTML 5 文档的 <head> 区块中添加 <link> 元素。

```
<link href="images/css.css" rel=stylesheet>
```

这与向 HTML 4 文档中添加样式表大同小异，但稍微简单一点。因为 CSS 是网页中唯一可用的样式表语言，所以网页中过去要求的 type="text/css" 属性就没有什么必要了。

10.5.5　添加JavaScript

使用 JavaScript 特效可以改进网页界面，从而得到更多的用户体验。如今 JavaScript 的主要用途不再是美化界面，而是开发高级的 Web 应用，包括在浏览器中运行的极其先进的电子邮件客户端、文字处理程序，以及地图引擎。

在 HTML 5 页面中添加 JavaScript 与在传统页面中添加类似。

```
<script src="script.js"></script>
```

这里没有像 HTML 4 中那样加上 language="JavaScript" 属性。不过，即使是引用外部 JavaScript 文件，也不能忘了后面的 </script> 标签。

10.5.6　测试结果

最终做成了一个如下所示的 HTML 5 文档。

```
<!DOCTYPE HTML>
<HTML lang="en">
<head>
<meta charset="utf-8"/>
<title> 这是我的第一个 HTML 5 网页文档
</title>
<link href="images/css.css" rel=stylesheet>
<script src="script.js"></script>
</head>
<body>
<h1> 这是我的第一个 HTML5 网页文档 </h1>
</body>
</HTML>
```

虽然这不再是一个最短的 HTML 5 文档，但以它为基础可以构建出任何网页。

第11章　HTML 5的结构

本章导读

在 HTML 5 的新特性中，新增的结构元素主要功能就是解决之前在 HTML 4 中 Div 漫天飞舞的情况，增强网页内容的语义性，这对搜索引擎而言，将更好识别和组织索引内容。合理地使用这种结构元素，将极大地提高搜索结果的准确度。新增的结构元素，从代码上看，很容易看出主要是消除 Div，即增强语义，强调 HTML 的语义化。

技术要点

- 新增的主体结构元素
- 新增的非主体结构元素

实例展示

顶部传统网站导航条

页内导航

11.1 新增的主体结构元素

在 HTML 5 中，为了使文档的结构更加清晰明确、容易阅读，增加了很多新的结构元素，如页眉、页脚、内容区块等结构元素。

11.1.1 article元素

article 元素可以灵活使用，article 元素可以包含独立的内容项，所以可以包含论坛帖子、杂志文章、博客文章、用户评论等。这个元素可以将信息各部分进行任意分组，而不论信息原来的性质。

作为文档的独立部分，每一个 article 元素的内容都具有独立的结构。为了定义这个结构，可以利用前面介绍的 <header> 和 <footer> 标签的丰富功能。它们不仅仅能够用在正文中，也能够用于文档的各个节中。

下面以一篇文章讲述 article 元素的使用，具体代码如下。

```
<article>
    <header>
        <h1> 不能改变世界，就要改变自己去适应环境 </h1>
            <p> 发 表 日 期 ：<time pubdate="pubdate">2013/05/09</time></p>
    </header>
    <p> 在人生的路上，无论人们走得多么顺利，只要稍微遇上一些不顺的事，就会习惯性地抱怨老天亏待他们，进而祈求老天赐予更多的力量，以度过难关。实际上，人类世界有的时候比自然界还要残酷，因为除能力的强弱比较之外，其他的竞争实在是太多太多了。本该淘汰出局的不合格者，往往会颠覆公平合理的竞争机制，从而制造出不公平、不合理的选拔结果。<br>
    世人必须承认这种现实，必须打破事事公平合理的梦想，只有这样才能不被困扰，才能
```

不发牢骚。因此我们要清醒地认识到这一点，不要自己跟自己过不去。如果人们不能改变这个世界，那就要在这个世界里逐渐改变自我。事实上，每个困境都有其存在的正面价值。</p>

```
    <footer>
        <p><small> 版权所有 @ 非鱼科技 </small></p>
    </footer>
</article>
```

在 header 元素中嵌入了文章的标题部分，在 h1 元素中是文章的标题"不能改变世界，就要改变自己去适应环境"，文章的发表日期在 p 元素中。在标题下部的 p 元素中是文章的正文，在结尾处的 footer 元素中是文章的版权。对这部分内容使用了 article 元素。在浏览器中的效果，如图 11-1 所示。

图11-1 article元素

另外，article 元素也可以用来表示插件，它的作用是使插件看起来好像内嵌在页面中一样。

```
<article>
<h1>article 表示插件 </h1>
<object>
<param name="allowFullScreen" value="true">
<embed src="#" width="600"
```

```
height="395"></embed>
    </object>
    </article>
```

一个网页中可能有多个独立的article元素，每一个article元素都允许有自己的标题与脚注等从属元素，并允许对自己的从属元素单独使用样式。如一个网页中的样式可能如下所示。

```
header{
display:block;
color:green;
text-align:center;
}
aritcle header{
color:red;
text-align:left;
}
```

11.1.2　section元素

section元素用于对网站或应用程序中页面上的内容进行分块。一个section元素通常由内容及其标题组成。但section元素也并非一个普通的容器元素，当一个容器需要被重新定义样式，或者定义脚本行为的时候，还是推荐使用Div控制。

```
<section>
  <h1> 水果 </h1>
  <p> 水果是指多汁且有甜味的植物果
实，不但含有丰富的营养且能够帮助消化。水
果有降血压、减缓衰老、减肥瘦身、皮肤保
养、明目、抗癌、降低胆固醇等保健作用 … …
</p>
  </section>
```

下面是一个带有section元素的article元素例子。

```
<article>
  <h1> 水果 </h1>
    <p> 水果是指多汁且有甜味的植物果
```

实，不但含有丰富的营养且能够帮助消化。水果有降血压、减缓衰老、减肥瘦身、皮肤保养、明目、抗癌、降低胆固醇等保健作用 … …</p>

```
    <section>
    <h2> 香蕉 </h2>
      <p> 香蕉是人们喜爱的水果之一，欧
洲人因它能解除忧郁而称它为 "快乐水果"，
而且香蕉还是女孩子们钟爱的减肥佳果 … …</
p>
    </section>
    <section>
    <h2> 苹果 </h2>
      <p> 苹果，落叶乔木，叶子椭圆形，
花白色带有红晕。果实圆形，味甜或略酸，是
常见水果，具有丰富营养成分，有食疗、辅助
治疗功能 … …</p>
    </section>
    </article>
```

从上面的代码可以看出，首页整体呈现的是一段完整独立的内容，所以我们要用article元素包起来，这其中又可分为三段，每一段都有一个独立的标题，使用了两个section元素为其分段。这样使文档的结构显得清晰。在浏览器中的效果，如图11-2所示。

图11-2　带有section元素的article元素实例

article元素和section元素有什么区别呢？在HTML 5中，article元素可以看成是一种特殊种类的section元素，它比section元素更强调独立性。即section元素强调分段或分块，

而 article 强调独立性。如果一块内容相对来说比较独立、完整的时候，应该使用 article 元素，但是如果想将一块内容分成几段的时候，应该使用 section 元素。

★ 提示 ★

section元素使用时的注意事项如下。

1.不要将section元素用做设置样式的页面容器，选用Div。

2.如果article元素、aside元素或nav元素更符合使用条件，不要使用section元素。

3.不要为没有标题的内容区块使用section元素。

11.1.3　nav元素

nav 元素在 HTML 5 中用于包裹一个导航链接组，用于显示的说明这是一个导航组，在同一个页面中可以同时存在多个 nav。

并不是所有的链接组都要被放进 nav 元素，只需要将主要的、基本的链接组放进 nav 元素即可。例如，在页脚中通常会有一组链接，包括，服务条款、首页、版权声明等，此时使用 footer 元素是最恰当。

一直以来，习惯于使用形如 <div id="nav"> 或 <ul id="nav"> 这样的代码来编写页面的导航。在 HTML 5 中，可以直接将导航链接列表放到 <nav> 标签中。

```
<nav>
<ul>
<li><a href="index.html">Home</a></li>
<li><a href="#">About</a></li>
<li><a href="#">Blog</a></li>
</ul>
</nav>
```

导航，顾名思义，就是引导的路线，那么具有引导功能的都可以认为是导航。导航可以页与页之间导航，也可以是页内的段与段之间导航。

```
<!doctype html>
<title> 页面之间导航 </title>
<header>
  <h1> 网站页面之间导航 <h1>
    <nav>
     <ul>
       <li><a href="index.html"> 首页 </a></li>
         <li><a href="about.html"> 关于我们 </a></li>
         <li><a href="bbs.html"> 在线论坛 </a></li>
     </ul>
    </nav>
   </h1></h1>
  </header>
```

这个实例是页面之间的导航，nav 元素中包含了三个用于导航的超级链接，即"首页"、"关于我们"和"在线论坛"。该导航可用于全局导航，也可放在某个段落，作为区域导航。运行代码，效果如图 11-3 所示。

图11-3 页面之间导航

下面的实例是页内导航，运行代码，效果如图 11-4 所示。

```
<!doctype html>
<title> 段内导航 </title>
<header>
</header>
<article>
```

```
<h2> 文章的标题 </h2>
<nav>
  <ul>
    <li><a href="#p1"> 段一 </a></li>
    <li><a href="#p2"> 段二 </a></li>
    <li><a href="#p3"> 段三 </a></li>
  </ul>
</nav>
<p id=p1> 段一 </p>
<p id=p2> 段二 </p>
<p id=p3> 段三 </p>
</article>
```

图11-4　页内导航

nav 元素使用在哪个位置呢？

顶部传统导航条：现在主流网站上都有不同层级的导航条，其作用是将当前画面跳转到网站的其他主要页面上去。如图 11-5 所示是顶部传统网站导航条。

图11-5　顶部传统网站导航条

侧边导航：现在很多企业网站和购物类网站上都有侧边导航，如图 11-6 所示为左侧导航。

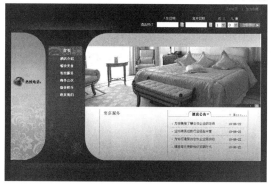

图11-6　左侧导航

页内导航：页内导航的作用是在本页面几个主要的组成部分之间进行跳转，如图 11-7 所示为页内导航。

图11-7　页内导航

在 HTML 5 中不要用 menu 元素代替 nav 元素。过去有很多 Web 应用程序的开发员喜欢用 menu 元素进行导航，menu 元素是用在 Web 应用程序中的。

11.1.4　aside元素

aside 元素用来表示当前页面或文章的附属信息部分，它可以包含与当前页面或主要内容相关的引用、侧边栏、广告、导航条，以及其他类似的、有别于主要内容的部分。

aside 元素主要有以下两种使用方法。

❶包含在 article 元素中作为主要内容的附属信息部分，其中的内容可以是与当前文章有关的参考资料、名词解释等。

```
<article>
  <h1>…</h1>
  <p>…</p>
  <aside>…</aside>
</article>
```

❷在 article 元素之外使用作为页面或站点全局的附属信息部分。最典型的是侧边栏，其中的内容可以是友情链接、文章列表、广告单元等。代码如下所示，运行代码，效果如图11-8 所示。

```
<aside>
  <h2> 新闻资讯 </h2>
  <ul>
    <li> 企业新闻 </li>
    <li> 行业信息 </li>
  </ul>
  <h2> 经营产品 </h2>
  <ul>
    <li> 上衣外套 </li>
    <li> 时尚裙子 </li>
    <li> 裤子鞋帽 </li>
  </ul>
</aside>
```

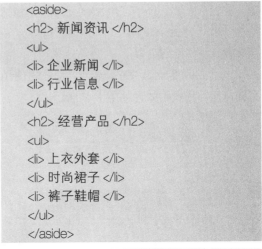

图11-8　aside元素实例

11.2　新增的非主体结构元素

除了以上几个主要的结构元素之外，HTML 5 内还增加了一些表示逻辑结构或附加信息的非主体结构元素。

11.2.1　header元素

header 元素是一种具有引导和导航作用的结构元素，通常用来放置整个页面或页面内的一个内容区块的标题，header 内也可以包含其他内容，例如表格、表单或相关的Logo 图片。

在架构页面时，整个页面的标题常放在页面的开头，header 标签一般都放在页面的顶部。可以用如下所示的形式书写页面的标题。

```
<header>
  <h1> 页面标题 </h1>
</header>
```

在一个网页中可以拥有多个header 元素，也可以为每个内容区块加一个 header 元素。

```
<header>
  <h1> 网页标题 </h1>
</header>
<article>
  <header>
    <h1> 文章标题 </h1>
  </header>
  <p> 文章正文 </p>
</article>
```

在 HTML 5 中，一个 header 元素通常包括至少一个 headering 元素（h1-h6），也可以包括 hgroup、nav 等元素。

下面是一个网页中的 header 元素的使用实例，运行代码，效果如图 11-9 所示。

```
<header>
<hgroup>
<h1>Dreamweaver CS6 网页制作完全手册 </h1>
<p> 本书内容深入浅出、图文并茂，并通过大量生动的案例帮助读者理解，总结制作经验和技巧，为读者制作网页和网站提供捷径。最后几章的大实例，可以让读者在掌握了 Dreamweaver CS6 基本技能后，在已掌握的知识点基础上进一步扩展，从而能更好地应用 Dreamweaver……</p>
</hgroup>
<nav>
<ul>
<li> 本书特点 </li>
<li> 本书内容 </li>
<li> 读者对象 </li>
</ul>
</nav>
</header>
```

图11-9 header元素使用实例

11.2.2 hgroup元素

header 元素位于正文开头，可以在这些元素中添加 <h1> 标签，用于显示标题。基本上，<h1> 标签已经足够用于创建文档各部分的标题行。但是，有时候还需要添加副标题或其他信息，以说明网页或各节的内容。

hgroup 元素是将标题及其子标题进行分组的元素。hgroup 元素通常会将 h1 ~ h6 元素进行分组，一个内容区块的标题及其子标题为一组。

通常，如果文章只有一个主标题，是不需要 hgroup 元素的。但是，如果文章有主标题，主标题下有子标题，就需要使用 hgroup 元素了。如下所示为 hgroup 元素的实例代码，运行代码，效果如图 11-10 所示。

```
<article>
<header>
<hgroup>
<h1> 十渡旅游景点介绍 </h1>
<h2> 东湖港景区 </h2>
</hgroup>
<p><time datetime="2013-05-20">2013 年 05 月 20 日 </time></p>
<p> 东湖港风景区位于北京房山世界地质公园十渡园区的十五渡。这里以瀑高、潭多而享有盛名，素有"幽谷叠瀑、檀林氧吧"的美誉。景区依傍拒马河畔，设有江南竹筏、水上双轮车、沙滩娱乐、特色烧烤。领略了东湖港自然天成的妙趣后，游客们可在秀丽的拒马河上荡筏滑艇、嬉水摸鱼。增添了游玩中的乐趣享受酷暑中的凉意。设有沙滩浴场和沙滩排球，以及情侣小屋是聚会野餐的最佳场所。……</p>
</header>
</article>
```

如果有标题和副标题，或在同一个

<header> 元素中加入多个 H 标题，那么就需要使用 <hgroup> 元素。

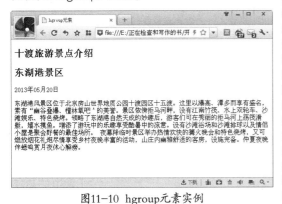

图11-10 hgroup元素实例

11.2.3　footer元素

footer 通常包括其相关区块的脚注信息，如作者、相关阅读链接及版权信息等。footer 元素和 header 元素使用基本相同，可以在一个页面中使用多次，如果在一个区段后面加入 footer 元素，那么它就相当于该区段的尾部了。

在 HTML 5 出现之前，通常使用类似下面这样的代码来编写页面的页脚。

```
<div id="footer">
  <ul>
    <li> 版权信息 </li>
    <li> 站点地图 </li>
    <li> 联系方式 </li>
  </ul>
<div>
```

在 HTML 5 中，可以不使用 div，而用更加语义化的 footer 来编写。

```
<footer>
  <ul>
    <li> 版权信息 </li>
    <li> 站点地图 </li>
    <li> 联系方式 </li>
  </ul>
```

</footer>

footer 元素即可以用做页面整体的页脚，也可以作为一个内容区块的结尾，例如，可以将 <footer> 直接写在 <section> 或是 <article> 中。

在 article 元素中添加 footer 元素。

```
<article>
  文章内容
  <footer>
    文章的脚注
  </footer>
</article>
```

在 section 元素中添加 footer 元素。

```
<section>
  分段内容
  <footer>
    分段内容的脚注
  </footer>
</section>
```

11.2.4　address元素

address 元素通常位于文档的末尾，用来在文档中呈现联系信息，包括文档创建者的名字、站点链接、电子邮箱、真实地址、电话号码等。address 不只是用来呈现电子邮箱或真实地址这样的 "地址" 概念，而应该包括与文档创建人相关的各类联系方式。

下面是 address 元素的实例。

```
<!DOCTYPE html>
<html>
<head>
<meta http-equiv="Content-Type"
content="text/html; charset=gb2312" />
        <title>address 元素实例 </title>
</head>
<body>
```

```
<address>
<a href="mailto:example@example.
com">webmaster</a><br />
重庆网站建设公司 <br />
xxx 区 xxx 号 <br />
</address>
</body>
</html>
```

浏览器中显示地址的方式与其周围的文档不同，IE、Firefox 和 Safari 浏览器以斜体显示地址，如图 11-11 所示。

图11-11 address元素实例

还可以把 footer 元素、time 元素与 address 元素结合起来使用，具体代码如下。

```
<footer>
<div>
```

```
<address>
<a title=" 文章作者：王军 ">
王军 </a>
</address>
发 表 于 <time datetime="2013-05-
04">2013 年 05 月 4 日 </time>
</div>
</footer>
```

在这个示例中，把文章的作者信息放在了 address 元素中，把文章发表日期放在了 time 元素中，把 address 元素与 time 元素中的总体内容作为脚注信息放在了 footer 元素中，如图 11-12 所示。

图11-12 footer元素、time元素与address元素结合

第 2 篇
CSS 布局

第12章 CSS+DIV布局定位基础

本章导读

设计网页的第一步是设计布局，好的网页布局会令访问者耳目一新，同样也可以使访问者比较容易在站点上找到他们所需要的信息。无论使用表格还是 CSS，网页布局都是把大块的内容放进网页的不同区域里面。有了 CSS，最常用来布局内容的元素就是 <div> 标签。盒子模型是 CSS 控制页面时一个很重要的概念，只有很好地掌握了盒子模型，以及其中每个元素的用法，才能真正控制好页面中的各个元素。

技术要点

- 了解什么是 Web 标准
- 为什么要建立 Web 标准
- Div 标记与 Span 标记的区别
- 理解盒子模型
- 掌握盒子的浮动与定位

12.1 网站与Web标准

Web 标准，即网站标准。目前通常所说的 Web 标准一般指网站建设采用基于 XHTML 语言的网站设计语言，Web 标准中典型的应用模式是 CSS+Div。实际上，Web 标准并不是某一个标准，而是一系列标准的集合。

12.1.1 什么是Web标准

Web 标准是由 W3C 和其他标准化组织制定的一套规范集合，Web 标准的目的在于创建一个统一的用于 Web 表现层的技术标准，以便于通过不同浏览器或终端设备向最终用户展示信息内容。

网页主要由三部分组成：结构（Structure）、表现（Presentation）和行为（Behavior）。对应的网站标准也分三方面：结构化标准语言，主要包括 XHTML 和 XML；表现标准语言主要包括 CSS；行为标准主要包括对象模型（如 W3C DOM）、ECMAScript 等。

1. 结构（Structure）

结构对网页中用到的信息进行分类与整理，在结构中用到的技术主要包括 HTML、XML 和 XHTML。

2. 表现（Presentation）

表现用于对信息进行版式、颜色、大小等形式控制。在表现中用到的技术主要是 CSS 层叠样式表。

3. 行为（Behavior）

行为是指文档内部的模型定义及交互行为的编写，用于编写交互式的文档。在行为中用到的技术主要包括 DOM 和 ECMAScript。

● DOM(Document Object Model) 文档对象模型

DOM是浏览器与内容结构之间沟通接口，使你可以访问页面上的标准组件。

● ECMAScript 脚本语言

ECMAScript 是标准脚本语言，用于实现具体的界面上对象的交互操作。

12.1.2 为什么要建立Web标准

我们大部分人都有深刻体验，每当主流浏览器版本升级时，我们刚建立的网站就可能变得过时，就需要升级或重新设计网站。在网页制作时采用 Web 标准技术，可以有效地对页面的布局、字体、颜色、背景和其他效果实现更加精确的控制。只要对相应的代码做一些简单的修改，就可以改变网页的外观和格式。

简单说，网站标准的目的就是：

● 提供最多利益给最多的网站用户。

● 确保任何网站文档都能够长期有效。

● 简化代码、降低建设成本。

● 让网站更容易使用，能适应更多不同用户和更多网络设备。

● 当浏览器版本更新，或者出现新的网络交互设备时，确保所有应用能够继续正确执行。

对于网站设计和开发人员来说，遵循网站标准就是使用标准；对于网站用户来说，网站标准就是最佳体验。

对网站浏览者的好处

● 文件下载与页面显示速度更快。

● 内容能被更多的用户所访问（包括失明、视弱、色盲等残障人士）。

● 内容能被更广泛的设备所访问（包括屏幕阅读机、手持设备、搜索机器人、打印机、电冰箱等）。

● 用户能够通过样式选择定制自己的表现界面。

● 所有页面都能提供适于打印的版本。

对网站设计者的好处

● 更少的代码和组件，容易维护。

● 带宽要求降低，代码更简洁，成本降低。

● 更容易被搜寻引擎搜索到。

● 改版方便，不需要变动页面内容。

● 提供打印版本，而不需要复制内容。

● 提高网站易用性。在美国，有严格的法律条款来约束政府网站必须达到一定的易用性，其他国家也有类似的要求。

12.1.3　怎样改善现有网站

大部分的设计师依旧在采用传统的表格布局、表现与结构混杂在一起的方式来建立网站。学习使用 XHTML+CSS 的方法需要一个过程，使现有网站符合网站标准也不可能一步到位。最好的方法是循序渐进，分阶段逐步达到完全符合网站标准的目标。

1.　初级改善

● 为页面添加正确的 DOCTYPE

DOCTYPE 是 document type 的简写。用来说明用的 XHTML 或 HTML 是什么版本。浏览器根据 DOCTYPE 定义的 DTD（文档类型定义）来解释页面代码。

● 设定一个名字空间

直接在 DOCTYPE 声明后面添加如下代码：

```
<html XMLns="http://www.w3.org/1999/xhtml">
```

● 声明编码语言

为了被浏览器正确解释和通过标识校验，所有的 XHTML 文档都必须声明它们所使用的编码语言，代码如下：

```
<meta http-equiv="Content-Type" content="text/html;charset=GB2312" />
```

这里声明的编码语言是简体中文 GB2312。

● 用小写字母书写所有的标签

XML 对大小写是敏感的，所以，XHTML 也是有大小写区别的。所有的 XHTML 元素和属性的名称都必须使用小写。否则文档将被 W3C 校验认为是无效的。例如下面的代码是不正确的：

```
<Title> 公司简介 </Title>
```

正确的写法是：

```
<title> 公司简介 </title>
```

● 为图片添加 alt 属性

为所有图片添加 alt 属性。alt 属性指定了当图片在不能显示的时候就显示供替换文本，这样做对正常用户可有可无，但对纯文本浏览器和使用屏幕阅读的用户来说是至关重要的。只有添加了 alt 属性，代码才会被 W3C 正确性校验通过。

如下所示代码：

```
<img src="logo.gif" alt=" 东方公司标志，首页 ">
```

● 给所有属性值加引号

在 HTML 中，可以不需要给属性值加引号，但是在 XHTML 中，它们必须加引号。

例 height="100" 是正确的；而 height=100 就是错误的。

● 关闭所有的标签

在 XHTML 中，每一个打开的标签都必须关闭，如下所示：

```
<p> 每一个打开的标签都必须关闭。</p>
<b>HTML 可以接受不关闭的标，XHTML 就不可以。</b>
```

这个规则可以避免 HTML 的混乱和麻烦。

2.　中级改善

接下来的改善主要在结构和表现相分离上，这一步不像初级改善那么容易实现，需要观念上的转变，以及对 CSS 技术的学习和运用。

● 用 CSS 定义元素外观

应该使用 CSS 来确定元素的外观。

● 用结构化元素代替无意义的垃圾代码

许多人可能从来都不知道 HTML 和 XHTML 元素设计本意是用来表达结构的。很多人已经习惯用元素来控制表现，而不是结构。例如下面的代码，

北京
 上海
 广州

就没有如下的代码好。

<ul> <li> 北京 </li> <li> 上海 </li> <li> 广州 </li></ul>

● 给每个表格和表单加上 id

给表格或表单赋予一个唯一的、结构的标记，例如：

<table id="menu">

12.2　Div标记与Span 标记

在 CSS 布局的网页中，<div> 与 <Span> 都是常用的标记，利用这两个标记，加上 CSS 对其样式的控制，可以很方便地实现网页的布局。

12.2.1　Div概述

过去最常用的网页布局工具是 <table> 标签，它本是用来创建电子数据表的，由于 <table> 标签本来不是要用于布局的，因此设计师们不得不经常以各种不寻常的方式来使用这个标签——如把一个表格放在另一个表格的单元中。这种方法的工作量很大，增加了大量额外的 HTML 代码，并使后面要修改设计变得很难。

而 CSS 的出现使网页布局有了新的曙光。利用 CSS 属性，可以精确地设定元素的位置，还能将定位的元素叠放在彼此之上。当使用 CSS 布局时，主要把它用在 Div 标签上，<div> 与 </div> 之间相当于一个容器，可以放置段落、表格、图片等各种 HTML 元素。

Div 是用来为 HTML 文档内大块的内容提供结构和背景的元素。Div 的起始标签和结束标签之间的所有内容都是用来构成这个块的，其中所包含元素的特性由 Div 标签的属性，或通过使用 CSS 来控制。

下面列出一个简单的实例讲述 Div 的使用。

实例代码：

```
<!DOCTYPE html PUBLIC "-//W3C//DTD XHTML 1.0 Transitional//EN"
"http://www.w3.org/TR/xhtml1/DTD/xhtml1-transitional.dtd">
<html xmlns="http://www.w3.org/1999/xhtml">
<head>
<meta http-equiv="Content-Type" content="text/html; charset=gb2312" />
<title>Div 的简单使用 </title>
```

```
<style type="text/css">
<!--
div{
    font-size:26px;                          /*字号大小*/
    font-weight:bold;                        /*字体粗细*/
    font-family:Arial;                       /*字体*/
    color:#330000;                           /*颜色*/
    background-color:#66CC00;                /*背景颜色*/
    text-align:center;                       /*对齐方式*/
    width:400px;                             /*块宽度*/
    height:80px;                             /*块高度*/
}
-->
</style>
 </head>
<body>
    <div> 这是一个 div 的简单使用 </div>
</body>
</html>
```

在上面的实例中，通过 CSS 对 Div 的控制，制作了一个宽 400 像素和高 80 像素的绿色块，并设置了文字的颜色、字号和文字的对齐方式，在 IE 中浏览的效果如图 12-1 所示。

图12-1 Div的简单使用

12.2.2 Div与Span的区别

很多开发人员都把 Div 元素同 Span 元素弄混淆了。尽管它们在特性上相同，但是 Span 是用来定义内嵌内容而不是大块内容的。

Div 是一个块级元素，可以包含段落、标题、表格，甚至如章节、摘要和备注等。而 Span 是行内元素，Span 的前后是不会换行的，它没有结构的意义，纯粹是应用样式，当其他行内元素都不合适时，可以使用 Span。

下面通过一个实例说明 Div 与 Span 的区别，代码如下。

实例代码：

```
<!DOCTYPE html PUBLIC "-//W3C//DTD
XHTML 1.0 Transitional//EN"
"http://www.w3.org/TR/xhtml1/DTD/xhtml1-
transitional.dtd">
<html xmlns="http://www.w3.org/1999/
xhtml">
<head>
<meta http-equiv="Content-Type"
content="text/html; charset=gb2312" />
<title>div 与 span 的区别 </title>
</head>
<body>
    <p>div 标记不同行：</p>
    <div><img src="pic1.jpg" vspace="1"
border="0"></div>
    <div><img src="pic2.jpg" vspace="1"
border="0"></div>
    <div><img src="pic3.jpg" vspace="1"
border="0"></div>
    <p>span 标记同一行：</p>
    <span><img src="pic1.jpg" border="0"></
span>
    <span><img src="pic2.jpg" width="230"
height="145" border="0"></span>
    <span><img src="pic3.jpg"
border="0"></span>
</body>
</html>
```

在浏览器中浏览，效果如图 12-2 所示。

图12-2 Div与Span的区别

正是由于两个对象不同的显示模式，因此在实际使用过程中决定了两个对象的不同用途。Div 对象是一个大的块状内容，如一大段文本、一个导航区域、一个页脚区域等显示为块状的内容。

而作为内联对象的 Span，用途是对行内元素进行结构编码以方便样式设计，例如在一大段文本中，需要改变其中一段文本的颜色，可以将这一小部分文本使用 Span 对象，并进行样式设计，这将不会改变这一整段文本的显示方式。

12.3 表格布局与CSS布局的区别

当前对于网页制作是选择传统的表格，还是用新型的 Div+CSS 布局？说法各有不同。Div+CSS 布局比表格布局节省页面代码，代码结构也更清晰明了。Div+CSS 开发速度要比表格快，而且布局更精确。

12.3.1　CSS的优势

掌握基于 CSS 的网页布局方式，是实现 Web 标准的基础。在主页制作时采用 CSS 技术，可以有效地对页面的布局、字体、颜色、背景和其他效果实现更加精确的控制。只要对相应的代码做一些简单修改，就可以改变网页的外观和格式。采用 CSS 布局有以下优点。

● 大大缩减页面代码，提高页面浏览速度，缩减带宽成本。

● 结构清晰，容易被搜索引擎搜索到。

● 缩短改版时间，只要简单地修改几个CSS文件就可以重新设计一个有成百上千页的站点。

● 强大的字体控制和排版能力。

● CSS非常容易编写，可以像写HTML代码一样轻松编写CSS。

● 提高易用性，使用CSS可以结构化HTML，如<p>标记只用来控制段落；<heading>标记只用来控制标题；<table>标记只用来表现格式化的数据等。

● 表现和内容相分离，将设计部分分离出来放在一个独立样式文件中。

● 更方便搜索引擎的搜索，用只包含结构化内容的HTML代替嵌套的标记，搜索引擎将更有效地搜索到内容。

● table的布局中，垃圾代码会很多，一些修饰的样式及布局的代码混合一起，很不直观。而div更能体现样式和结构相分离，结构的重构性强。

● 可以将许多网页的风格格式同时更新，不用一页一页地更新了。可以将站点上所有的网页风格都使用一个CSS文件进行控制，只要修改这个CSS文件中相应的行，那么，整个站点的所有页面都会随之发生变动。

12.3.2　表格布局与CSS布局对比

表格在网页布局中应用已经有很多年了，

由于多年的技术发展和经验积累，Web 设计工具功能不断增强，使表格布局在网页应用中达到登峰造极的地步。

由于表格不仅可以控制单元格的宽度和高度，而且还可以嵌套，多列表格还可以把文本分栏显示，于是就有人试着在表格中放置其他网页内容，如图像、动画等，以打破比较固定的网页版式。而网页表格对无边框表格的支持为表格布局奠定了基础，用表格实现页面布局慢慢就成为了一种设计习惯。

传统表格布局的快速与便捷，加速了网页设计师对于页面创意的激情，而忽视了代码的理性分析。迄今为止，表格仍然主导着视觉丰富的网站的设计方式，但它却阻碍了一种更好的、更有亲和力的、更灵活的，而且功能更强大的网站设计方法。

使用表格进行页面布局会带来很多问题。

● 把格式数据混入内容中，这使文件的大小无谓地变大，而用户访问每个页面时都必须下载一次这样的格式信息。

● 使重新设计现有的站点和内容极为消耗时间且昂贵。

● 使保持整个站点的视觉一致性极难，花费也极高。

● 基于表格的页面还大大降低了它对残疾人和用手机或PDA浏览者的亲和力。

而使用 CSS 进行网页布局会：

● 使页面载入得更快。

● 降低流量费用。

● 在修改设计时更有效率而代价更低。

● 帮助整个站点保持视觉的一致性。

● 让站点可以更好地被搜索引擎找到。

● 使站点对浏览者和浏览器更具亲和力。

为了帮助读者更好理解表格布局与标准布局的优劣，下面结合一个案例进行详细分析。如图 12-3 所示是一个简单的空白布局模板，它是一个 3 行 3 列的典型网页布局。下面尝试用表格布局和 CSS 标准布局来实现它，亲身体验二者的异同。

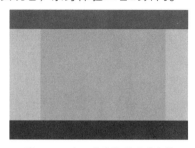

图12-3 3行3列的典型网页布局

使用表格布局的代码如下：

```
<table width="760" border="0" cellspacing="0" cellpadding="0">
 <tr>
  <td height="80" colspan="3" bgcolor="#CC3300"> </td>
 </tr>
 <tr>
  <td width="133" height="226" bgcolor="#CCCCCC"> </td>
  <td width="531" height="380" bgcolor="#FF99FF"> </td>
  <td width="96" bordercolor="#CCCCCC" bgcolor="#CCCCCC"> </td>
 </tr>
 <tr>
  <td height="80" colspan="3" bgcolor="#663300"> </td>
 </tr>
</table>
```

使用 CSS 布局，其中 XHTML 框架代码如下：

```
<div id="wrap">
 <div id="header"></div>
  <div id="main">
    <div id="bar_l"></div>
    <div id="content"></div>
    <div id="bar_r"></div>
  </div>
  <div id="footer"></div>
</div>
```

CSS 布局代码如下：

```
<style>
body {/* 定义网页窗口属性，清除页边距，定义居中显示 */
  padding:0; margin:0 auto; text-align:center;
}
```

```
#wrap{/* 定义包含元素属性，固定宽度，定义居中显示 */
    width:780px; margin:0 auto;
}
#header{/* 定义页眉属性 */
    width:100%;/* 与父元素同宽 */
    height:74px; /* 定义固定高度 */
    background:#CC3300; /* 定义背景色 */
    color:#F0DFDB; /* 定义字体颜色 */
}
#main {/* 定义主体属性 */
    width:100%;
    height:400px;
}
#bar_l,#bar_r{/* 定义左右栏属性 */
    width:160px; height:100%;
    float:left; /* 浮动显示，可以实现并列分布 */
    background:#CCCCCC;
    overflow:hidden; /* 隐藏超出区域的内容 */
}
#content{/* 定义中间内容区域属性 */
    width:460px; height:100%; float:left; overflow:hidden; background:#fff;
}
#footer{/* 定义页脚属性 */
    background:#663300; width:100%; height:50px;
    clear:both; /* 清除左右浮动元素 */
}
</style>
```

　　简单比较，感觉不到 CSS 布局的优势，甚至书写的代码比表格布局要多得多。当然这仅是一页框架代码。让我们做一个很现实的假设，如果你的网站正采用了这种布局，有一天客户把左侧通栏宽度改为 100 像素，那么，将在传统表格布局的网站中打开所有的页面逐个进行修改，这个数目少则有几十页，多则上千页，劳动强度可想而知。而在 CSS 布局中只需简单修改一个样式属性就可以了。

　　这仅是一个假设，实际中的修改会比这个更频繁、更多样。不光客户会三番五次地出难题、挑战你的耐性，甚至自己有时都会否定刚刚完成的设计。

　　当然未来的网页设计中，表格的作用依然不容忽视，不能因为有了 CSS，我们就一棒子把它打死。不过，表格会日渐恢复表格的本来职能——数据的组织和显示，而不是让表格承载网页布局的重任。

第13章 盒子模型及定位

本章导读

  如果你想尝试一下不用表格来布局网页，而是用 CSS 进行相应的操作，提高网站的竞争力，那么你一定要接触到 CSS 的盒子模式，这是 CSS + DIV 排版的核心所在。传统的表格排版是通过大小不一的表格和表格嵌套来定位排版网页内容，改用 CSS 排版后，就是通过由 CSS 定义的大小不一的盒子和盒子嵌套来编排网页。因为用这种方式排版的网页代码简洁，更新方便，能兼容更多的浏览器。

技术要点

- 掌握盒子模型
- 掌握盒子的定位
- 掌握 CSS 布局理念

13.1　盒子模型

如果想熟练掌握 Div 和 CSS 的布局方法，首先要对盒子模型有足够的了解。盒子模型是 CSS 布局网页时非常重要的概念，只有很好地掌握了盒子模型以及其中每个元素的使用方法，才能真正的布局网页中各个元素的位置。

13.1.1　盒子模型的概念

所有页面中的元素都可以看做一个装了东西的盒子，盒子里面的内容到盒子的边框之间的距离即填充（padding），盒子本身有边框（border），而盒子边框外和其他盒子之间，还有边界（margin）。

一个盒子由 4 个独立部分组成，如图 13-1 所示。

图13-1 盒子模型图

最外面的是边界（margin）。

第 2 部分是边框（border），边框可以有不同的样式。

第 3 部分是填充（padding），填充用来定义内容区域与边框（border）之间的空白。

第 4 部分是内容区域。

填充、边框和边界都分为上、右、下、左四个方向，既可以分别定义，也可以统一定义。当使用 CSS 定义盒子的 width 和 height 时，定义的并不是内容区域、填充、边框和边界所占的总区域。实际上定义的是内容区域 content 的 width 和 height。为了计算盒子所占的实际区域必须加上 padding、border 和 margin。

实际宽度 = 左边界 + 左边框 + 左填充 + 内容宽度（width）+ 右填充 + 右边框 + 右边界。

实际高度 = 上边界 + 上边框 + 上填充 + 内容高度（height）+ 下填充 + 下边框 + 下边界。

★ 提示 ★

盒子模型的特点。

● 边界值margin可为负，填充padding不可为负。

● 边框border默认值为0，即不显示。

● 边框是实的，而填充和边界都是虚的，我们只能看到它们对元素的影响。

● 盒子模型中只能设置两类颜色，即边框颜色和背景颜色。

● 盒子模型可设置三类距离，即边界距离 margin、填充距离padding和边框值border。

13.1.2　border

border 是 CSS 的一个属性，用它可以给 HTML 标记（如 td、Div 等）添加边框，它可以定义边框的样式（style）、宽度（width）和颜色（color），利用这 3 个属性相互配合，能设计出很好的效果。

在 Dreamweaver 中可以使用可视化操作设置边框效果，在"CSS 样式规则定义"对话框中的"分类"列表中选择"边框"选项，如图 13-2 所示。

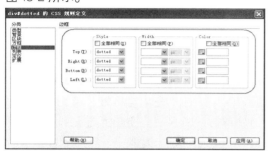

图13-2 在Dreamweaver中设置边框

1. 边框样式：border-style

border-style 定义元素的 4 个边框样式。如果 border-style 设置全部 4 个参数值，将按上、右、下、左的顺序作用于 4 个边框。如果只设置一个，将用于全部的 4 条边。

基本语法：

border-style: 样式值

border-top-style: 样式值

border-right-style: 样式值

border-bottom-style: 样式值

border-left-style: 样式值

语法说明：

border-style 可以设置边框的样式，包括：无、虚线、实现、双实线等。border-style 的取值，如表 13-1 所示。

表13-1 边框样式的取值和含义

属 性 值	描 述
none	默认值，无边框
dotted	点线边框
dashed	虚线边框
solid	实线边框
double	双实线边框
groove	3D 凹槽
ridge	3D 凸槽
inset	使整个边框凹陷
outset	使整个边框凸起

下面通过实例讲述 border-style 的使用，其代码如下所示。

实例代码：

```
<!DOCTYPE html PUBLIC "-//W3C//DTD XHTML 1.0 Transitional//EN"
"http://www.w3.org/TR/xhtml1/DTD/xhtml1-transitional.dtd">
<html xmlns="http://www.w3.org/1999/xhtml">
<head>
<meta http-equiv="Content-Type" content="text/html; charset=gb2312" />
        <title>CSS border-style 属性示例 </title>
        <style type="text/css" media="all">
                div#dotted { border-style: dotted;}
                div#dashed{    border-style: dashed;}
                div#solid{ border-style: solid;}
                div#double{    border-style: double;}
                div#groove{ border-style: groove;}
                div#ridge{ border-style: ridge;      }
                div#inset{ border-style: inset;}
                div#outset{ border-style: outset;}
                div#none{ border-style: none;}
```

```
        div{
                border-width: thick;
                border-color: red;
                margin: 2em;

        }
      </style>
   </head>
<body>
                <div id="dotted">
border-style 属性 dotted( 点线边框 )</div>
                <div id="dashed">
border-style 属性 dashed( 虚线边框 )</div>
                <div id="solid">border-style 属性 solid( 实线边框 )</div>
                <div id="double">
border-style 属性 double( 双实线边框 )</div>
                <div id="groove">
border-style 属性 groove(3D 凹槽 ) </div>
                <div id="ridge">border-style 属性 ridge(3D 凸槽 ) </div>
                <div id="inset">border-style 属性 inset( 边框凹陷 ) </div>
                <div id="outset">
border-style 属性 outset( 边框凸出 ) </div>
      <div id="none">border-style 属性 none( 无样式 )</div>
   </body>

</html>
```

在浏览器中浏览，不同的边框样式效果，如图 13-3 所示。

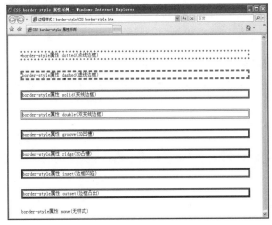

图13-3 边框样式

还可以使用 border-top-style、border-right-style、border-bottom-style 和 border-left-style 分别设置上边框、右边框、下边框和左边框的不同样式，其 CSS 代码如下。

实例代码：

```
<!DOCTYPE html PUBLIC "-//W3C//DTD XHTML 1.0 Transitional//EN"
"http://www.w3.org/TR/xhtml1/DTD/xhtml1-transitional.dtd">
<html xmlns="http://www.w3.org/1999/xhtml">
<head>
<meta http-equiv="Content-Type" content="text/html; charset=gb2312" />
        <title>CSS border-style 属性示例 </title>
        <style type="text/css" media="all">
            div#top { border-top-style:dotted;}
            div#right{ border-right-style:double;}
            div#bottom{    border-bottom-style:solid;}
            div#left{ border-left-style:ridge;}
            div
            {
                border-style:none;
                margin:25px;
                border-color:green;
                border-width:thick
            }
        </style>
    </head>
<body>
<p> </p>
<div id="top"> 定义上边框样式 border-top-style:dotted; 点线上边框 </div>
<div id="right"> 定义右边框样式 ,border-right-style:double; 双实线右边框 </div>
<div id="bottom"> 定义下边框样式 ,border-bottom-style:solid; 实线下边框 </div>
<div id="left"> 定义左边框样式 ,border-left-style:ridge; 3D 凸槽左边框 </div>
</body>
</html>
```

在浏览器中浏览可以看出分别设置了上、下、左、右边框为不同的样式，效果如图 13-4 所示。

图13-4 设置上、下、左、右边框为不同的样式

2. 边框颜色：border–color

边框颜色属性 border-color 用来定义元素边框的颜色。

基本语法：

```
border-color: 颜色值
border-top-color: 颜色值
border-right-color: 颜色值
border-bottom-color: 颜色值
border-left-color: 颜色值
```

语法说明：

border-top-color、border-right-color、border-bottom-color 和 border-left-color 属性分别用来设置上、右、下、左边框的颜色，也可以使用 border-color 属性来统一设置 4 个边边框的颜色。

如果 border-color 设置全部 4 个参数值，将按上、右、下、左的顺序作用于 4 个边框；如果只设置一个，将用于全部的 4 条边；如果设置 2 个值，第一个用于上、下，第二个用于左、右；如果提供 3 个，第一个用于上，第二个用于左、右，第三个用于下。

下面通过实例讲述 border-color 属性的使用，其 CSS 代码如下。

实例代码：

```
<!DOCTYPE html PUBLIC "-//W3C//DTD XHTML 1.0 Transitional//EN"
"http://www.w3.org/TR/xhtml1/DTD/xhtml1-transitional.dtd">
<html xmlns="http://www.w3.org/1999/xhtml">
<head>
<meta http-equiv="Content-Type" content="text/html; charset=gb2312" />
<head>
<title>border-color 实例 </title>
<style type="text/css">
p.one
{
border-style: solid;
```

```
border-color: #0000ff
}
p.two
{
border-style: solid;
border-color: #ff0000 #0000ff
}
p.three
{
border-style: solid;
border-color: #ff0000 #00ff00 #0000ff
}
p.four
{
border-style: solid;
border-color: #ff0000 #00ff00 #0000ff rgb(250, 0, 255)
}
</style>
</head>
<body>
<p class="one">1 个颜色边框 !</p>
<p class="two">2 个颜色边框 !</p>
<p class="three">3 个颜色边框 !</p>
<p class="four">4 个颜色边框 !</p>
<p><b> 注意 :</b> 只设置 "border-color" 属性将看不到效果，需要先设置 "border-style" 属性。
</p>
</body>
</html>
```

在浏览器中浏览，可以看到使用 border-color 设置了不同颜色的边框，如图 13-5 所示。

图13-5　border-color实例效果

3. 边框宽度：border—width

边框宽度属性 border-width 用来定义元素边框的宽度。

基本语法：

> border-width: 宽度值
>
> border-top-width: 宽度值
>
> border-right-width: 宽度值
>
> border-bottom-width: 宽度值
>
> border-left-width: 宽度值

语法说明：

如果 border-width 设置全部 4 个参数值，将按上、右、下、左的顺序作用于 4 个边框；如果只设置一个，将用于全部的 4 条边；如果设置 2 个值，第一个用于上和下，第二个用于左和右；如果提供 3 个，第一个用于上，第二个用于左、右，第三个用于下。border-width 的取值范围，如表 13-2 所示。

表13-2 border—width的属性值

属 性 值	描 述
medium	默认值
thin	细
dashed	粗

下面通过实例讲述 border-width 属性的使用，其代码如下。

实例代码：

```
<!DOCTYPE html PUBLIC "-//W3C//DTD XHTML 1.0 Transitional//EN"
"http://www.w3.org/TR/xhtml1/DTD/xhtml1-transitional.dtd">
<html xmlns="http://www.w3.org/1999/xhtml">
<head>
<meta http-equiv="Content-Type" content="text/html; charset=gb2312" />
<title>border-width 实例 </title>
<style type="text/css">
p.one
{border-style: solid;
border-width: 5px}
p.two
{border-style: solid;
border-width: thick}
p.three
{border-style: solid;
border-width: 5px 10px}
p.four
{border-style: solid;
border-width: 5px 10px 1px}
p.five
{border-style: solid;
border-width: 5px 10px 1px medium}
</style>
```

```
</head>
<body>
<p class="one">border-width: 5px</p>
<p class="two">border-width: thick</p>
<p class="three">border-width: 5px 10px</p>
<p class="four">border-width: 5px 10px 1px</p>
<p class="five">border-width: 5px 10px 1px medium</p>
</body>
</html>
```

在浏览器中浏览，可以看到使用 border-width 设置了不同宽度的边框效果，如图 13-6 所示。

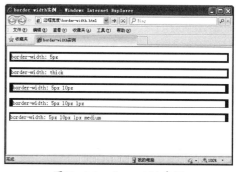

图13-6 border-width实例

13.1.3 padding

Padding 属性设置元素所有内边距的宽度，就是盒子边框到内容之间的距离，与表格的填充属性比较相似。如果填充属性为 0，则盒子的边框会紧挨着内容，这样通常不美观。

当对盒子设置了背景颜色或背景图像后，那么，背景会覆盖 padding 和内容组成的范围，并且默认情况下背景图像是以 padding 的左上角为基准点在盒子中平铺的。

基本语法：

padding：取值

padding-top：取值

padding-right：取值

padding-bottom：取值

padding-left：取值

语法说明：

padding 是 padding-top、padding-right、padding-bottom、padding-left 的一种快捷的综合写法，最多允许 4 个值，依次的顺序是：上、右、下、左。

如果只有一个值，表示 4 个填充都用同样的宽度；如果有两个值，第一个值表示上下填充宽度，第二个值表示左右填充宽度；如果有三个值，第一个值表示上填充宽度，第二个值表示左右填充宽度，第三个值表示下填充宽度。

在 Dreamweaver 中可以使用可视化操作设置填充的效果，在 "CSS 样式规则定义" 对话框中的 "分类" 列表中选择 "方框" 选项，然后在 "填充" 选项中设置填充属性，如图 13-7 所示。

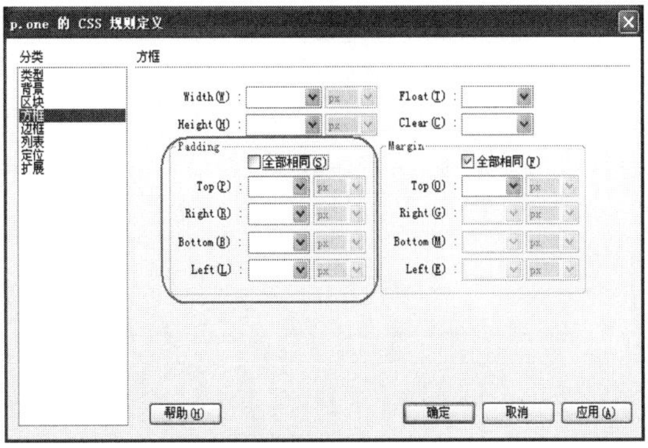

图13-7 设置填充属性

其 CSS 代码如下：

```
td {padding: 0.5cm 1cm 4cm 2cm}
```

上面的代码表示，上填充为 0.5cm，右填充为 1cm，下填充为 4cm，左填充为 2cm。
下面讲述上下左右填充宽度相同的实例，其代码如下所示。

```
<!DOCTYPE html PUBLIC "-//W3C//DTD XHTML 1.0 Transitional//EN"
"http://www.w3.org/TR/xhtml1/DTD/xhtml1-transitional.dtd">
<html xmlns="http://www.w3.org/1999/xhtml">
<head>
<meta http-equiv="Content-Type" content="text/html; charset=gb2312" />
        <title>padding 宽度都相同 </title>
        <style type="text/css" media="all">
                p
                {
                        padding:50px;
                        border:thick solid green;
                }
        </style>
    </head>
<body>
<p> 定义了段落的填充属性为 padding:50px; 所以内容与各个边框间会有 50px 的填充 .</p>
</body>
</html>
```

在浏览中浏览，可以看到使用 padding:50px 设置了上、下、左、右填充宽度都为 50px，效
果如图 13-8 所示。

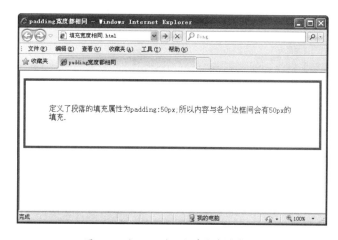

图13-8 上、下、左、右填充宽度相同

下面讲述上、下、左、右填充宽度各不相同的实例，其代码如下所示。

实例代码：

```
<!DOCTYPE html PUBLIC "-//W3C//DTD XHTML 1.0 Transitional//EN"
"http://www.w3.org/TR/xhtml1/DTD/xhtml1-transitional.dtd">
<html xmlns="http://www.w3.org/1999/xhtml">
<head>
<meta http-equiv="Content-Type" content="text/html; charset=gb2312" />
<title>padding 宽度各不相同 </title>
<style type="text/css">
td {padding: 0.5cm 1cm 4cm 2cm}
</style>
</head>
<body>
<table border= "1" bordercolor="#009900">
<tr>
<td> 这个单元格设置了 CSS 填充属性。上填充为 0.5 厘米，右填充为 1 厘米，下填充为 4
厘米，左填充为 2 厘米。</td>
</tr>
</table>
</body>
</html>
```

在浏览器中浏览，可以看到使用 padding: 0.5cm 1cm 4cm 2cm 分别设置了上填充为 0.5 厘米，右填充为 1 厘米，下填充为 4 厘米，左填充为 2 厘米。在浏览器中浏览，效果如图 13-9 所示。

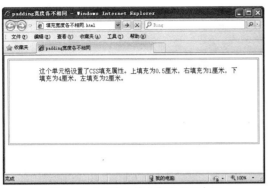

图13-9 上下左右填充宽度各不相同

13.1.4 margin

边界属性是用来设置页面中一个元素所占空间的边缘到相邻元素之间的距离。margin属性包括：margin-top、margin-right、margin-bottom、margin-left、margin。

基本语法：

```
margin: 边距值
margin-top: 上边距值
margin-bottom: 下边距值
margin-left: 左边距值
margin-right: 右边距值
```

语法说明：

取值范围包括：

●长度值相当于设置顶端的绝对边距值，包括数字和单位。

●百分比是设置相对于上级元素宽度的百分比，允许使用负值。

●auto是自动取边距值，即元素的默认值。

在 Dreamweaver 中可以使用可视化操作设置边界的效果，在"CSS样式规则定义"对话框中的"分类"列表中选择"方框"选项，然后在"边界"选项中设置边界属性，如图13-10 所示。

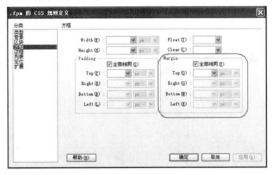

图13-10 设置边界属性

其 CSS 代码如下所示。

```
.top {
    margin-top: 4px;
    margin-right: 3px;
    margin-bottom: 3px;
    margin-left: 4px;
}
```

上面代码的作用是设置上边界为 4px；右边界为 3px；下边界为 3px；左边界为 4px。下面举一个上、下、左、右边界宽度都相同的实例，其代码如下。

实例代码：

```
<!DOCTYPE html PUBLIC "-//W3C//DTD XHTML 1.0 Transitional//EN"
"http://www.w3.org/TR/xhtml1/DTD/xhtml1-transitional.dtd">
<html xmlns="http://www.w3.org/1999/xhtml">
<head>
```

```
<meta http-equiv="Content-Type" content="text/html; charset=gb2312" />
<title> 边界宽度相同 </title>
<style type="text/css">
.d1{border:1px solid #FF0000;}
.d2{border:1px solid gray;}
.d3{margin:1cm;border:1px solid gray;}
</style>
</head>
<body>
<div class="d1">
<div class="d2"> 没有设置 margin</div>
</div>
<P> </P>
<hr>
<p> </p>
<div class="d1">
<div class="d3">margin 设置为 1cm</div>
</div>
</body>
</html>
```

在浏览器中浏览，效果如图 13-11 所示。

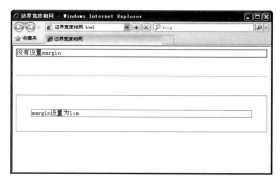

图13-11 边界宽度相同

上面两个 div 没有设置边界属性（margin），仅设置了边框属性（border）。外面那个为 d1 的
div 的 border 设为红色，里面那个为 d2 的 div 的 border 属性设为灰色。

与上面两个 div 的 CSS 属性设置唯一不同的是，下面两个 div 中，里面的那个为 d3 的 div
设置了边界属性（margin），为 1 厘米，表示这个 div 上、下、左、右的边距都为 1 厘米。

下面举一个上、下、左、右边界宽度都相同的实例，其代码如下。

实例代码：

```
<!DOCTYPE html PUBLIC "-//W3C//DTD XHTML 1.0 Transitional//EN"
```

```
"http://www.w3.org/TR/xhtml1/DTD/xhtml1-transitional.dtd">
<html xmlns="http://www.w3.org/1999/xhtml">
<head>
<meta http-equiv="Content-Type" content="text/html; charset=gb2312" />
<title> 边界宽度各不相同 </title>
<style type="text/css">
.d1{border:1px solid #FF0000;}
.d2{border:1px solid gray;}
.d3{margin:0.5cm 1cm 2.5cm 1.5cm;border:1px solid gray;}
</style>
</head>
<body>
<div class="d1">
<div class="d2"> 没有设置 margin</div>
</div>
<P> </P>
<div class="d1">
<div class="d3"> 上下左右边界宽度各不同 </div>
</div>
</body>
</html>
```

在浏览器中浏览，效果如图 13-12 所示。

图13-12 边界宽度各不相同

上面两个 div 没有设置边距属性（margin），仅设置了边框属性（border）。外面那个 div 的 border 设为红色，里面那个 div 的 border 属性设为灰色。

与上面两个 div 的 CSS 属性设置不同的是，下面两个 div 中，里面的那个 div 设置了边距属性（margin），设定上边距为 0.5cm；右边距为 1cm；下边距为 2.5cm；左边距为 1.5cm。

13.2　盒子的浮动float

　　CSS 为定位和浮动提供了一些属性，利用这些属性，可以建立列式布局，将布局的一部分与另一部分重叠，还可以完成多年来通常需要使用多个表格才能完成的任务。定位的基本思路很简单，它允许定义元素框相对于其正常位置应该出现的位置，或者相对于父元素、另一个元素，甚至浏览器窗口本身的位置。

　　应用 Web 标准创建网页以后，float 浮动属性是元素定位中非常重要的属性，常常通过对 div 元素应用 float 浮动来进行定位，不但对整个版式进行规划，也可以对一些基本元素，如导航等进行排列。

　　在标准流中，一个块级元素在水平方向会自动伸展，直到包含它的元素的边界，而在竖直方向和其他元素依次排列，不能并排。使用浮动方式后，块级元素的表现会有所不同。

基本语法：

```
float:none|left|right
```

语法说明：

　　none 是默认值，表示对象不浮动；left 表示对象浮在左边；right 表示对象浮在右边。

　　CSS 允许任何元素浮动 float，不论是图像、段落还是列表。无论先前元素是什么状态，浮动后都成为块级元素。浮动元素的宽度默认为 auto。

★ **指点迷津** ★

浮动有一系列控制它的规则。
- 浮动元素的外边缘不会超过其父元素的内边缘。
- 浮动元素不会互相重叠。
- 浮动元素不会上下浮动。

---

　　float 属性不是你所想象得那么简单，不是通过这一篇文字的说明，就能完全搞明白它的工作原理，需要在实践中不断总结经验。下面通过几个小例子，来说明它的基本工作情况。

　　如果 float 取值为 none 或没有设置 float 时，不会发生任何浮动，块元素独占一行，紧随其后的块元素将在新行中显示。其代码如下所示，在浏览器中浏览，如图 13-13 所示。可以看到由于没有设置 Div 的 float 属性，因此每个 Div 都单独占一行，两个 Div 分两行显示。

```
<!DOCTYPE html PUBLIC "-//W3C//DTD XHTML 1.0 Transitional//EN"
"http://www.w3.org/TR/xhtml1/DTD/xhtml1-transitional.dtd">
<html xmlns="http://www.w3.org/1999/xhtml">
<head>
<meta http-equiv="Content-Type" content="text/html; charset=gb2312" />
<title> 没有设置 float 时 </title>
<style type="text/css">
#content_a {width:200px; height:80px; border:2px solid #000000;
```

```
margin:15px; background:#0ccccc;}
 #content_b {width:200px; height:80px; border:2px solid #000000;
margin:15px; background:#ff00ff;}
</style>
</head>
<body>
 <div id="content_a"> 这是第一个 DIV</div>
 <div id="content_b"> 这是第二个 DIV</div>
</body>
</html>
```

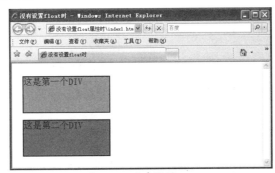

图13-13 没有设置float

下面修改一下代码，使用 float:left 对 content_a 应用向左的浮动，而 content_b 不应用任何浮动。其代码如下所示，在浏览器中浏览，效果如图 13-14 所示。可以看到对 content_a 应用向左的浮动后，content_a 向左浮动，content_b 在水平方向紧跟着它的后面，两个 Div 占一行，在一行上并列显示。

```
<!DOCTYPE html PUBLIC "-//W3C//DTD XHTML 1.0 Transitional//EN"
"http://www.w3.org/TR/xhtml1/DTD/xhtml1-transitional.dtd">
<html xmlns="http://www.w3.org/1999/xhtml">
<head>
<meta http-equiv="Content-Type" content="text/html; charset=gb2312"/>
 <title> 一个设置为左浮动，一个不设置浮动 </title>
 <style type="text/css">
  #content_a {width:200px; height:80px; float:left;
border:2px solid #000000; margin:15px; background:#0ccccc;}
 #content_b {width:200px; height:80px; border:2px solid #000000;
margin:15px; background:#ff00ff;}
</style>
</head>
<body>
```

```
<div id="content_a"> 这是第一个 DIV 向左浮动 </div>
<div id="content_b"> 这是第二个 DIV 不应用浮动 </div>
</body>
</html>
```

下面修改一下代码，同时对这两个容器应用向左的浮动，其 CSS 代码如下所示。在浏览器中浏览，可以看到效果与图 13-14 一样，两个 Div 占一行，在一行上并列显示。

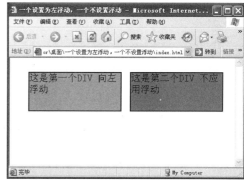

图13-14 一个设置为左浮动，一个不设置浮动

```
<style type="text/css">
 #content_a {width:200px; height:80px; float:left;
 border:2px solid #000000; margin:15px; background:#0ccccc;}
 #content_b {width:200px; height:80px; float:left;
 border:2px solid #000000; margin:15px; background:#ff00ff;}
 </style>
```

下面修改上面代码中的两个元素，同时应用向右的浮动，其 CSS 代码如下所示，在浏览器中浏览，效果如图 13-15 所示。可以看到同时对两个元素应用向右的浮动基本保持了一致，但请注意方向性，第二个在左边，第一个在右边。

```
<style type="text/css">
 #content_a {width:200px; height:80px; float:right;
 border:2px solid #000000; margin:15px; background:#0ccccc;}
 #content_b {width:200px; height:80px; float:right;
 border:2px solid #000000; margin:15px; background:#ff00ff;}
 </style>
```

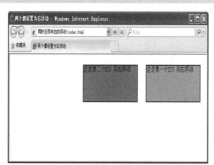

图13-15 同时应用向右的浮动

13.3 盒子的定位

position 的原意为位置、状态、安置。在 CSS 布局中，position 属性非常重要，很多特殊容器的定位必须用 position 来完成。position 属性有 4 个值，分别是：static、absolute、fixed 和 relative，static 是默认值，代表无定位。

定位（position）允许用户精确定义元素框出现的相对位置，可以相对于它通常出现的位置，相对于其上级元素，相对于另一个元素，或者相对于浏览器窗口本身。每个显示元素都可以用定位的方法来描述，而其位置由此元素的包含块来决定。

基本语法：

Position: static | absolute | fixed | relative

语法说明：

● Static: 静态（默认），无定位。

● Relative: 相对，对象不可层叠，但将依据 left、right、top、bottom 等属性，在正常文档流中偏移位置。

● Absolute: 绝对，将对象从文档流中拖出，通过 width、height、left、right、top、bottom 等属性与 margin、padding、border 进行绝对定位，绝对定位的元素可以有边界，但这些边界不压缩，而其层叠通过 z-index 属性定义。

● Fixed: 固定，使元素固定在屏幕的某个位置，其包含块是可视区域本身，因此它不随滚动条的滚动而滚动。

下面分别讲述这几种定位方式的使用。

13.3.1 绝对定位: absolute

当容器的 position 属性值为 absolute 时，这个容器即被绝对定位了。绝对定位在几种定位方法中使用最广泛，这种方法能精确地将元素移动到想要的位置。absolute 用于将一个元素放到固定的位置非常方便。

当有多个绝对定位容器放在同一个位置时，显示哪个容器的内容呢？类似于 Photoshop 的图层有上下关系，绝对定位的容器也有上下的关系，在同一个位置只会显示最上面的容器。在计算机中把垂直于显示屏幕平面的方向称为"z 方向"，CSS 绝对定位的容器的 z-index 属性对应这个方向，z-index 属性的值越大，容器越靠上。即同一个位置上的两个绝对定位的容器只会显示 z-index 属性值较大的。

★ 指点迷津 ★

top、bottom、left 和 right 这 4 个 CSS 属性，它们都是配合 position 属性使用的，表示的是块的各个边界距页面边框的距离，或各个边界离原来位置的距离，只有当 position 设置为 absolute 或 relative 时才能生效。

下面举例讲述 CSS 绝对定位的使用，其代码如下所示。

```
<!DOCTYPE html PUBLIC "-//W3C//DTD XHTML 1.0 Transitional//EN"
  "http://www.w3.org/TR/xhtml1/DTD/xhtml1-transitional.dtd">
<html xmlns="http://www.w3.org/1999/xhtml">
<head>
<meta http-equiv="Content-Type" content="text/html; charset=gb2312" />
<title> 绝对定位 </title>
<style type="text/css">
*{margin: 0px;
  padding:0px;
```

```
}
#all{
height:400px;
    width:400px;
    margin-left:20px;
    background-color:#eee;
}
#absdiv1,#absdiv2,#absdiv3,#absdiv4,#abs
div5
    {width:120px;
        height:50px;
        border:5px double #000;
        position:absolute;
}
#absdiv1{
        top:10px;
        left:10px;
        background-color:#9c9;
}
#absdiv2{
        top:20px;
        left:50px;
        background-color:#9cc;
}
#absdiv3{
bottom:10px;
        left:50px;
        background-color:#9cc;
}
#absdiv4{
        top:10px;
        right:50px;
        z-index:10;
        background-color:#9cc;
}
#absdiv5{
        top:20px;
```

```
        right:90px;
        z-index:9;
        background-color:#9c9;
}
#a,#b,#c{width:300px;
        height:100px;
        border:1px solid #000;
        background-color:#ccc;
}
</style>
</head>
<body>
<div id="all">
    <div id="absdiv1"> 第 1 个绝对定位的 div
容器 </div>
        <div id="absdiv2"> 第 2 个绝对定位的 div
容器 </div>
        <div id="absdiv3"> 第 3 个绝对定位的 div
容器 </div>
        <div id="absdiv4"> 第 4 个绝对定位的 div
容器 </div>
        <div id="absdiv5"> 第 5 个绝对定位的 div
容器 </div>
        <div id="a"> 第 1 个无定位的 div 容器 </
div>
        <div id="b"> 第 2 个无定位的 div 容器 </
div>
        <div id="c"> 第 3 个无定位的 div 容器 </
div>
    </div>
    </body>
    </html>
```

这里设置了 5 个绝对定位的 Div，3 个无定位的 Div。给外部 div 设置了 #eee 背景色，并给内部无定位的 div 设置了 #ccc 背景色，而绝对定位的 div 容器设置了 #9c9 和 #9cc 背景色，并设置了 double 类型的边框。在浏览器中浏览，效果如图 13-16 所示。

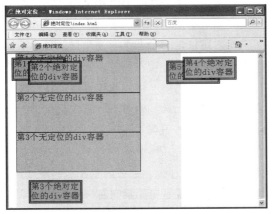

图13-16 绝对定位效果

从本例可看到，设置 top、bottom、left 和 right 其中至少一种属性后，5 个绝对定位的 div 容器彻底摆脱了其父容器（id 名称为 all）的束缚，独立地漂浮在上面。而在未设置 z-index 属性值时，第 2 个绝对定位的容器显示在第 1 个绝对定位的容器上方（即后面的容器 z-index 属性值较大）。相应的，第 5 个绝对定位的容器虽然在第 4 个绝对定位的容器后面，但由于第 4 个绝对定位的容器的 z-index 值为 10，第 5 个绝对定位的容器的 z-index 值为 9，所以第 4 个绝对定位的容器显示在第 5 个绝对定位的容器的上方。

13.3.2 固定定位：fixed

当容器的 position 属性值为 fixed 时，这个容器即被固定定位了。固定定位和绝对定位非常类似，不过被定位的容器不会随着滚动条的拖动而变化位置。在视野中，固定定位的容器的位置是不会改变的。

下面举例讲述固定定位的使用，其代码如下所示。

```
<!DOCTYPE html PUBLIC "-//W3C//DTD
XHTML 1.0 Transitional//EN"
    "http://www.w3.org/TR/xhtml1/DTD/xhtml1-transitional.dtd">
<html xmlns="http://www.w3.org/1999/xhtml">
    <head>
    <meta http-equiv="Content-Type" content="text/html; charset=gb2312" />
    <title>CSS 固定定位 </title>
    <style type="text/css">
    * {margin: 0px;
     padding:0px;}
    #all{
        width:400px; height:450px; background-color:#cccccc;
    }
    #fixed{
        width:100px; height:80px; border:15px outset #f0ff00;
        background-color:#9c9000;
position:fixed; top:20px; left:10px;
    }
    #a{
        width:200px; height:300px; margin-left:20px;
        background-color:#eeeeee; border:2px outset #000000;
    }
    </style>
    </head>
    <body>
    <div id="all">
        <div id="fixed"> 固定的容器 </div>
        <div id="a"> 无定位的 div 容器 </div>
    </div>
    </body>
</html>
```

在本例中给外部 div 设置了 #cccccc 背景色，并给内部无定位的 div 设置了 #eeeeee 背景色，而固定定位的 div 容器设置了

#9c9000 背景色，并设置了 outset 类型的边框。在浏览器中浏览，效果如图 13-17 和图 13-18 所示。

图13-17 固定定位效果

图13-18 拖动浏览器后效果

可以尝试拖动浏览器的垂直滚动条，固定容器不会有任何位置改变。不过 IE 6.0 版本的浏览器不支持 fixed 值的 position 属性，所以网上类似的效果都是采用 JavaScript 脚本编程完成的。固定定位方式常用在网页上，如图 13-19 所示的网页中，中间的浮动广告采用固定定位的方式。

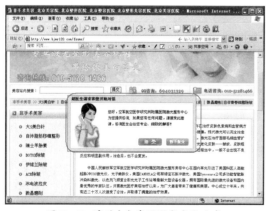

图13-19 浮动广告采用固定定位方式

13.3.3 相对定位：relative

相对定位是一个非常容易掌握的概念。如果对一个元素进行相对定位，它将出现在它所在的位置上。然后，可以通过设置垂直或水平位置，让这个元素"相对于"它的起点进行移动。如果将 top 设置为 20px，那么，框将在原位置顶部下面 20 像素的地方。如果 left 设置为 30 像素，那么，会在元素左边创建 30 像素的空间，也就是将元素向右移动。

当容器的 position 属性值为 relative 时，这个容器即被相对定位了。相对定位和其他定位相似，也是独立出来浮在上面。不过相对定位的容器的 top（顶部）、bottom（底部）、left（左边）和 right（右边）属性参照对象是其父容器的 4 条边，而不是浏览器窗口。

下面举例讲述相对定位的使用，其代码如下所示。

```
<!DOCTYPE html PUBLIC "-//W3C//DTD
XHTML 1.0 Transitional//EN"
    "http://www.w3.org/TR/xhtml1/DTD/xhtml1-
transitional.dtd">
    <html xmlns="http://www.w3.org/1999/
xhtml">
    <head>
    <meta http-equiv="Content-Type"
content="text/html; charset=gb2312" />
    <title>CSS 相对定位 </title>
    <style type="text/css">
    *{margin: 0px; padding:0px;}
    #all{width:400px; height:400px; background-
color:#ccc;}
    #fixed{          w i d t h : 1 0 0 p x ;
height:80px;border:15px ridge #f00;
    background-color:#9c9;
    position:relative;      top:130px;left:30px;}
    #a,#b{width:200px; height:120px;
```

```
background-color:#eee;
    border:2px outset #000;}
    </style>
    </head>
    <body>
    <div id="all">
      <div id="a"> 第1个无定位的 div 容器 </
div>
      <div id="fixed"> 相对定位的容器 </div>
      <div id="b"> 第2个无定位的 div 容器 </
div>
    </div>
    </body>
    </html>
```

这里给外部 div 设置了 #ccc 背景色，并给内部无定位的 div 设置了 #eee 背景色，而相对定位的 div 容器设置了 #9c9 背景色，并

设置了 inset 类型的边框。在浏览器中浏览，效果如图 13-20 所示。

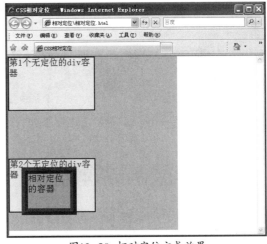

图13-20 相对定位方式效果

相对定位的容器其实并未完全独立，浮动范围仍然在父容器内，并且其所占的空白位置仍然有效地存在于前后两个容器之间。

13.4　CSS布局理念

无论使用表格还是 CSS，网页布局都是把大块的内容放进网页的不同区域里面。有了 CSS，最常用来组织内容的元素就是 <div> 标签。CSS 排版是一种很新的排版理念，首先要将页面使用 <div> 整体划分几个板块，然后对各个板块进行 CSS 定位，最后在各个板块中添加相应的内容。

13.4.1　将页面用div分块

在利用 CSS 布局页面时，首先要有一个整体的规划，包括整个页面分成哪些模块、各个模块之间的父子关系等。以最简单的框架为例，页面由 Banner、主体内容（content）、菜单导航（links）和脚注（footer）几个部分组成，各个部分分别用自己的 id 来标识，如图 13-21 所示。

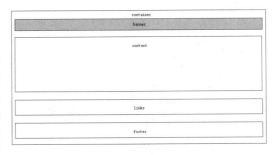

图13-21 页面内容框架

其页面中的 HTML 框架代码如下所示。

```
<div id="container">container
<div id="banner">banner</div>
    <div id="content">content</div>
    <div id="links">links</div>
    <div id="footer">footer</div>
</div>
```

实例中每个板块都是一个 <div>，这里直接使用 CSS 中的 id 来表示各个板块，页面的所有 Div 块都属于 container，一般的 Div 排版都会在最外面加上这个父 Div，便于对页面的整体进行调整。对于每个 Div 块，还可以再加入各种元素或行内元素。

13.4.2　设计各块的位置

当页面的内容已经确定后，则需要根据内容本身考虑整体的页面布局类型，如是单栏、双栏还是三栏等，这里采用的布局，如图 13-22 所示。

在图中可以看出，在页面外部有一个整体的框架 container，banner 位于页面整体框架中的最上方，content 与 links 位于页面的中部，其中 content 占据着页面的绝大部分。最下面是页面的脚注 footer。

图13-22　简单的页面框架

13.4.3　用CSS定位

整理好页面的框架后，就可以利用 CSS 对各个板块进行定位，实现对页面的整体规划，然后再往各个板块中添加内容。

下面首先对 body 标记与 container 父块进行设置，CSS 代码如下所示。

```
body{
    margin:10px;
    text-align:center;
}
#container{
    width:900px;
```

```
        border:2px solid #000000;
        padding:10px;
    }
```

上面代码设置了页面的边界、页面文本的对齐方式，以及将父块的宽度设置为 900px。下面来设置 banner 板块，其 CSS 代码如下所示。

```
#banner{
    margin-bottom:5px;
    padding:10px;
    background-color:#a2d9ff;
    border:2px solid #000000;
    text-align:center;
}
```

这里设置了 banner 板块的边界、填充、背景颜色等。

下面利用 float 方法将 content 移动到左侧，links 移动到页面右侧，这里分别设置了这两个板块的宽度和高度，可以根据需要自行调整。

```
#content{
    float:left;
    width:600px;
    height:300px;
    border:2px solid #000000;
    text-align:center;
}
#links{
```

```
        float:right;
        width:290px;
        height:300px;
        border:2px solid #000000;
        text-align:center;
    }
```

由于 content 和 links 对象都设置了浮动属性，因此 footer 需要设置 clear 属性，使其不受浮动的影响，代码如下所示。

```
#footer{
    clear:both;   /* 不受 float 影响 */
    padding:10px;
    border:2px solid #000000;
    text-align:center;
}
```

这样，页面的整体框架便搭建好了，这里需要指出的是 content 块中不能放置宽度过长的元素，如很长的图片或不换行的英文等，否则 links 将再次被挤到 content 下方。

特别的是，如果后期维护时希望 content 的位置与 links 对调，仅仅只需要将 content 和 links 属性中的 left 和 right 改变。这是传统的排版方式所不可能简单实现的，也正是 CSS 排版的魅力之一。

另外，如果 links 的内容比 content 的长，在 Internet Explorer 浏览器上 footer 就会贴在 content 下方而与 links 出现重合。

13.5   常见的布局类型

DIV+CSS 是现在最流行的一种网页布局格式，以前常用表格来布局，而现在一些比较知名的网页设计全部采用 DIV+CSS 来排版布局，DIV+CSS 的好处可以使 HTML 代码更整齐，更容易使人理解，而且在浏览时的速度也比传统的布局方式快，最重要的是它的可控性要比表格强得多。下面介绍常见的布局类型。

13.5.1　使用CSS定位单行单列固定宽度

单行单列固定宽度也就是1列固定宽度布局，它是所有布局的基础，也是最简单的布局形式。一列固定宽度中，宽度的属性值是固定像素。下面举例说明单行单列固定宽度的布局方法，具体步骤如下。

❶在HTML文档的＜head＞与＜/head＞之间相应的位置输入定义的CSS样式代码，如下所示。

```
<style>
#content{
    background-color:#ffcc33;
    border:5px solid #ff3399;
    width:500px;
    height:350px;

}
</style>
```

★ 提示 ★

使用background-color:# ffcc33将div设定为黄色背景，并使用border:5px solid #ff3399将div设置了粉红色的5px宽度的边框，使用width:500px设置宽度为500像素固定宽度，使用height:350px设置高度为350像素。

❷然后在HTML文档的＜body＞与＜body＞之间的正文中输入以下代码，给div使用了layer作为id名称。

```
<div id="content ">1列固定宽度 </div>
```

❸在浏览器中预览，由于是固定宽度，无论怎样改变浏览器窗口大小，Div的宽度都不改变，如图13-23和图13-24所示。

图13-23　浏览器窗口变小效果　　　　　图13-24　浏览器窗口变大效果

★ 提示 ★

页面居中是常用的网页设计表现形式之一，传统的表格式布局中，用align="center"属性来实现表格居中显示。Div本身也支持align="center"属性，同样可以实现居中，但是Web标准化时代，这个不是我们想要的结果，因为不能实现表现与内容的分离。

13.5.2　一列自适应

自适应布局是在网页设计中常见的一种布局形式，自适应的布局能够根据浏览器窗口的大小，自动改变其宽度或高度值，是一种非常灵活的布局形式，良好的自适应布局网站对不同分辨率的显示器都能提供最好的显示效果。自适应布局需要将宽度由固定值改为百分比。下面是一段自适应布局的 CSS 代码。

```
<!DOCTYPE html PUBLIC "-//W3C//DTD
XHTML 1.0 Transitional//EN"
    "http://www.w3.org/TR/xhtml1/DTD/xhtml1-
transitional.dtd">
    <head>
    <meta http-equiv="content-type"
content="text/html; charset=gb2312"/>
    <title>1 列自适应 </title>
    <style>
    #Layer{
        background-color:#00cc33;
        border:3px solid #ff3399;
        width:60%;
        height:60%;
    }
    </style>
    </head>
    <body>
    <div id="Layer">1列自适应 </div>
    </body>
    </html>
```

这里将宽度和高度值都设置为 70%，从浏览效果中可以看到，Div 的宽度已经变为了浏览器宽度的 70%，当扩大或缩小浏览器窗口大小时，其宽度和高度还将维持在与浏览器当前宽度比例的 70%，如图 13-25 和图 13-26 所示。

图13-25　窗口变小

图13-26　窗口变大

自适应布局是比较常见的网页布局方式，如图 13-27 所示的网页就采用自适应布局。

图13-27　自适应布局

13.5.3　两列固定宽度

有了一列固定宽度作为基础，二列固定宽度就非常简单，我们知道 div 用于对某一个区域的标识，而二列的布局，自然需要用到两个 div。

两列固定宽度非常简单，两列的布局需要用到两个 div，分别把两个 div 的 id 设置为 left 与 right，表示两个 div 的名称。首先为它们设置宽度，然后让两个 div 在水平线中并排显示，从而形成两列式布局，具体步骤如下。

❶ 在 HTML 文档的 <head> 与 </head> 之间相应的位置输入定义的 CSS 样式代码，如下所示。

```
<style>
#left{
    background-color:#00cc33;
    border:1px solid #ff3399;
    width:250px;
    height:250px;
    float:left;
    }
#right{
    background-color:#ffcc33;
    border:1px solid #ff3399;
    width:250px;
    height:250px;
    float:left;
}
</style>
```

★ 提示 ★

left与right两个div的代码与前面类似，两个div使用相同宽度实现两列式布局。float属性是CSS布局中非常重要的属性，用于控制对象的浮动布局方式，大部分div布局基本上都通过float的控制来实现。float使用none值时表示对象不浮动，而使用left时，对象将向左浮动，例如本例中的div使用了float:left;之后，div对象将向左浮动。

❷ 在 HTML 文档的 <body> 与 <body> 之间的正文中输入以下代码，为 div 使用 left 和 right 作为 id 名称。

```
<div id="left"> 左列 </div>
```

```
<div id="right"> 右列 </div>
```

❸ 在使用了简单的 float 属性之后，二列固定宽度的而已就能够完整的显示出来。在浏览器中浏览，效果如图 13-28 所示。

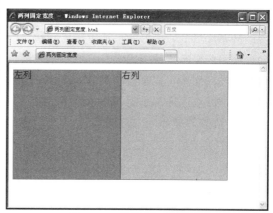

图13-28 两列固定宽度布局

13.5.4 两列宽度自适应

下面使用两列宽度自适应性，来实现左右栏宽度能够做到自动适应，设置自适应主要通过宽度的百分比设置。CSS 代码修改为如下。

```
<style>
#left{
    background-color:#00cc33;
border:1px solid #ff3399;width:60%;
    height:250px;    float:left;
    }
#right{
    background-color:#ffcc33;border:1px
solid #ff3399;width:30%;
    height:250px;    float:left;
}
</style>
```

这里主要修改了左栏宽度为 60%，右栏宽度为 30 %。在浏览器中浏览，效果如图 13-29 和图 13-30 所示。无论怎样改变浏览器窗口大小，左右两栏的宽度与浏览器窗口的百分比都不改变。

Html + JavaScript网页制作与开发完全学习手册

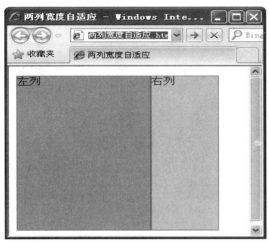

图13-29　浏览器窗口变小效果

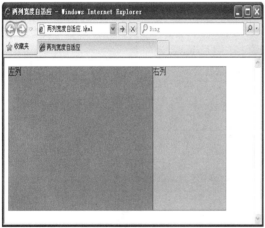

图13-30　浏览器窗口变大效果

13.5.5　三列浮动中间宽度自适应

　　使用浮动定位方式，从一列到多列的固定宽度及自适应，基本上可以简单完成，包括三列的固定宽度。而在这里给我们提出了一个新的要求，希望有一个三列式布局，其中左栏要求固定宽度，并居左显示，右栏要求固定宽度并居右显示，而中间栏需要在左栏和右栏的中间，根据左右栏的间距变化自动适应。

　　在开始这样的三列布局之前，有必要

了解一个新的定位方式——绝对定位。前面的浮动定位方式主要由浏览器根据对象的内容自动进行浮动方向的调整，但是在这种方式不能满足定位需求时，就需要新的方法来实现，CSS 提供的除去浮动定位之外的另一种定位方式就是绝对定位，绝对定位使用 position 属性来实现。

　　下面讲述三列浮动中间宽度自适应布局的创建，具体操作步骤如下。

　　❶在 HTML 文档的 <head> 与 </head> 之间相应的位置输入定义的 CSS 样式代码，如下所示。

```
<style>
body{ margin:0px; }
#left{ background-color:#ffcc00;
border:3px solid #333333; width:100px;
    height:250px; position:absolute;
top:0px; left:0px;
    }
#center{ background-color:#ccffcc;
border:3px solid #333333; height:250px;
    margin-left:100px; margin-right:100px; }
#right{ background-color:#ffcc00;
border:3px solid #333333; width:100px;
    height:250px; position:absolute;
right:0px; top:0px; }
</style>
```

　　❷在 HTML 文档的 <body> 与 <body> 之间的正文中输入以下代码，为 div 使用 left、right 和 center 作为 id 名称。

```
<div id="left"> 左列 </div>
<div id="center"> 中间列 </div>
<div id="right"> 右列 </div>
```

　　❸在浏览器中预览，效果如图 13-31 和图 13-32 所示。

图13-31　中间宽度自适应

图13-32　中间宽度自适应

如图 13-33 所示的网页，采用三列浮动中间宽度自适应布局。

图13-33　三列浮动中间宽度自适应布局

第3篇
JavaScript 网页特效

第14章 JavaScript基础知识

本章导读

在网页制作中，JavaScript 是常见的脚本语言，它可以嵌入到 HTML 中，在客户端执行，是动态特效网页设计的最佳选择，同时也是浏览器普遍支持的网页脚本语言。几乎每个普通用户的计算机上都存在 JavaScript 程序的影子。JavaScript 几乎可以控制所有常用的浏览器，而且 JavaScript 是世界上最重要的编程语言之一，学习 Web 技术必须学会 JavaScript。

技术要点

- JavaScript 的历史
- JavaScript 特点
- JavaScript 的放置位置
- 第一个 JavaScript 程序

实例展示

在状态栏显示信息

14.1　JavaScript简介

JavaScript 是一种解释性的、基于对象的脚本语言（an interpreted, object-based scripting language）。

HTML 网页在互动性方面能力较弱，例如下拉菜单，就是用户点击某一菜单项时，自动会出现该菜单项的所有子菜单，用纯 HTML 网页无法实现；又如验证 HTML 表单（Form）提交信息的有效性，用户名不能为空，密码不能少于 4 位，邮政编码只能是数字之类，用纯 HTML 网页也无法实现。要实现这些功能，就需要用到 JavaScript。

JavaScript 是一种脚本语言，比 HTML 要复杂。不过即便不懂编程，也不用担心，因为 JavaScript 写的程序都是以源代码的形式出现的，也就是说在一个网页里看到一段比较好的 JavaScript 代码，恰好也用得上，就可以直接复制，然后放到网页中去。

14.1.1　JavaScript的历史

JavaScript 是 Netscape 公司与 Sun 公司合作开发的。在 JavaScript 出现之前，Web 浏览器不过是一种能够显示超文本文档的软件的基本部分。而在 JavaScript 出现之后，网页的内容不再局限于枯燥的文本，它们的可交互性得到了显著的改善。JavaScript 的第一个版本，即 JavaScript 1.0 版本，出现在 1995 年推出的 Netscape Navigator 2 浏览器中。

在 JavaScript 1.0 发布时，Netscape Navigator 主宰着浏览器市场，微软的 IE 浏览器则扮演着追赶者的角色。微软在推出 IE 3 的时候发布了自己的 VBScript 语言并以 JScript 为名发布了 JavaScript 的一个版本，以此很快跟上了 Netscape 的步伐。

面对微软公司的竞争，Netscape 和 Sun 公司联合 ECMA（欧洲计算机制造商协会）对 JavaScript 语言进行了标准化。其结果就是 ECMAScript 语言，这使同一种语言又多了一个名字。虽说 ECMAScript 这个名字没有流行开来，但人们现在谈论的 JavaScript 实际上就是 ECMAScript。

到了 1996 年，JavaScript、ECMAScript、JScript——随便你们怎么称呼它，已经站稳了脚跟。Netscape 和微软公司在它们各自的第 3 版浏览器中都不同程度地提供了对 JavaScript 1.1 语言的支持。

这里必须指出的是，JavaScript 与 Sun 公司开发的 Java 程序语言没有任何联系。人们最初给 JavaScript 起的名字是 LiveScript，后来选择 JavaScript 作为其正式名称的原因，大概是想让它听起来有系出名门的感觉，但令人遗憾的是，这一选择反而更容易让人们把这两种语言混为一谈，而这种混淆又因为各种 Web 浏览器确实具备这样或那样的 Java 客户端支持功能的事实被进一步放大和加剧。事实上，虽说 Java 在理论上几乎可以部署在任何环境中，但 JavaScript 却只局限于 Web 浏览器。

14.1.2　JavaScript特点

JavaScript 具有以下语言特点。

● **JavaScript是一种脚本编写语言，采用小程序段的方式实现编程，也是一种解释性语言，提供了一个简易的开发过程。它与HTML标识结合在一起，从而方便用户的使用操作。**

● **JavaScript是一种基于对象的语言，同时也可以看做是一种面向对象的语言。这意味着它能运用自己已经创建的对象，因此许多功能可以来自于脚本环境**

中对象的方法与脚本的相互作用。

● JavaScript具有简单性。首先它是一种基于Java基本语句和控制流之上的简单而紧凑的设计，其次它的变量类型采用弱类型，并未使用严格的数据类型。

● JavaScript是一种安全性语言，它不允许访问本地硬盘，并且不能将数据存入到服务器上，不允许对网络文档进行修改和删除，只能通过浏览器实现信息浏览或动态交互，从而有效地防止数据丢失。

● JavaScript是动态的，它可以直接对用户或客户输入做出响应，无须经过Web服务程序。它对用户的反映响应，是采用以事件驱动的方式进行的。所谓"事件驱动"，就是指在网页中执行了某种操作所产生的动作，就称为"事件"。例如，按下鼠标、移动窗口、选择菜单等都可以视为事件。当事件发生后，可能会引起相应的事件响应。

● JavaScript具有跨平台性。JavaScript是依赖于浏览器本身，与操作环境无关，只要能运行浏览器的计算机，并支持JavaScript的浏览器就可正确执行。从而实现了"编写一次，走遍天下"的梦想。

14.1.3 JavaScript注释

我们经常要在一些代码旁做一些注释，这样做的好处很多，例如，方便查找、比对，方便项目组里的其他程序员了解你的代码，而且可以方便以后你对自己代码的理解与修改等。

单行注释以"//"开头，下面的例子使用单行注释来解释代码。

```
var x=5;    //声明 x 并把 5 赋值给它
var y=x+2; //声明 y 并把 x+2 赋值给它
```

多行注释以"/*"开始，以"*/"结尾，下面的例子使用多行注释来解释代码。

```
/*
下面的这些代码会输出
一个标题和一个段落
并将代表主页的开始
*/
document.getElementById("myH1").
innerHTML="Welcome to my Homepage";
document.getElementById("myP").
innerHTML="This is my first paragraph.";
```

过多的 JavaScript 注释会降低 JavaScript 的执行速度与加载速度，因此应在发布网站时，尽量不要使用过多的 JavaScript 注释。

14.2 JavaScript的添加方法

JavaScript 程序本身不能独立存在，它依附于某个 HTML 页面，在浏览器端运行。本身 JavaScript 作为一种脚本语言可以放在 HTML 页面中的任何位置，但是浏览器解释 HTML 时是按先后顺序的。所以放在前面的程序会被优先执行。

14.2.1 内部引用

在 HTML 中输入 JavaScript 时，需要使用 <script> 标签。在 <script> 标签中，language 特性声明要使用的脚本语言，language 特性一般被设置为 JavaScript，不过也可用它声明 JavaScript 的确切版本，如 JavaScript 1.3。

当浏览器载入网页 Body 部分的时候，就执行其中的 JavaScript 语句，执行之后输出的内容就显示在网页中。

实例代码：

```
<!DOCTYPE html PUBLIC "-//W3C//DTD
XHTML 1.0 Transitional//EN"
    "http://www.w3.org/TR/xhtml1/DTD/xhtml1-
transitional.dtd">
    <html xmlns="http://www.w3.org/1999/
xhtml">
    <head>
    <meta http-equiv="Content-Type"
content="text/html; charset=utf-8" />
    <title>JavaScript 语句 </title>
    </head>
    <body>
<script type="text/javascript1.3">
<!--
var gt = unescape('%3e');
var popup = null;
var over = "Launch Pop-up Navigator";
popup = window.open('', 'popupnav', 'width=
225,height=235,resizable=1,scrollbars=auto');
if (popup != null) {
if (popup.opener == null) {
popup.opener = self;
}
popup.location.href = 'tan.htm';
}
 -->
</script>
</body>
</html>
```

浏览器通常忽略未知标签，因此在使用不支持 JavaScript 的浏览器阅读网页时，JavaScript 代码也会被阅读。<!-- --> 里的内容对于不支持 JavaScript 的浏览器来说就等同于一段注释，而对于支持 JavaScript 的浏览器，这段代码仍然会执行。

★ 提示 ★

通常JavaScript文件可以使用script标签加载到网页的任何一个地方，但是标准的方式是加载在head标签内。为防止网页加载缓慢，也可以把非关键的JavaScript放到网页底部。

14.2.2 外部调用js文件

如果很多网页都需要包含一段相同的代码，最好的方法是将这个 JavaScript 程序放到一个后缀名为 .js 的文本文件里。此后，任何一个需要该功能的网页，只需要引入这个 js 文件就可以了。

这样做，可以提高 JavaScript 的复用性，减少代码维护的负担，不必将相同的 JavaScript 代码复制到多个 HTML 网页里，将来一旦程序有所修改，也只要修改 .js 文件即可。

在 HTML 文件中可以直接输入 JavaScript，还可以将脚本文件保存在外部，通过 <script> 中的 src 属性指定 URL，从而调用外部脚本语言。外部 JavaScript 语言的格式非常简单。事实上，它们只包含 JavaScript 代码的纯文本文件。在外部文件中不需要 <script/> 标签，引用文件的 <script/> 标签出现在 HTML 页中，此时文件的后缀为 .js。

```
<script type="text/javascript" src="URL"></
script>
```

通过指定 script 标签的 src 属性，即可使用外部的 JavaScript 文件了。在运行时，这个 js 文件的代码全部嵌入到包含它的页面内，页面程序可以自由使用，这样就可以做到代码的复用。

> **★ 提示 ★**
>
> JavaScript文件外部调用的好处：
> ● 如果浏览器不支持JavaScript，将忽略script标签里面的内容，可以避免使用<!-- ... //-->。
> ● 统一定义JavaScript代码，方便查看、维护。
> ● 使代码更安全,可以压缩,加密单个JavaScript文件。

实例代码：

```
<!DOCTYPE html PUBLIC "-//W3C//DTD
XHTML 1.0 Transitional//EN"
  "http://www.w3.org/TR/xhtml1/DTD/xhtml1-
transitional.dtd">
  <html xmlns="http://www.w3.org/1999/
xhtml">
  <head>
  <script src="http://www.baidu.com/
common.js"></script>
  </head>
```

```
  <body>
  </body>
  </html>
```

示例里的 common.js 其实就是一个文本文件，内容如下：

```
function clickme()
{
alert("You clicked me!")
}
```

14.2.3　添加到事件中

一些简单的脚本可以直接放在事件处理部分的代码中。如下所示，直接将 JavaScript 代码加入到 OnClick 事件中。

```
<input type="button" name="FullScreen"
value=" 全屏显示 "
  onClick="window.open(document.location,
'big', 'fullscreen=yes')">
```

这里，使用 <input/> 标签创建一个按钮，单击它时调用 onclick() 方法。onclick 特性声明一个事件处理函数，即响应特定事件的代码。

14.3　第一个JavaScript程序

学习每一门新语言，大致了解了它的背景之后，最想做的莫过于先写一个最简单的程序并成功运行。

14.3.1　预备知识

常用的信息输出方法是使用 window 对象的 alert 方法，以消息框的形式输出信息。JavaScript 程序嵌入 HTML 文档的常用方式就是将代码放在 <script> 标签对中，代码如下所示。

```
<!DOCTYPE html PUBLIC "-//W3C//DTD
XHTML 1.0 Transitional//EN"
  "http://www.w3.org/TR/xhtml1/DTD/xhtml1-
transitional.dtd">
  <html xmlns="http://www.w3.org/1999/
xhtml"><!-------HTML 文档开始 ------->
  <head>            <!----- 文档头开始
------>
  <title>             <!------ 标题 开 始
-------->
  </title>            <!------ 标题 结束
```

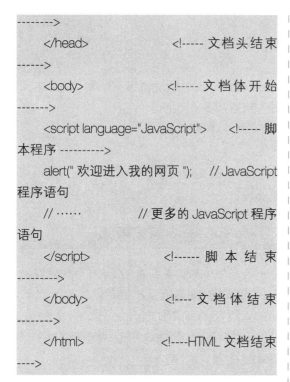

```
---------->
    </head>            <!----- 文档头结束
------>
    <body>             <!----- 文档体开始
------->
    <script language="JavaScript">  <!----- 脚
本程序 ---------->
    alert(" 欢迎进入我的网页 ");   // JavaScript
程序语句
    // ......          // 更多的 JavaScript 程序
语句
    </script>          <!------ 脚 本 结 束
--------->
    </body>            <!---- 文 档 体 结 束
-------->
    </html>            <!----HTML 文档结束
---->
```

<script language="JavaScript"> 代 表 JavaScript 代码的开始，</script> 代表结束，JavaScript 代码要放在这个开始与结束中。alert(" 欢迎进入我的网页 "); 这句话是一个真正的 JavaScript 语句，alert 代表弹出一个提示框，" 欢迎进入我的网页 " 代表提示框里面的内容。

14.3.2 JavaScript编辑器的选择

JavaScript 源程序是文本文件，因此可以使用任何文本编辑器来编写程序源代码，例如 Windows 操作系统里的"记事本"程序。为了更快速地编写程序并且降低出错的几率，通常会选择一些专业的代码编辑工具。专业的代码编辑器有代码提示和自动完成功能，在这里使用 Dreamweaver CS6，它是一款很不错的代码编辑器，如图 14-1 所示。

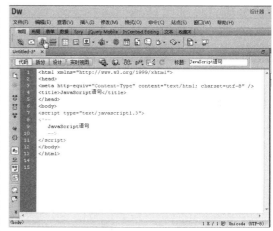

图14-1 JavaScript代码编辑器

14.3.3 编写Hello World程序

本节编写并运行最经典的入门程序，输出 Hello World!。打开记事本，输入如下代码，并将文件另存为网页文件 helloworld.htm。

```
<!DOCTYPE html PUBLIC "-//W3C//DTD
XHTML 1.0 Transitional//EN"
    "http://www.w3.org/TR/xhtml1/DTD/xhtml1-
transitional.dtd">
    <html xmlns="http://www.w3.org/1999/
xhtml">
    <head>
    <title>JavaScript</title>
    </head>
    <body>
    <script language="javascript">
    document.write("<h1>Hello World! </h1>")
    </script>
    </body>
    </html>
```

document.write("<h1>Hello World! </h1>") 是 JavaScript 程 序 代 码，<script language="javascript"> 和 </script> 是 标 准 HTML 标签，该标签用于在 HTML 文档中插

入脚本程序。其中的 "language" 属性指明了 "<script>" 标签对间的代码是 JavaScript 程序。最后调用 document 对象的 write 方法将字符串 "Hello World！" 输出到 HTML 文本流中。预览程序，效果如图 14-2 所示。

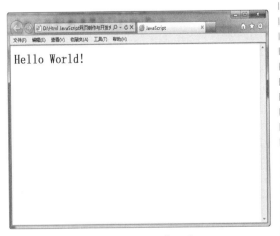

图14-2 运行程序效果

14.3.4 浏览器对JavaScript的支持

在互联网发展的过程中，几大主要浏览器之间也存在激烈的竞争。JavaScript 是 Netscape 公司的技术，其他浏览器并不能和 Navigator 一样良好地支持 JavaScript，因为得不到使用许可。微软公司为能使其 IE 浏览器能抢占一定市场份额，于是在 IE 中实现了称为 JScript 的脚本语言，其兼容 JavaScript，但是和 JavaScript 间仍然存在版本差异。因此，编程人员在编码时仍然要考虑不同浏览器间的差别。

JavaScript 包含一个名为 Navigator 的对象，它就可以完成上述的任务。Navigator 包含了有关访问者浏览器的信息，包括浏览器类型、版本等。下面通过实例讲述，代码如下。

```
<!DOCTYPE html PUBLIC "-//W3C//DTD
XHTML 1.0 Transitional//EN"
"http://www.w3.org/TR/xhtml1/DTD/xhtml1-transitional.dtd">
<html xmlns="http://www.w3.org/1999/xhtml">
<body>
<script type="text/javascript">
var browser=navigator.appName
var b_version=navigator.appVersion
var version=parseFloat(b_version)
document.write("Browser name: "+ browser)
document.write("<br />")
document.write("Browser version: "+ version)
</script>
</body>
</html>
```

上面例子中的 browser 变量存有浏览器的名称，例如，Netscape 或者 Microsoft Internet Explorer。

上面例子中的 appVersion 属性返回的字符串所包含的信息不止是版本号，但是现在我们只关注版本号。我们使用一个名为 parseFloat() 的函数会抽取字符串中类似十进制数的一段字符并将之返回，这样我们就可以从字符串中抽出版本号信息了。

> **★ 提示 ★**
>
> 在IE 5.0及更高版本中，版本号是不正确的，在 IE 5.0和IE 6.0中，微软为appVersion字符串赋的值是4.0。怎么会出现这样的错误呢？无论如何，需要清楚的是，JavaScript 在IE 6、IE 5和IE 4中获得的版本号是相同的。

14.4 综合实战——浏览器状态栏显示信息

JavaScript 是基于对象和事件驱动并具有相对安全性的客户端脚本语言。同时也是一种广泛用于客户端 Web 开发的脚本语言。本章主要介绍了 JavaScript 基础知识，下面讲述一个在浏览器状态栏显示信息的实例，具体操作步骤如下。

❶使用 Dreamweaver CS6 打开网页文档，如图 14-3 所示。

❷在 <head> 和 </head> 之间相应的位置输入以下代码，如图 14-4 所示。

```javascript
<script language="javascript">
var yourwords1 = " 欢迎光临！  ";// 定义显示文本 1
var yourwords2 = " 节日嘉年华灵通合家欢！  ";// 定义显示文本 2
var speed = 1500;
var control = true;
function flash()
{
if (control == true)
{
window.status=yourwords1;
control=false;
}
else
{
window.status=yourwords2;
control=true;
}
setTimeout("flash()",speed);
}
</script>
```

图14-3　打开网页文档

图14-4　输入代码

❸在 \<body\> 标记内输入代码 onload=flash()，用于当加载网页文档时调用 flash() 函数，如图 14-5 所示。

❹保存文档，在浏览器中预览效果，文本 1 和文本 2 交替出现，如图 14-6 所示。

图14-5 输入代码

图14-6 预览效果

第15章 数据类型和变量

本章导读

数据类型在数据结构中的定义是一个值的集合，以及定义在这个值集上的一组操作。变量是用来存储值的所在处，它们有名字和数据类型。变量的数据类型决定了如何将代表这些值的位存储到计算机的内存中。在声明变量时也可指定它的数据类型，所有变量都具有数据类型，以决定能够存储哪种数据。

变量是用来临时存储数值的容器。在程序中，变量存储的数值是可以变化的。常量也称"常数"，是执行程序时保持常数值、永远不变的命名项目。常数可以是字符串、数值、算术运算符或逻辑运算符的组合。

技术要点

- 基本数据类型
- 复合数据类型
- 掌握常量的使用
- 掌握变量的使用

实例展示

倒计时效果

15.1 基本数据类型

JavaScript 脚本语言同其他语言一样，有它自身的基本数据类型、表达式和算术运算符以及程序的基本框架结构。在 JavaScript 中四种基本的数据类型：数值（整数和实数）、字符串型、布尔型和空值。

15.1.1 使用字符串型数据

字符串是存储字符的变量，可以表示一串字符，字符串可以是引号中的任意文本，可以使用单引号或双引号，如下代码所示。

基本语法：

```
var str=" 字符串 ";      // 使用双引号定义字符串
var str=' 字符串 ';      // 使用单引号定义字符串
```

可以通过 length 属性获得字符串长度。例如：

```
var sStr=" How are you ";
alert(sStr.length);
```

下面使用引号定义字符串变量，使用 document.write 输出相应的字符串，代码如下所示。

```
<script>
var hao1="How are you";
var hao2="He is called 'lili'";
var hao3='He is called "xiaoming"';
document.write(hao1 + "<br>")
document.write(hao2 + "<br>")
document.write(hao3 + "<br>")
</script>
```

打开网页文件，运行代码，效果如图 15-1 所示。

图15-1 输出字符串

本来代码中 var hao1="How are you"、var hao2="He is called 'lili'" 分别使用单引号和双引号定义字符串，最后使用 document.write 输出定义中的字符串。

15.1.2 使用数值型数据

JavaScript 数值类型表示一个数字，例如，5、12、-5、2e5。数值类型有很多值，最基本的当然就是十进制。除了十进制，整数还可以通过八进制或十六进制，还有一些极大或极小的数值，可以用科学计数法表示。

```
var num1=10.00;   // 使用小数点来写
var num2=10;      // 不使用小数点来写
```

下面将通过实例讲述常用的数值型数据的使用方法，代码如下所示。

```
<script>
var x1=10.00;
var x2=10;
var y=12e5;
var z=12e-5;
document.write(x1 + "<br />")
document.write(x2 + "<br />")
document.write(y + "<br />")
document.write(z + "<br />")
```

```
</script>
```

运行代码，效果如图 15-2 所示。

图15-2 输出数值

本例代码中 var x1=10.00、var x2=10 行分别定义十进制数值，var y=12e5、var z=12e-5 用科学计数定义，最后使用 document.write 输出十进制数字。

15.1.3 使用布尔型数据

JavaScript 布尔类型只包含两个值，真 (true) 和假 (false)。它用于判断表达式的逻辑条件。每个关系表达式都会返回一个布尔值。布尔类型通常用于选择程序设计的条件判断中，例如 if…else 语句。

基本语法：

```
var x=true
var y=false
```

下面将通过实例讲述布尔型数据的使用方法，代码如下所示。

```
<script>
var message = 'Hello';
  if(message)
  {
    alert("Value is true");
  }
</script>
```

运行这个示例，就会显示一个警告对话框，如图 15-3 所示。因为字符串 message 被自动转换成了对应的 Boolean 值（true）。

图15-3 警告对话框

15.1.4 使用Undefined和Null类型

在某种程度上，null 和 undefine 都是具有"空值"的含义，因此容易混淆。实际上二者具有完全不同的含义。null 是一个类型为 null 的对象，可以通过将变量的值设置为 null 来清空变量。而 Undefined 这个值表示变量不含有值。

如果定义的变量准备在将来用于保存对象，那么，最好将该变量初始化为 null，而不是其他值。这样一来，只要直接检测 null 值就可以知道相应的变量是否已经保存了一个对象的引用了，例如：

```
if(car != null)
  {
      // 对 car 对象执行某些操作
  }
```

实际上，undefined 值是派生自 null 值的，因此 ECMA-262 规定对它们的相等性测试要返回 true。

```
alert(undefined == null); //true
```

下面将通过实例讲述 Undefined 和 Null 的使用，代码如下：

```
<script>
var person;
var car="hi";
document.write(person + "<br />");
document.write(car + "<br />");
var car=null;
document.write(car + "<br />");
</script>
```

var person 代码变量不含有值，document.

write(person + "<br />") 输出代码即为 undefined 值，运行代码，效果如图 15-4 所示。

图15-4 Undefined和Null

15.2　复合数据类型

前面一节讲述了基本的数据类型，本节将介绍内置对象、日期对象、全局对象、数学对象、字符串对象和数组对象。

15.2.1　常用的内置对象

所有编程语言都具有内部（或内置的）对象来创建语言的基本功能。内部对象是编写自定义代码所用语言的基础，该代码基于想象实现自定义功能。JavaScript 有许多将其定义为语言的内部对象。

作为一门编程语言，JavaScript 提供了一些内置的对象和函数。内置对象提供编程的几种最常用的功能。JavaScript 内置对象有以下几种。

● **String对象**：*处理所有的字符串操作。*

● **Math对象**：*处理所有的数学运算。*

● **Date对象**：*处理日期和时间的存储、转化和表达。*

● **Array对象**：*提供一个数组的模型，存储大量*

有序的数据。

● **Event对象**：*提供JavaScript事件的各种处理信息。*

15.2.2　日期对象

Date 对象用于处理日期和时间，Date 对象会自动把当前日期和时间保存为其初始值。

基本语法：

```
var curr=new Data();
```

语法说明：

利用 new 来声明一个新的对象实体。

date 对象会自动把当前日期和时间保存为其初始值，参数的形式有以下 5 种：

```
new Date("month dd,yyyy hh:mm:ss");
new Date("month dd,yyyy");
new Date(yyyy,mth,dd,hh,mm,ss);
new Date(yyyy,mth,dd);
new Date(ms);
```

需要注意最后一种形式，参数表示的是需要创建的时间和 GMT 时间 1970 年 1 月 1 日之间相差的毫秒数。各种参数的含义如下。

● month：用英文表示的月份名称，从January到December。

● mth：用整数表示的月份，从0（1月）到11（12月）。

● dd：表示一个月中的第几天，从1到31。

● yyyy：四位数表示的年份。

● hh：小时数，从0（午夜）到23（晚11点）。

● mm：分钟数，从0到59的整数。

● ss：秒数，从0到59的整数。

● ms：毫秒数，为大于等于0的整数。

下面是使用上述参数形式，创建日期对象的例子。

```
new Date("May 12,2013 15:15:32");
new Date("May 12,2013");
new Date(2013,4,12,17,18,32);
new Date(2013,4,12);
new Date(1178899200000);
```

下面的表 15-1 列出了 date 对象的常用方法。

表15-1　date对象的常用方法

方法	描述
getYear()	返回年，以 0 开始
getMonth()	返回月值，以 0 开始
getDate()	返回日期
getHours()	返回小时，以 0 开始
getMinutes()	返回分钟，以 0 开始
getSeconds()	返回秒，以 0 开始
getMilliseconds()	返回毫秒 (0~999)
getUTCDay()	依据国际时间来得到现在是星期几 (0~6)
getUTCFullYear()	依据国际时间来得到完整的年份
getUTCMonth()	依据国际时间来得到月份 (0~11)
getUTCDate()	依据国际时间来得到日 (1~31)

方法	描述
getUTCHours()	依据国际时间来得到小时 (0~23)
getUTCMinutes()	依据国际时间来返回分钟 (0~59)
getUTCSeconds()	依据国际时间来返回秒 (0~59)
getUTCMilliseconds()	依据国际时间来返回毫秒 (0~999)
getDay()	返回星期几，值为 0~6
getTime()	返回从 1970 年 1 月 1 号 0:0:0 到现在一共花去的毫秒数
setYear()	设置年份,2 位数或 4 位数
setMonth()	设置月份 (0~11)
setDate()	设置日 (1~31)
setHours()	设置小时数 (0~23)
setMinutes()	设置分钟数 (0~59)
setSeconds()	设置秒数 (0~59)
setTime()	设置从 1970 年 1 月 1 日开始的时间，毫秒数
setUTCDate()	根据世界时设置 Date 对象中月份的一天 (1～31)
setUTCMonth()	根据世界时设置 Date 对象中的月份 (0～11)
setUTCFullYear()	根据世界时设置 Date 对象中的年份（四位数字）
setUTCHours()	根据世界时设置 Date 对象中的小时 (0～23)
setUTCMinutes()	根据世界时设置 Date 对象中的分钟 (0～59)
setUTCSeconds()	根据世界时设置 Date 对象中的秒钟 (0～59)
setUTCMilliseconds()	根据世界时设置 Date 对象中的毫秒 (0～999)
toSource()	返回该对象的源代码
toString()	把 Date 对象转换为字符串
toTimeString()	把 Date 对象的时间部分转换为字符串
toDateString()	把 Date 对象的日期部分转换为字符串
toGMTString()	使用 toUTCString() 方法代替

方法	描述
toUTCString()	根据世界时，把 Date 对象转换为字符串
toLocaleString()	根据本地时间格式，把 Date 对象转换为字符串
toLocaleTimeString()	根据本地时间格式，把 Date 对象的时间部分转换为字符串
toLocaleDateString()	根据本地时间格式，把 Date 对象的日期部分转换为字符串
UTC()	根据世界时返回 1997 年 1 月 1 日到指定日期的毫秒数
valueOf()	返回 Date 对象的原始值

实例代码：

```javascript
<script language="javascript">
<!--
var cur = new Date();
// 创建当前日期对象 cur
var years = cur.getYear();
// 从日期对象 cur 中取得年数
var months = cur.getMonth();
// 取得月数
var days = cur.getDate();
// 取得天数
var hours = cur.getHours();
// 取得小时数
var minutes = cur.getMinutes();
// 取得分钟数
var seconds = cur.getSeconds();
// 取得秒数

// 显示取得的各个时间值
alert(" 此 时 时 间 是： " + years + " 年 " +
(months+1) + " 月 "
+ days + " 日 " + hours + " 时 " + minutes + "
```

分 "
```javascript
+ seconds + " 秒 ");
-->
</script>
```

上面代码中应用 Date 对象从计算机系统时间中获取当前时间，并利用相应方法，获取与时间相关的各种数值。getYear() 方法获取年份；getMonth() 方法获取月份；getDate() 方法获取日期；getHours() 方法获取小时；getMinutes() 获取分钟；getSeconds() 获取秒数。运行代码，效果如图 15-5 所示。

图15-5　制作日期效果

15.2.3　数学对象

作为一门编程语言，进行数学计算是必不可少的。在数学计算中经常会使用到数学函数，如取绝对值、开方、取整、求三角函数值等，还有一种重要的函数是随机函数。JavaScript 将所有这些与数学有关的方法、常数、三角函数，以及随机数都集中到一个对象里面——math 对象。math 对象是 JavaScript 中的一个全局对象，不需要由函数进行创建，而且只有一个。

基本语法：

math. 属性

math. 方法

math 对象并不像 Date 和 String 那样是对象的类，因此没有构造函数 Math()，像 Math.

sin() 这样的函数只是函数，不是某个对象的方法。无须创建它，通过把 math 作为对象使用就可以调用其所有属性和方法。

表 15-2 列出了 math 对象的常用方法。

表15-2 math对象的常用方法

方 法	描 述
abs(x)	返回数的绝对值
acos(x)	返回数的反余弦值
asin(x)	返回数的反正弦值
atan(x)	以介于 -PI/2 与 PI/2 弧度之间的数值来返回 x 的反正切值
atan2(y,x)	返回从 x 轴到点 (x,y) 的角度（介于 -PI/2 与 PI/2 弧度之间）
ceil(x)	对数进行上舍入
cos(x)	返回数的余弦
exp(x)	返回 e 的指数
floor(x)	对数进行下舍入
log(x)	返回数的自然对数（底为 e）
max(x,y)	返回 x 和 y 中的最高值
min(x,y)	返回 x 和 y 中的最低值
pow(x,y)	返回 x 的 y 次幂
andom()	返回 0～1 之间的随机数
round(x)	把数四舍五入为最接近的整数
sin(x)	返回数的正弦
sqrt(x)	返回数的平方根
tan(x)	返回角的正切
toSource()	返回该对象的源代码
valueOf()	返回 Math 对象的原始值

表 15-3 列出了 math 对象的属性。

表15-3 math对象的属性

属 性	描 述
E	返回算术常量 e，即自然对数的底数（约等于 2.718）
ln2	返回 2 的自然对数（约等于 0.693）
ln10	返回 10 的自然对数（约等于 2.302）
log2e	返回以 2 为底的 e 的对数（约等于 1.414）
log10e	返回以 10 为底的 e 的对数（约等于 0.434）
pi	返回圆周率（约等于 3.14159）
sqrt1_2	返回 2 的平方根的倒数（约等于 0.707）
sqrt2	返回 2 的平方根（约等于 1.414）

实例代码：

```
<script language="javascript">
 a=Math.sin(1);
document.write(a)
 </script>
```

图15-6 利用Math计数sin值

a=Math.sin（1）使用了 Math 对象算出了弧度为 10° 的 sin 值，运行代码，效果如图 15-6 所示。

15.2.4 字符串对象

String 对象是动态对象，需要创建对象实例后才可以引用它的属性或方法，可以把用单引号或双引号括起来的一个字符串当做作一个字符串的对象实例来看待，也就是说可以直接在某个字符串后面加上（.）去调用 string 对象的属性和方法。String 类定义了大量操作字符串的方法，例如，从字符串中提取字符或子串，或者检索字符或子串。需要注意的是，JavaScript 的字符串是不可变的，String 类定义的方法都不能改变字符串的内容。

一般利用 String 对象提供的函数来处理字符串。String 对字符串的处理主要提供了下列方法。

- charAt（idx）：返回指定位置处的字符 。
- indexOf（Chr）：返回指定子字符串的位置，从左到右。找不到返回−1。
- lastIndexOf（chr）：返回指定子字符串的位置，从右到左。找不到返回−1。
- toLowerCase（）：将字符串中的字符全部转化成小写。
- toUpperCase（）：将字符串中的字符全部转化成大写。

实例代码：

```
<html>
<head>
<meta http-equiv="Content-Type" content="text/html; charset=utf-8" />
<title>string 字符串 </title>
</head>
<body>
<script type="text/javascript">
var string="What's your name? "
document.write("<p>把字符转换为小写：" + string.toLowerCase() + "</p>")
document.write("<p>把字符转换为大写：" + string.toUpperCase() + "</p>")
document.write("<p>显示为下标：" + string.sub() + "</p>")
document.write("<p>显示为上标：" + string.sup() + "</p>")
```

```
    document.write("<p> 将字符串显示为
链 接 ： " + string.link("http://www.xxx.
com") + "</p>")
    </script>
    </body>
    </html>
```

String 对象用于操纵和处理文本串，可以在程序中获得字符串长度、提取子字符串，以及将字符串转换为大写或小写字符，运行代码，效果如图 15-7 所示。

图15-7 String对象

15.2.5 数组对象

在程序中数据是存储在变量中的，但是，如果数据量很大，例如几百个学生的成绩，此时再逐个定义变量来存储这些数据就显得异常繁琐，如果通过数组来存储这些数据就会使这一过程大大简化。在编程语言中，数组是专门用于存储有序数列的工具，也是最基本、最常用的数据结构之一。在 JavaScript 中，Array 对象专门负责数组的定义和管理。

每个数组都有一定的长度，表示其中所包含的元素个数，元素的索引总是从 0 开始，并且最大值等于数组长度减 1。

基本语法：

数组也是一种对象，使用前先创建一个数组对象。创建数组对象使用 Array 函数，并通过 new 操作符来返回一个数组对象，其调用方式有以下 3 种。

```
new Array()
new Array(len)
new Array([item0,[item1,[item2,…]]])
```

语法解释：

其中第 1 种形式创建一个空数组，它的长度为 0；第 2 种形式创建一个长度为 len 的数组，len 的数据类型必须是数字，否则按照第 3 种形式处理；第 3 种形式是通过参数列表指定的元素初始化一个数组。下面是分别使用上述形式创建数组对象的例子。

```
    var objArray=new Array();  // 创建了一个空
数组对象
    var objArray=new Array(6);  // 创建一个数
组对象，包括 6 个元素
    var objArray=new Array("x","y","z"); // 以
"x","y","z"3 个元素初始化一个数组对象
```

在 JavaScript 中，不仅可以通过调用 Array 函数创建数组，而且可以使用方括号 "[]" 的语法直接创造一个数组，它的效果与上面第 3 种形式的效果相同，都是以一定的数据列表来创建一个数组。这样表示的数组称为一个数组常量，是在 JavaScript1.2 版本中引入的。通过这种方式就可以直接创建仅包含一个数字类型元素的数组了。例如下面的代码。

```
    var objArray=[];  // 创建了一个空数组对象
    var objArray=[2];  // 创建了一个仅包含数
字类型元素 "2" 的数组
    var objArray=["a","b","c"]; // 以 "a","b","c"3 个
元素初始化一个数组对象
```

实例代码：

```
<script type="text/javascript">
```

```
function sortNumber(a, b)
{
return a - b
}
var arr = new Array(6)
arr[0] = "6"
arr[1] = "4"
arr[2] = "60"
arr[3] = "70"
arr[4] = "10000"
arr[5] = "10"
document.write(arr + "<br />")
document.write(arr.sort(sortNumber))
</script>
```

本例使用 sort() 方法从数值上对数组进行排序。原来数组中的数字顺序是"6,4,60,70,10000,10"，使用 sort 方法重新排序后的顺序是"4,6,10,60,70,10000"。最后使用 document.write 方法分别输出排序前后的数字。运行代码，效果如图 15-8 所示。

图15-8 使用数组排序

15.3 常量

常量也称"常数"，是执行程序时保持常数值、永远不变的命名项目。常数可以是字符串、数值、算术运算符或逻辑运算符的组合。

15.3.1 常量的种类

在 JavaScript 中，常量有以下 6 种基本类型。

1. 整形常量

JavaScript 的常量通常又称"字面常量"，它是不能改变的数据。其整形常量可以使用十六进制、八进制和十进制表示其值。

2. 布尔值

布尔常量只有两种状态：True 或 False。它主要用来说明或代表一种状态或标志，以说明操作流程。它与 C++ 是不同的，C++ 可以用 1 或 0 表示其状态，而 JavaScript 只能用 True 或 False 表示其状态。

3. 字符型常量

使用单引号 (') 或双引号 ("") 括起来的一个或几个字符，如 "this a book "、"1234" 等。

4. 空值

JavaScript 中有一个空值 Null，表示什么也没有。如试图引用没有定义的变量，则返回一个 Null 值。

5. 特殊字符

同 C 语言一样，JavaScript 中同样有些以反斜杠 (/) 开头的、不可显示的特殊字符。统称为"控制字符"。例如，/n /r 等。

6. 实型常量

实型常量是由整数部分加小数部分表示，

如 12.32，193.98。可以使用科学或标准方法表示，如 4e6、5e4 等。

15.3.2 常量的使用方法

在程序执行过程中，其值不能改变的量称为"常量"。常量可以直接用一个数来表示，称为"常数"（或称为"直接常量"），也可以用一个符号来表示，称为"符号常量"。

下面通过实例讲述字符常量、布尔型常量和数值常量的使用，输入如下代码。

```
<script language="javascript">
<!--
document.write( "<li> 常量的使用方法 <br>"
);
                      //使用字符串常量
document.write( "<li>" + 7 + " 一星期 7 天 ");
                      //使用数值常量
if( true )

                      //使用布尔型常量
true
    {
document.write( "<br><li> 布 尔 常 量 : " +
true );
    }
```

```
document.write( "<li> 八进制数值常量 012
输出为十进制 : " + 012);  // 使用八进制常量和
十进制常量
    -->
</script>
```

document.write("<li> 常量的使用方法
") 代码使用字符串常量，document.write("<li>" + 7 + " 一星期 7 天 ") 代码使用数值常量 7，if(true) 在 if 语句块中使用布尔型常量 true，document.write("<li> 八进制数值常量 012 输出为十进制 : " + 012) 代码使用八进制数值常量输出为十进制。运行代码，效果如图 15-9 所示。

图15-9 常量的使用方法

15.4 变量

变量是存取数字、提供存放信息的容器。对于变量，必须明确变量的命名、变量的类型、变量的声明及其变量的作用域。

15.4.1 变量的含义

变量是存取数字、提供存放信息的容器。正如代数一样，JavaScript 变量用于保存值或表达式。可以给变量起一个简短的名称，例如 x。

```
x=4
y=5
z=x+y
```

在代数中，使用字母（例如x）来保存值（例如4）。通过上面的表达式z=x+y，能够计算出z的值为9。在JavaScript中，这些字母被称为"变量"。

15.4.2 变量的定义方式

JavaScript中定义变量有两种方式。

❶ 使用var关键字定义变量，如"var book;"。

该种方式可以定义全局变量也可以定义局部变量，这取决于定义变量的位置。在函数体中使用var关键字定义的变量为局部变量；在函数体外使用var关键字定义的变量为全局变量。例如：

```
var my=5;
var mysite="baidu";
```

var代表声明变量，var是variable的缩写。my与mysite都为变量名（可以任意取名），必须使用字母或者下划线（_）开始。5与"baidu"都为变量值，5代表一个数字，"baidu"是一个字符串，因此应使用双引号。

❷ 不使用var关键字，而是直接通过赋值的方式定义变量，如param="hello"。而在使用时再根据数据的类型来确其变量的类型。

实例代码：

```
<html>
<head>
<title>test</title>
<script type="text/javascript">
function test() {
param = "hello";
alert(param);
}
alert(param);
</script>
</head>
```

```
<body onload="test()"></body>
</html>
```

param = "hello"代码直接定义变量，alert(param)代码是页面弹出提示对话框hello，运行代码，效果如图15-10所示。

图15-10 提示对话框

15.4.3 变量的命名规则

大家都知道变量定义统一都是var，变量命名也有相应规范。首先JavaScript是一种区分大小写的语言，即变量myVar、myVAR和myvar是不同的变量。

另外，变量名称的长度是任意的，但必须遵循以下规则。

● 只包含字母、数字和/或下划线并区分大小写。

● 最好以字母开头，注意一定不能用数字开头。

● 变量名称不能有空格、(+)、(−)、(,)或其他符号。

● 最好不要太长，否则看起来不方便。

● 不能使用JavaScript中的关键字作为变量。在JavaScript中定义了40多个关键字，这些关键字是JavaScript内部使用的，不能作为变量的名称，如Var、int、double、true,。

下面给出合法的命名，也是合法的变量名。

```
total
_total
```

total10

total_10

total_n

下面是不合法的变量名。

12 total

$ total

$# total

建议为了方便阅读，变量名可以定义简单而且容易记忆的名称。

15.4.4 变量的作用范围

在 JavaScript 中有全局变量和局部变量。全局变量是定义在所有函数体之外，其作用范围是整个函数；而局部变量是定义在函数体之内，只对其该函数是可见的，而对其他函数则是不可见的。

例如：

```
<html>
<head>
<title> 变量的作用范围 </title>
<Script Language ="JavaScript">
<!--
greeting="<h1>hello the world</h1>";
welcome="<p>Welcome to
<cite>JavaScript</cite>.</p>";
-->
</Script>
```

```
</head>
<body>
<Script language="JavaScript">
<!--
document.write(greeting);
document.write(welcome);
-->
</Script>
</body>
</html>
```

greeting="<h1>hello the world</h1>" 和 welcome="<p>Welcome to <cite>JavaScript</cite>.</p>" 声明了两个字符串变量，最后使用 document.write 语句将两个页面分别显示在页面中。运行代码，效果如图 15-11 所示。

图15-11 变量的作用

15.5 综合实战——制作倒计时特效

倒计时特效可以让用户明确知道到某个日期剩余的时间，制作倒计时特效的具体操作步骤如下。

❶使用 Dreamweaver CS6 打开网页文档，如图 15-12 所示。

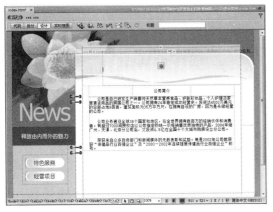

图15-12 打开网页文档

❷在 <body> 与 </body> 之间相应的位置输入以下代码，如图 15-13 所示。

```
<Script Language="JavaScript">
    var timedate= new Date("October
1,2013");
    var times=" 元旦 ";
    var now = new Date();
    var date = timedate.getTime() - now.
getTime();
    var time = Math.floor(date / (1000 * 60 *
60 * 24));
    if (time >= 0) ;
document.write(" 现在离 2013 年 "+times+"
还 有 : <font color=red><b>"+time +"</b></font>
天 ");
    </Script>
```

图15-13 输入代码

● 利用var date = timedate.getTime() − now. getTime()可以获得剩余时间，由于时间是以"毫米"为单位的，因此根据时间单位的换算率如下。

1天=24小时

1小时=60分钟

1分钟=60秒

1秒=1000毫米

● 利用var time = Math.floor(date / (1000 * 60 * 60 * 24))将剩余时间转为剩余天数。

❸保存文档，在浏览器中浏览，效果如图 15-14 所示。

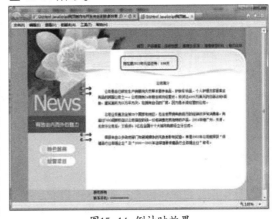

图15-14 倒计时效果

第16章 表达式与运算符

本章导读

运算符是在代码中对各种数据进行运算的符号。例如，有进行加、减、乘、除算术运算的运算符，有进行与、或、非、异或逻辑运算的运算符。表达式是由运算符和运算对象及圆括号组成的一个序列，它是由常量、变量、函数等用运算符连接而成的式子。表达式是构成程序代码的最基本要素。

技术要点

- 表达式
- 操作数
- 运算符介绍
- 算术运算符
- 关系运算符
- 字符串运算符
- 赋值运算符
- 逻辑运算符
- 位运算符

16.1 表达式

在定义完变量后，就可以进行赋值、改变和计算等一系列操作。这一过程通常又由表达式来完成。可以说表达式是变量、常量、布尔以及运算的集合，因此 JavaScript 表达式可以分为算术表达式、字符串表达式、赋值表达式和布尔表达式等。

一个正则表达式就是由普通字符及特殊字符（称为元字符）组成的文字模式。该模式描述在查找文字主体时待匹配的一个或多个字符串。正则表达式作为一个模板，将某个字符模式与所搜索的字符串进行匹配。创建一个正则表达式有如下两种方法。

第一种方法：

```
var reg = /pattern/;
```

第二种方法：RegExp 是正则表达式的缩写。当检索某个文本时，可以使用一种模式来描述要检索的内容。RegExp 就是这种模式。

```
var reg = new RegExp('pattern');
```

实例代码：

```
<script type="text/javascript">
function execReg(reg,str)
{ var result = reg.exec(str);
alert(result); }
var reg = /test/;
var str = 'testString';
execReg(reg,str);
</script>
```

最终将会输出 test，因为正则表达式 reg 会匹配 str('testString') 中的 'test' 子字符串，并且将其返回。运行代码，效果如图 16-1 所示。

图16-1 表达式

16.2　操作数

操作数是进行运算的常量或变量。如下代码，常量2和常量3都是操作数。

```
2+3
```

在以下代码中，变量x与常量10都是操作数。

```
x=10
```

在以下代码中，变量x、常量10和常量20都是操作数。

```
x=10+20
```

16.3　运算符介绍

在任何一种语言中，处理数据是必不可少的一个功能，而运算符就是处理数据中所不能缺少的一种符号。

16.3.1　运算符

运算符是一种用来处理数据的符号，日常算数中所用到的"+"、"-"、"×"、"÷"都属于运算符。在 JavaScript 中的运算符大多也是由这样一些符号所表示的，除此之外，还有一些运算符是使用关键字来表示的。

❶ JavaScript 具有下列种类的运算符：算术运算符、等同运算符与全同运算符、比较运算符。

❷ 目的分类：字符串运算符、逻辑运算符、逐位运算符和赋值运算符。

❸ 特殊运算符：条件运算符、typeof 运算符、创建对象运算符 new、delete 运算符、void 运算符号和逗号运算符。

算术运算符：+、-、*、/、%、++、--

等同运算符与全同运算符：==、===、!==、!===

比较运算符：<、>、<=、>=

字符串运算符：<、>、<=、>=、=、+

逻辑运算符：&&、||、!

赋值运算符：=、+=、*=、-=、/=

16.3.2　操作数的类型

运算符所连接的是操作数，而操作数也就是变量或常量。变量和常量都有一个数据类型，因此，在使用运算符创建表达式时，一定要注意操作数的数据类型。每一种运算符都要求其作用的操作数符合某种数据类型。

最基本的赋值操作数是等号（=），它会将右操作数的值直接赋给左操作数。也就是说，x=

y 将把 y 的值赋给 x。运算符 = 用于给 JavaScript 变量赋值。算术运算符 + 用于把值加起来。例如：

```
y=5;
z=3;
x=y+z;
```

16.4 算术运算符

在以上语句执行后，x 的值是 8。

JavaScript 算术运算符负责算术运算，JavaScript 算术运算符包括：+、-、*、/、%。用算术运算符和运算对象连接起来，符合规则 JavaScript 语法的式子，称为 JavaScript 算术表达式。

16.4.1 加法运算符

加法运算符（+）是一个二元运算符，可以对两个数字型的操作数进行相加运算，返回值是两个操作数之和。例如：

```
<script language="javascript">
<!--
    var i=15;
    var x=i+2;
    document.write(x);
-->
</script>
```

这里将 15 赋值给 i，运行加法运算 x=i+2，使用 document.write(x) 输出结果 x 为 17，如图 16-2 所示。

图16-2 加法运算符

16.4.2 减法运算符

减法运算符（-）是一个二元运算符，可以对两个数字型的操作数进行相减运算，返回第 1 个操作数减去第 2 个操作数的值。例如：

```
<script language="javascript">
<!--
    var i=15;      // 赋值给 i 值 15
    var x=i-2;
    document.write(x); // 输出 x
-->
</script>
```

将 15 赋值给 i，运行减法运算 var x=i-2，使用 document.write(x) 输出结果 x 为 13，如图 16-3 所示。

图16-13 减法运算符

16.4.3　乘法运算符

乘法运算符（*）是一个二元运算符，可以对两个数字型的操作数进行相乘运算，返回两个操作数之积。操作数类型要求为数值型。例如：

```
<script language="javascript">
<!--
    var i=15;              // 赋值给i值15
    var x=i*2;
    document.write(x);   // 输出x
-->
</script>
```

将15赋值给i，运行乘法运算 var x=i*2，使用 document.write(x) 输出结果 x 为30，如图16-4所示。

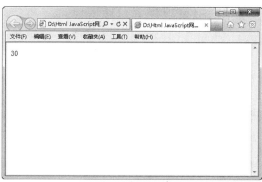

图16-4　乘法运算符

16.4.4　除法运算符

除法运算符（/）是一个二元运算符，可以对两个数字型的操作数进行相除运算，返回第1个操作数除以第2个操作数的值。例如：

```
<script language="javascript">
<!--
    var i=15;
    var x=i/2;
    document.write(x);
-->
```

```
</script>
```

将15赋值给i，运行除法运算 var x=i/2，使用 document.write(x) 输出结果 x 为7.5，如图16-5所示。

图16-5　除法运算符

16.4.5　取模运算符

取模运算符（%）是计算第一个运算数对第二个运算数的模，就是第一个运算数被第二个运算数除时，返回余数。如果运算数是非数字的，则转换成数字。

```
<script language="javascript">
<!--
    var i=15;
    var x=i%2;
    document.write(x);
-->
</script>
```

将15赋值给i，运行取模运算 var x=i%2，使用 document.write(x) 输出结果 x 为1，如图16-6所示。

图16-6　取模运算符

Html + JavaScript网页制作与开发完全学习手册

16.4.6 负号运算符

负号运算符（-）是一个一元运算符，可以将一个数字进行取反操作，即将一个正数转换成相应的负数，也可以将一个负数转换成相应的正数。例如：

```
<script language="javascript">
<!--
    var i=15;              // 正数
    var x=-i;              // 取反
    document.write(x);     // 输出 x
-->
</script>
```

将15赋值给i，运行取反运算 var x=-i，使用 document.write(x) 输出结果 x 为 -15，如图16-7所示。

图16-7 取反运算符

16.4.7 正号运算符

正号运算符（+），该运算符不会对操作数产生任何影响，只会让源代码看起来更清楚。例如：

```
<script language="javascript">
<!--
    var i=15;
    var x=+i;
    document.write(x);
```

```
-->
</script>
```

将15赋值给i，运行正号运算 var x=+i，使用 document.write(x) 输出结果 x 仍为 15，如图16-8所示。

图16-8 正号运算符

16.4.8 递增运算符

递增运算符（++）是单模操作符，因此它的操作数只有一个。例如 i++ 和 ++i，所做的运算都是将操作数加1。如果"++"位于运算数之前，先对运算数进行增量，然后计算运算数增长后的值，如果"++"位于运算数之前，先对运算数进行增量，然后计算运算数增长后的值。如果"++"位于运算数之后，应先使用再递增。例如：

```
<script language="javascript">
<!--var i=15;
var x=i++;
document.write(i+"<br>");
document.write(x+"<br>");
var i=15;
var x=++i;
document.write(i+"<br>");
document.write(x+"<br>");
--></script>
```

var x=i++ 是先将变量的值赋值给变量 x 之后，再对 x 进行递增操作。var x=++i 是先将变量 i 进行递增操作后再将变量 i 的值赋给变量 x，所以运行结果如图 16-9 所示。

图16-9 递增运算符

16.4.9 递减运算符

递减运算符也是单模操作符，其操作数只有一个，它的作用和递增操作符正好相反，是将操作数减 1，也可以将操作数放在前面或后面，i--、--i 都是合法的。例如：

```
<script language="javascript">
<!--
var i=15;
var x=i--;
```

```
document.write(i+"<br>");
document.write(x+"<br>");
var i=15;
var x=--i;
document.write(i+"<br>");
document.write(x+"<br>");
-->
</script>
```

var x=i-- 是先将变量的值赋值给变量 x 之后，再对 x 进行递减操作。var x=--i 是先将变量 i 进行递减操作后再将变量 i 的值赋给变量 x，所以运行结果如图 16-10 所示。

图16-10 递减运算符

16.5 关系运算符

关系运算符是把左操作数和右操作数做比较，然后返回一个逻辑值（true 或 false）。关系运算符包含相等运算符、等同运算符、不等运算符、不等同运算符、小于运算符、大于运算符、小于或等于运算符和大于或等于运算符。

16.5.1 相等运算符

相等运算符（==）是先进行类型转换再测试是否相等，如果左操作数等于右操作数，则返回 true，否则返回 false。例如：

基本语法：

```
<script language="javascript">
```

```
<!--
    var a = "10";
    var b = 10;
    var c = 11;
    if ( a==b )            //a、b发生类型转换
    {
    document.write("a 等于 b<br>");
// 如果 a=b 输出 a 等于 b
    }
    else
    {document.write("a 不等于 b<br>"); }
// 否则输出 a 不等于 b
    if ( b == c )
```

```
    {
      document.write("b 等于 c<br>");
    // 如果 b=c 输出 b 等于 c
    }
      else
    {document.write("b 不等于 c<br>"); }
    // 否则输出 b 不等于 c
    -->
</script>
```

语法说明：

相等运算符并不要求两个操作数的类型都一样，相等运算符会将字符串 "10" 与数字 10 认为是两个相等的操作数，运行代码，效果如图 16-11 所示。

图16-11 相等运算符

16.5.2　等同运算符

等同运算符（===）与相等运算符类似，也是一个二元运算符，同样可以比较两个操作数是否相等。此运算符不进行类型转换而直接进行测试，如果左操作数等于右操作数，则返回 true，否则返回 false。

```
<script language="javascript">
<!--
    var a = "10";
    var b = 10;
      var c = 11;
    if ( a === b )
```

```
    {
      document.write("a 等于 b<br>");
    }
      else
    {document.write("a 不等于 b<br>"); }
    if ( b === c )
    {
      document.write("b 等于 c<br>");
    }
      else
    {document.write("b 不等于 c<br>"); }
    -->
</script>
```

JavaScript 在使用相等运算符比较时，认为数字 10 和字符串 "10" 是相同的，而使用等同运算符进行比较时，认为数字 10 和字符串 "10" 是不同的，运行代码，效果如图 16-12 所示。

图16-12 等同运算符

16.5.3　不等运算符

不等于（! =）此操作符先进行类型转换再测试是否不相等，如果左操作数不等于右操作数，则返回 true，否则返回 false。例如：

```
<script language="javascript">
<!--
    var a = 10;
    var b = 10;
      var c = 11;
```

```
if ( a != b )
{
  document.write("a 等于 b<br>");
}
  else
{document.write("a 不等于 b<br>"); }
if ( b != c )
{
  document.write("b 等于 c<br>");
}
  else
{document.write("b 不等于 c<br>"); }
-->
</script>
```

只有不等运算符左右的操作数不相等才会返回 true，否则返回 false，运行代码，效果如图 16-13 所示。

图16-13 不等运算符

16.5.4 不等同运算符

不等同运算符（!==），此运算符不进行类型转换直接测试，如果左操作数不等于右操作数则返回 true，否则返回 false。例如：

```
<script language="javascript">
<!--
  var a = 10;
  var b = 10;
    var c = 11;
```

```
if ( a !== b )
{
  document.write("a 等于 b<br>");
}
  else
{document.write("a 不等于 b<br>"); }
if ( b !== c )
{
  document.write("b 等于 c<br>");
}
  else
{document.write("b 不等于 c<br>"); }
-->
</script>
```

运行代码，效果如图 16-14 所示。

图16-14 不等同运算符

16.5.5 小于运算符

小于运算符（<），如果左操作数小于右操作数，则返同 true，否则返同 false。例如：

```
<script language="javascript">
<!--
  var a = 10;          // 将 10 赋值给 a
  var b = 15;          // 将 15 赋值给 b
  if ( a<b )           // 判断 a 是否小于 b
{ document.write("a 小于 b<br>"); }
    else
{document.write("a 不小于 b<br>"); }
```

```
-->
</script>
```

将 10 赋值给 a，将 15 赋值给 b，因为 a<b 所以输出 a 小于 b，运行代码，效果如图 16-15 所示。

图16-15 小于运算符

16.5.6　大于运算符

大于运算符（>），如果左操作数大于右操作数，则返回 true，否则返回 false。例如：

```
<script language="javascript">
<!--
    var a = 10;
    var b = 15;
    if ( a>b )
    {document.write("a 大于 b<br>"); }
        else
    {document.write("a 不大于 b<br>"); }
-->
</script>
```

将 10 赋值给 a，将 15 赋值给 b，因为 a<b 所以输出 a 不大于 b，运行代码，效果如图 16-16 所示。

图16-16 大于运算符

16.5.7　小于或等于运算符

小于运算符（<=），如果左操作数小于等于右操作数，则返回 true，否则返回 false。例如：

```
<script language="javascript">
<!--
    var a = 10;
    var b = 15;
    if ( a<=b )
    { document.write("a 小于等于 b<br>"); }
        else
    {document.write("a 大于 b<br>"); }
-->
</script>
```

将 10 赋值给 a，将 15 赋值给 b，因为 a<b 所以输出 a 小于等于 b，运行代码，效果如图 16-17 所示。

图16-17 小于或等于运算符

16.5.8　大于或等于运算符

大于运算符（>=），如果左操作数大于等于右操作数，则返网 true，否则返回 false。例如：

```
<script language="javascript">
<!--
    var a = 15;
```

```
    var b = 15;
    if ( a>=b )
    {
      document.write("a 大于等于 b<br>");
    }
      else
    {document.write("a 小于 b<br>"); }
-->
</script>
```

将 10 赋值给 a，将 10 赋值给 b，因为

a=b 所以输出 a 大于等于 b，运行代码，效果如图 16-18 所示。

图16-18 大于或等于运算符

16.6　字符串运算符

字符串运算符除了比较操作符，可应用于字符串值的操作符还有连接操作符（+），它会将两个字符串连接在一起，并返回连接的结果。

+ 运算符用于把文本值或字符串变量加起来（连接起来）。如须把两个或多个字符串变量连接起来，即可使用 + 运算符。要想在两个字符串之间增加空格，需要把空格插入一个字符串之中，例如：

```
<script language="javascript">
<!--
    var txt1="What a very";
    var txt2="nice day";
    var txt3=txt1+" "+txt2;
    document.write( " 输出变量 txt3 : " + txt3 );
-->
</script>
```

在以上语句执行后，变量 txt3 包含的值是 What a very nice day，如图 16-19 所示。

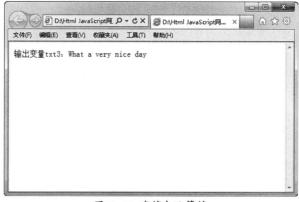

图16-19 字符串运算符

16.7　　赋值运算符

赋值运算符（＝）的作用是给一个变量赋值，即将某个数值指定给某个变量。JavaScript 的赋值运算符不仅可用于改变变量的值，还可以与其他一些运算符联合使用，构成混合赋值运算符。

- ＝将右边的值赋给左边的变量。
- += 将运算符左边的变量递增右边表达式的值。
- −= 将运算符左边的变量递减右边表达式的值。
- *= 将运算符左边的变量乘以右边表达式的值。
- /= 将运算符左边的变量除以右边表达式的值。
- %= 将运算符左边的变量用右边表达式的值求模。
- &= 将运算符左边的变量与右边表达式的值按位与。
- != 将运算符左边的变量与右边表达式的值按位或。
- ^= 将运算符左边的变量与右边表达式的值按位异或。
- <<= 将运算符左边的变量左移，具体位数由右边表达式的值给出。
- >>= 将运算符左边的变量右移，具体位数由右边表达式的值给出。
- >>>= 将运算符左边的变量进行无符号右移，具体位数由右边表达式的值给出。

赋值表达式的值也就是所赋的值。例如，x=(y+=z) 就相当于 x=(y=y+z)，相当于 x=y+z，x 的值由于赋值语句的变化而不断发生变化，而 y 的值始终不变。

下面举一些例子来说明赋值运算符的用法：

设 a=3 b=2

```
a+=b=5 a-=b=1
a*=b=6 a/=b=1.5
a%=b=1 a&=b=2
```

16.8　　逻辑运算符

程序设计语言还包含一种非常重要的运算——逻辑运算。逻辑运算符比较两个布尔值（真或假），然后返回一个布尔值。逻辑运算符包括 "&&" 逻辑与运算、"||" 逻辑或运算符和 "!" 逻辑非运算符

16.8.1　逻辑与运算符

逻辑与运算符（&&）要求左右两个操作数的值都必须是布尔值。逻辑与运算符可以对左右两个操作数进行 AND 运算，只有左右两个操作数的值都为真（true）时，才会返回 true。如果其中一个或两个操作数的值为假（false），其返回值都为 false。例如：

```
<script language="javascript">
```

```
var x= 10;          // 将 10 赋值给 x
var y= 10;          // 将 10 赋值给 y
var z= 2;           // 将 2 赋值给 z
if(x==y &&y==z)
    {
      document.write( "true" )
    }
      else
{ document.write ( "false" )}
</script>
```

x 和 y 都等于 10，z 等于 2，所以 y 并不等于 z，运行代码，效果如图 16-20 所示。

图16-20 逻辑与运算符

16.8.2 逻辑或运算符

逻辑或运算符（‖）要求左右两个操作数的值都必须是布尔值。逻辑或运算符可以对左右两个操作数进行 OR 运算，只有左右两个操作数的值都为假（false）时，才会返回 false。如果其中一个或两个操作数的值为真（true），其返回值都为 true。例如：

```
<script language="javascript">
var x= 10;
var y= 10;
var z= 2;
if(x==y || y==z)
    {
      document.write( "true" )
    }
      else
{
      document.write ( "false" )
    }
</script>
```

x 和 y 都等于 10，执行逻辑或运算符效果，如图 16-21 所示。

图16-21 逻辑或运算符

16.8.3 逻辑非运算符

逻辑非运算符（!）是一个一元运算符，要求操作数放在运算符之后，并且操作数的值必须是布尔型。逻辑非运算符可以对操作数进行取反操作，如果运算数的值为 true，取反操作之后的结果为 false；如果运算数的值为 false，取反操作之后的结果为 true。例如：

```
!true=false
!false=true
```

16.9 位运算符

位操作符执行位操作时，操作符会将操作数看作一串二进制位（1和0），而不是十进制、十六进制或八进制数字。例如，十进制的9就是二进制的1001。位操作符在执行的时候会以二进制形式进行操作，但返回的值仍是标准的 JavaScript 数值。

16.9.1 位与运算符

位与运算符（&）是一个二元运算符，该运算符可以将左右两个操作数逐位执行 AND 操作，即只有两个操作数中相对应的位都为1时，该结果中的这一位才为1，否则为0。例如：

```javascript
<script language="javascript">
<!--
var expr1 = 9;
var expr2 = 15;
var result = expr1 & expr2;
document.write(result);
-->
</script>
```

在进行位与操作时，位与运算符会先将十进制的操作数转化为二进制，再将二进制中的每一位数值逐位进行 AND 操作，得出结果将转化为十进制，9 对应的二进制数是 1001，15 对应的二进制数是 1111（1001&1111=1001），所以运行代码效果结果为9，如图 16-22 所示。

图16-22 位与运算符

16.9.2 位或运算符

位运算由符号 | 表示，位或操作符是对两个操作符数进行或操作，因此对于每一位来说，0|0=0，0|1=1，1|0=1，1|1=1。例如：

```javascript
<script language="javascript">
<!--
var expr1 = 9;
var expr2 = 15;
var result = expr1 | expr2;
document.write(result);
-->
</script>
```

9 对应的二进制数是 1001，15 对应的二进制数是 1111（1001|1111 = 1111），所以运行代码效果结果为 15，如图 16-23 所示。

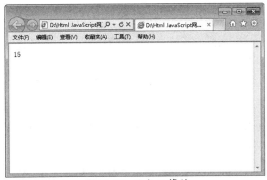

图16-23 位或运算符

16.9.3 位异或运算符

逐位异或运算符（^）和逐位与运算符类似，可以将左右两个操作数逐位执行异或操作。所谓异或操作是指，第 1 个操作数与第 2 个操作数相对应的位上两个数值相同时结果为 0，否则为 1。例如：

```javascript
<script language="javascript">
```

```
<!--
var expr1 = 9;
var expr2 = 15;
var result = expr1 ^ expr2;
document.write(result);
-->
</script>
```

9 对应的二进制数是 1001，15 对应的二进制数是 1111（1001 ^ 1111 = 0110），所以运行代码效果结果为 6，如图 16-24 所示。

图16-24 位异或运算符

16.9.4 位非运算符

位非运算符（~）符是单模运算符，它和汇编语言里的按位取非操作是一样的。它所做的操作就是把 1 换成 0，再把 0 换成 1，~0=1，~1=0。例如：

```
<script language="javascript">
<!--
var iNum1 = 6;      //6 的二进制数等于00000110
var iNum2 = ~iNum1; // 转换二进制数取非为 11111001
document.write(iNum2);
-->
</script>
```

6 的二进制数等于 00000110，转换二进制数取非为 11111001，所以运行代码效果结果为

-7，如图 16-25 所示。

图16-25 位非运算符

16.9.5 左移运算符

左移操作符（<<）是双模操作符，它和汇编语言里的左移运算是一样的。它是对左操作数进行向左移位的操作，右操作数给出了要移动的位数，在移位的过程中，左操作数的最低位用 0 补充。例如：

```
<script language="javascript">
<!--
var iOld = 9;       //9 等于二进制 1001
var iNew = iOld << 2;  // 向左移两位变成 100100
document.write(iNew);
-->
</script>
```

因为 9 对应的二进制数是 1001，向左移两位变成 100100，所以运行代码效果结果为 36，如图 16-26 所示。

图16-26 左移运算符

16.9.6 带符号右移运算符

右移运算符（>>）也是双模操作符，它和左移操作符有点相似。它对左操作数进行右移位操作，右操作数给出了要移动的位数。不过，在移位的过程中，是丢弃移出的位，而左边用0填充（负数用1填充）。例如：

```html
<script language="javascript">
<!--
var iOld = 9;        //9 等于二进制 1001
var iNew = iOld >> 2;  // 向左移两位变成 10
document.write(iNew);
-->
</script>
```

因为9对应的二进制数是1001，右移两位变成10，所以运行代码效果结果为2，如图16-27所示。

图16-27 带符号右移运算符

第17章 JavaScript 程序核心语法

本章导读

　　JavaScript 中的函数本身就是一个对象，而且可以说是最重要的对象。之所以称之为最重要的对象，一方面它可以扮演像其他语言中函数的同样角色，可以被调用，可以被传入参数。另一方面它还被作为对象的构造器来使用，可以结合 new 操作符来创建对象。

　　JavaScript 中提供了多种用于程序流程控制的语句，这些语句可以分为选择和循环两大类。选择语句包括 if、switch 系列，循环语句包括 while、for 等。

技术要点

- 什么是函数
- 理解函数的参数传递
- 函数中变量的作用域和返回值
- 函数的定义
- 使用选择语句
- 使用循环语句

实例展示

禁止鼠标右键效果

17.1 函数

函数是 JavaScript 中最灵活的一种对象，函数是由事件驱动的或者当它被调用时执行的可重复使用的代码块。JavaScript 提供了许多函数供开发人员使用。

17.1.1 什么是函数

JavaScript 中的函数是可以完成某种特定功能的一系列代码的集合，在函数被调用前，函数体内的代码并不执行，即独立于主程序。编写主程序时不需要知道函数体内的代码如何编写，只需要使用函数方法即可。可把程序中大部分功能拆解成一个个函数，使程序代码结构清晰，易于理解和维护。函数的代码执行结果不一定是一成不变的，可以通过向函数传参数，以解决不同情况下的问题，函数也可返回一个值。

函数是进行模块化程序设计的基础，编写复杂的应用程序，必须对函数有更深入的了解。JavaScript 中的函数不同于其他的语言，每个函数都是作为一个对象被维护和运行的。通过函数对象的性质，可以很方便地将一个函数赋值给一个变量或者将函数作为参数传递。在继续讲述之前，先看一下函数的语法：

```
function func1(…){…}
var func2=function(…){…};
var func3=function func4(…){…};
var func5=new Function();
```

这些都是声明函数的正确语法。

可以用 function 关键字定义一个函数，并为每个函数指定一个函数名，通过函数名来进行调用。在 JavaScript 解释执行时，函数都是被维护为一个对象，这就是要介绍的函数对象（Function Object）。

函数对象与其他用户所定义的对象有着本质的区别，这一类对象被称之为内部对象，例如，日期对象（Date）、数组对象（Array）、字符串对象（String），它们都属于内部对象。这些内置对象的构造器是由 JavaScript 本身所定义的：通过执行 new Array() 这样的语句返回一个对象，JavaScript 内部有一套机制来初始化返回的对象，而不是由用户来指定对象的构造方式。

函数就是包裹在花括号中的代码块，下面使用关键词 function：

```
function functionname()
{
这里是要执行的代码
}
```

当调用该函数时，会执行函数内的代码。

可以在某事件发生时直接调用函数（例如当用户单击按钮时），并且可由 JavaScript 在任何位置进行调用。

★ 提示 ★

JavaScript对大小写敏感。关键词function必须是小写的，并且必须以与函数名称相同的大小写来调用函数。

17.1.2 函数的参数传递

在调用函数时，可以向其传递值，这些值被称为参数。这些参数可以在函数中使用，可以发送任意多的参数，由逗号分隔。

```
myFunction(argument1,argument2)
```

当声明函数时，需要把参数作为变量来声明。

```
function myFunction(var1,var2)
{
```

```
这里是要执行的代码
}
```

变量和参数必须以一致的顺序出现。第一个变量就是第一个被传递参数的给定值，以此类推。例如：

```
<button onclick="myFunction('Potter','CEO')"> 点击这里 </button>
<script>
function myFunction(name,job)
{
alert("Welcome " + name + ", the " + job);
}
</script>
```

上面的函数会当按钮被单击时提示 Welcome Potter, the CEO，运行代码，效果如图 17-1 所示。

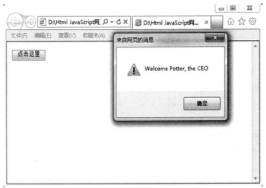

图17-1 调用带参数的函数

17.1.3 函数中变量的作用域和返回值

有时，我们会希望函数将值返回调用它的地方，通过使用 return 语句就可以实现。在使用 return 语句时，函数会停止执行，并返回指定的值。语法如下：

```
function myFunction()
{
var x=5;
return x;
```

```
}
```

整个 JavaScript 并不会停止执行，仅仅是函数。JavaScript 将继续执行代码，从调用函数的地方。函数调用将被返回值 5 取代。

实例代码：

```
<!DOCTYPE html PUBLIC "-//W3C//DTD XHTML 1.0 Transitional//EN"
    "http://www.w3.org/TR/xhtml1/DTD/xhtml1-transitional.dtd">
    <html xmlns="http://www.w3.org/1999/xhtml">
    <meta http-equiv="Content-Type" content="text/html; charset=gb2312" />
    <body>
    <p> 返回结果：</p>
    <p id="jie"></p>
    <script>
    function myFunction(a,b)
    {
    return a*b;
    }
    document.getElementById("jie").innerHTML=myFunction(2,3);
    </script>
    </body>
    </html>
```

本例调用的函数会执行一个乘法计算，然后返回运行结果 6，效果如图 17-2 所示。

图17-2 带有返回值的函数

17.2　函数的定义

使用函数首先要学会如何定义，JavaScript 的函数属于 Function 对象，因此可以使用 Function 对象的构造函数来创建一个函数。同时也可以使用 Function 关键字以普通的形式来定义一个函数。下面就讲述函数的定义方法。

17.2.1　函数的普通定义方式

普通定义方式使用关键字 function，也是最常用的方式，形式上与其他的编程语言一样，语法格式如下。

基本语法：

```
Function 函数名（参数1，参数2，……）
{ [ 语句组 ]
Return [ 表达式 ]
}
```

语法解释：

● function：必选项，定义函数用的关键字。

● 函数名：必选项，合法的JavaScript标识符。

● 参数：可选项，合法的JavaScript标识符，外部的数据可以通过参数传送到函数内部。

● 语句组：可选项，JavaScript程序语句，当为空时函数没有任何动作。

● return：可选项，遇到此指令函数执行结束并返回，当省略该项时函数将在右花括号处结束。

● 表达式：可选项，其值作为函数返回值。

实例代码：

```
<!DOCTYPE html PUBLIC "-//W3C//DTD
XHTML 1.0 Transitional//EN"
    "http://www.w3.org/TR/xhtml1/DTD/xhtml1-
transitional.dtd">
```

```html
<html xmlns="http://www.w3.org/1999/
xhtml">
    <head>
    <meta http-equiv="Content-Type"
content="text/html; charset=gb2312" />
    <title></title>
    <script type="text/javascript">
function displaymessage()
{
alert("您好！");
}
</script>
</head>
<body>
<form>
<input type="button" value=" 点 击 我 !"
onClick="displaymessage()" />
</form>
</body>
</html>
```

这段代码首先在 JavaScript 内建立一个 displaymessage() 显示函数。在正文文档中插入一个按钮，当单击按钮时，显示"您好！"。运行代码在浏览器中预览，效果如图 17-3 所示。

图17-3　函数的应用

17.2.2　函数的变量定义方式

在 JavaScript 中，函数对象对应的类型是 Function，正如数组对象对应的类型是 Array，日期对象对应的类型是和 Date 一样，可以通过 new Function() 来创建一个函数对象，语法如下。

基本语法：

Var 变量名 =new Function（[参数1，参数2，⋯⋯]，函数体）；

语法解释：

● 变量名：必选项，代表函数名，是合法的JavaScript标识符。

● 参数：可选项，作为函数参数的字符串，必须是合法的JavaScript标识符，当函数没有参数时可以忽略此项。

● 函数体：可选项，一个字符串。相当于函数体内的程序语句系列，各语句使用分号隔开。

用 new Function() 的形式来创建一个函数不常见，因为一个函数体通常会有多条语句，如果将它们以一个字符串的形式作为参数传递，代码的可读性差。

实例代码：

```javascript
<script language="javascript">
  var circularityArea = new Function( "r", "return r*r*Math.PI" ); // 创建一个函数对象
  var rCircle = 5;                                    // 给定圆的半径
  var area = circularityArea(rCircle);               // 使用求圆面积的函数求面积
  document.write( " 半径为 5 的圆面积为：" + area );   // 输出结果
</script>
```

该代码使用变量定义方式定义一个求圆面积的函数，设定一个半径为 5 的圆并求其面积。运行代码在浏览器中预览，效果如图 17-4 所示。

17.2.3　函数的指针调用方式

前面的代码中，函数的调用方式是最常见的，但是 JavaScript 中函数调用的形式比较多，非常灵活。有一种重要的，在其他语言中也经常使用的调用形式叫做回调，其机制是通过指针来调用函数。回调函数按照调用者的约定实现函数的功能，由调用者调用。通常使用在自己定义功能而由第三方去实现的场合，下面举例说明，代码如下：

```javascript
<script language="javascript">
  function SortNumber( obj, func )    // 定义通用排序函数
  {// 参数验证，如果第一个参数不是数组或第二个参数不是函数则抛出异常
    if( !(obj instanceof Array) || !(func instanceof Function))
    {
      var e = new Error();           // 生成错误信息
      e.number = 100000;             // 定义错误号
```

```
        e.message = " 参数无效 ";            // 错误描述
        throw e;                        // 抛出异常
    }
    for( n in obj )                      // 开始排序
    {
        for( m in obj )
        {if( func( obj[n], obj[m] ) )     // 使用回调函数排序，规则由用户设定
        {
            var tmp = obj[n];
            obj[n] = obj[m];
            obj[m] = tmp;
        }
        }
    }
    return obj;                          // 返回排序后的数组
}
function greatThan( arg1, arg2 )         // 回调函数，用户定义的排序规则
{ return arg1 < arg2;                    // 规则：从大到小
}
try
{ var numAry = new Array( 6,14,12,33,25,51,90,86 ); // 生成一数组
    document.write("<li> 排序前："+numAry);          // 输出排序前的数据
    SortNumber( numAry, greatThan )                  // 调用排序函数
    document.write("<li> 排序后："+numAry);          // 输出排序后的数组
}
catch(e)
{ alert( e.number+"：  "+e.message );               // 异常处理
}
</script>
```

这段代码演示了回调函数的使用方法。首先定义一个通用排序函数 SortNumber(obj, func)，其本身不定义排序规则，规则交由第三方函数实现。接着定义一个 greatThan(arg1, arg2) 函数，其内创建一个以小到大为关系的规则。document.write("<li> 排序前："+numAry) 输出未排序的数组。接着调用 SortNumber(numAry, greatThan) 函数排序。运行代码在浏览器中预览，效果如图 17-5 所示。

图17-4 函数的应用

图17-5 函数的指针调用方式

17.3 使用选择语句

选择语句就是通过判断条件来选择执行的代码块。JavaScript 中选择语句有 if 语句和 switch 语句两种。

17.3.1 if选择语句

if 语句只有当指定条件为 true 时，该语句才会执行代码。

基本语法：

```
if ( 条件 )
{
只有当条件为 true 时执行的代码
}
```

> ★ 提示 ★
>
> 请使用小写的 if。使用大写字母（IF）会产生 JavaScript 错误！

实例代码：

```
<!DOCTYPE html PUBLIC "-//W3C//DTD XHTML 1.0 Transitional//EN"
"http://www.w3.org/TR/xhtml1/DTD/xhtml1-transitional.dtd">
<html xmlns="http://www.w3.org/1999/xhtml">
<meta http-equiv="Content-Type" content="text/html; charset=gb2312" />
<html>
<body>
<script type="text/javascript">
var vText = "Good day";
var vLen = vText.length;
if (vLen < 20)
{
document.write("<p> 该字符串长度小于 20。</p>")
}
</script>
```

```
</body>
</html>
```

本实例用到了 JavaScript 的 if 条件语句。首先用 length 计算出字符串 Good day 的长度，然后使用 if 语句进行判断，如果该字符串长度 <20，就显示"该字符串长度小于 20"，运行代码，效果如图 17-6 所示。

图17-6　if选择语句

17.3.2　if…else选择语句

如果希望条件成立时执行一段代码，而条件不成立时执行另一段代码，那么可以使用 if…else 语句。if…else 语句是 JavaScript 中最基本的控制语句，通过它可以改变语句的执行顺序。

基本语法：

```
if( 条件 )
{
    条件成立时执行此代码
}
else
{
    条件不成立时执行此代码
}
```

这句语法的含义是，如果符合条件，则执行 if 语句中的代码，反之，则执行 else 代码。

实例代码：

```html
<!DOCTYPE html PUBLIC "-//W3C//DTD XHTML 1.0 Transitional//EN"
"http://www.w3.org/TR/xhtml1/DTD/xhtml1-transitional.dtd">
<html xmlns="http://www.w3.org/1999/xhtml">
<head>
<meta http-equiv="Content-Type" content="text/html; charset=gb2312" />
</head>
<body>
<script language="javascript">
    var hours = 5;                          // 设定当前时间
    if( hours < 8 )                         // 如果不到 8 点则执行以下代码
    {
    document.write(" 当前时间是 " + hours + " 点，还没到 8 点，你可以继续休息！ ");
    }
```

```
</script>
</body>
</html>
```

使用 var hours=5 定义一个变量，hours 表示当前时间，其值设定为 5。接着使用一个 if 语句判断变量 hours 的值是否小于 8，小于 8 则执行 if 块花括号中的语句，即弹出一个提示框显示"当前时间 5 点，还没到 8 点，你可以继续休息"。运行代码，效果如图 17-7 所示。

当前时间是 5 点，还没到 8 点，你可以继续休息！

图17-7　if…else选择语句

17.3.3　if…else if…else选择语句

当需要选择多套代码中的一套来运行时，那么，可以使用 if…else if…else 语句。

基本语法：

```
if ( 条件 1)
    {
    当条件 1 为 true 时执行的代码
    }
else if ( 条件 2)
    {
    当条件 2 为 true 时执行的代码
    }
else
    {
    当条件 1 和 条件 2 都不为 true 时执行的
代码
    }
```

实例代码：

```
<!DOCTYPE html PUBLIC "-//W3C//DTD XHTML 1.0 Transitional//EN"
"http://www.w3.org/TR/xhtml1/DTD/xhtml1-transitional.dtd">
<html xmlns="http://www.w3.org/1999/xhtml">
<head>
<meta http-equiv="Content-Type" content="text/html; charset=gb2312" />
</head>
<body>
<script type="text/javascript">
var d = new Date();
var time = d.getHours();
if (time<10)
{
document.write("<b> 早上好！  </b>");
}
else if (time>10 && time<16)
{
```

```
document.write("<b> 中午好 </b>");
}
else
{
document.write("<b> 下午好 !</b>");
}
</script>
</body>
</html>
```

如果时间早于 10 点，则将发送问候 "早上好"，否则如果时间早于 16 点晚于 10 点，则发送问候 "中午好"，除上述两种情况外发送问候 "下午好"，运行代码，效果如图 17-8 所示。

图17-8 if…else if…else选择语句

17.3.4 switch多条件选择语句

当判断条件比较多时，为了使程序更加清晰，可以使用 switch 语句。使用 switch 语句时，表达式的值将与每个 case 语句中的常量做比较。如果相匹配，则执行该 case 语句后的代码；如果没有一个 case 的常量与表达式的值相匹配，则执行 default 语句。当然，default 语句是可选的。如果没有相匹配的 case 语句，也没有 default 语句，则什么也不执行。

基本语法：

```
switch(n)
  {
```

```
case 1:
   执行代码块 1
   break
case 2:
   执行代码块 2
   break
default:
   如果 n 即不是 1 也不是 2，则执行此代码
  }
```

语法解释：

switch 后面的 n 可以是表达式，也可以（通常）是变量。然后表达式中的值会与 case 中的数字做比较，如果与某个 case 相匹配，那么，其后的代码就会被执行。

switch 语句通常使用在有多种出口选择的分支结构上，例如，信号处理中心可以对多个信号进行响应，针对不同的信号均有相应的处理。

switch 语句通常使用在有多种出口选择的分支机构上，例如，信号处理中心可以对多个信号进行响应。针对不同的信号均有相应的处理，下面举例帮助理解。

实例代码：

```
<!DOCTYPE html PUBLIC "-//W3C//DTD
XHTML 1.0 Transitional//EN"
    "http://www.w3.org/TR/xhtml1/DTD/xhtml1-
transitional.dtd">
    <html xmlns="http://www.w3.org/1999/
xhtml">
    <head>
    <meta http-equiv="Content-Type"
content="text/html; charset=gb2312" />
    </head>
    <body>
    <script type="text/javascript">
```

```
var d = new Date()
theDay=d.getDay()
switch (theDay)
{
case 5:
document.write("<b> 今天是星期五哦。</
b>")
break
case 6:
document.write("<b> 到周末啦！ </b>")
break
case 0:
document.write("<b> 明天又要上班喽。</
b>")
break
default:
document.write("<b> 周末过的真快，工作
```

```
时间好慢哦！ </b>")
}
</script>
</body>
</html>
```

本实例使用了 switch 条件语句，根据星期几的不同，显示不同的输出文字。运行代码，效果如图 17-9 所示。

图17-9 switch多条件选择语句

17.4 使用循环语句

循环语句是指当条件为 true 时，反复执行某一个代码块的功能。JavaScript 中有 while、do…while、for、for…in 四种循环语句。如果事先不确定需要执行多少次循环时一般使用 while 或 do…while 循环，而确定使用多少次循环时一般使用 for 循环。for…in 循环只对数组类型或对象类型使用。

循环语句的代码块中也可以使用 break 语句来提前跳出循环，使用方法与 switch 中相同。还可以用 continue 语句来提前跳出本次循环，进行下一次循环。

17.4.1 for循环语句

遇到重复执行指定次数的代码时，使用 for 循环比较合适。在执行 for 循环体中的语句前，有三个语句将得到执行，这三个语句的运行结果将决定是否要进入 for 循环体。

基本语法：

```
for（初始化；条件表达式；增量）
{
语句集；
……
}
```

语法说明：

初始化总是一个赋值语句，它用来给循环控制变量赋初值；条件表达式是一个关系表达式，它决定什么时候退出循环；增量定义循环控制变量每循环一次后按什么方式变化。这三个部分之间用 ";" 分开。例如，for(i=1; i<=10; i++) 语句。上例中先给 i 赋初值 1，判断 i 是否小于等于 10，若是则执行语句，之后值增加 1。再重新判断，直到条件为假，即 i>10 时，结束循环。

实例代码：

```
<!DOCTYPE html PUBLIC "-//W3C//DTD
XHTML 1.0 Transitional//EN"
   "http://www.w3.org/TR/xhtml1/DTD/xhtml1-
transitional.dtd">
   <html xmlns="http://www.w3.org/1999/
xhtml">
   <meta http-equiv="Content-Type"
content="text/html; charset=gb2312" />
   <body>
   <p>单击显示循环次数：</p>
   <button onclick="myFunction()">点 击</
button>
   <p id="demo"></p>
   <script>
   function myFunction()
   {
   var x="";
   for (var i=0;i<10;i++)
   {
   x=x + "The number is " + i + "<br>";
   }
   document.getElementById("demo").
innerHTML=x;
   }
   </script>
   </body>
   </html>
```

在循环开始之前设置变量（var i=0），接着定义循环运行的条件（i 必须小于 10），在每次代码块已被执行后增加一个值 (i++)，运行代码，效果如图 17-10 所示。

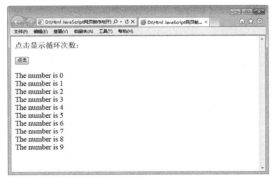

图17-10 for循环语句

★ 提示 ★

for循环的写法非常灵活，圆括号中的语句可以用来写出技巧性很强的代码，读者可以自行实验。

17.4.2 while循环语句

当重复执行动作的情形比较简单时，就不需要用 for 循环，可以使用 while 循环代替。While 循环在执行循环体前测试一个条件，如果条件成立则进入循环体，否则跳到循环体后的第一条语句。

基本语法：

```
while（条件表达式）{
语句组；
......
}
```

语法解释：

● 条件表达式：必选项，以其返回值作为进入循环体的条件。无论返回什么样类型的值，都被作为布尔型处理，为真时进入循环体。

● 语句组可选项，一条或多条语句组成。

在 while 循环体重复操作 while 的条件表达，使循环到该语句时就结束。

实例代码：

```javascript
<script language="javascript">
  var num = 1;
  while( num < 100 )
  {
    document.write( num + " " );
    num++;
  }
</script>
```

使用 num 是否小于 100 来决定是否进入循环体，num++ 递增 num，当其值达到 100 后循环将结束，运行结果如图 17-11 所示。

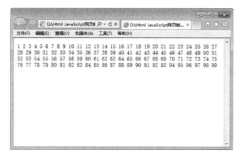

图17-11 使用while语句

17.4.3 do…while循环语句

do…while 循环是 while 循环的变体。该循环会执行一次代码块，在检查条件是否为真之前，如果条件为真，就会重复这个循环。

语法：

```
do
{
语句组 ；
}
while ( 条件 );
```

实例代码：

```html
<!DOCTYPE html PUBLIC "-//W3C//DTD
XHTML 1.0 Transitional//EN"
    "http://www.w3.org/TR/xhtml1/DTD/xhtml1-transitional.dtd">
<html xmlns="http://www.w3.org/1999/xhtml">
    <meta http-equiv="Content-Type" content="text/html; charset=gb2312" />
    <body>
    <p> 单击下面的按钮，只要 i 小于 5 就一直循环代码块。</p>
    <button onclick="myFunction()"> 点击这里</button>
    <p id="demo"></p>
    <script>
    function myFunction()
    {
    var x="",i=0;
    do
      {
      x=x + "The number is " + i + "<br>";
      i++;
      }
    while (i<5)
    document.getElementById("demo").innerHTML=x;
    }
    </script>
    </body>
</html>
```

使用 do…while 循环。该循环至少会执行一次，即使条件是 false，隐藏代码块会在条件被测试前执行，只要 i 小于 5 就一直循环代码块，运行代码，效果如图 17-12 所示。

图17-12 do…while循环语句

17.4.4 break和continue跳转语句

continue 与 break 的区别是：break 为彻底结束循环，而 continue 是结束本次循环。

1. Break 语句

break 语句可用于跳出循环，break 语句跳出循环后，会继续执行该循环之后的代码。

实例代码：

```
<!DOCTYPE html PUBLIC "-//W3C//DTD
XHTML 1.0 Transitional//EN"
"http://www.w3.org/TR/xhtml1/DTD/xhtml1-
transitional.dtd">
<html xmlns="http://www.w3.org/1999/
xhtml">
<meta http-equiv="Content-Type"
content="text/html; charset=gb2312" />
<body>
<p> 带有 break 语句的循环。</p>
<button onclick="myFunction()"> 单击这里
</button>
<p id="demo"></p>
<script>
function myFunction()
{
var x="",i=0;
for (i=0;i<10;i++)
 {
 if (i==3)
  {break;}
 x=x + "The number is " + i + "<br>";
 }
document.getElementById("demo").
innerHTML=x;
}
</script>
</body>
</html>
```

当 i==3 时，使用 break 语句停止循环，运行代码，效果如图 17-13 所示。

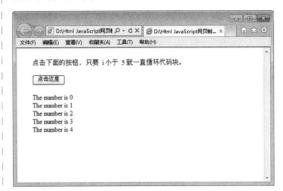

图17-13 break语句

2. continue 跳转语句

continue 语句的作用为结束本次循环，接着进行下一次是否执行循环的判断。continue 语句只能用在 while 语句、do/while 语句、for 语句，或者 for…in 语句的循环体内，在其他地方使用都会引起错误。

实例代码：

```
<!DOCTYPE html PUBLIC "-//W3C//DTD
XHTML 1.0 Transitional//EN"
"http://www.w3.org/TR/xhtml1/DTD/xhtml1-
transitional.dtd">
<html xmlns="http://www.w3.org/1999/
xhtml">
<meta http-equiv="Content-Type"
content="text/html; charset=gb2312" />
<body>
<p> 单击下面的按钮来执行循环，该循环
会跳过 i=5。</p>
<button onclick="myFunction()"> 点击这里
</button>
<p id="demo"></p>
<script>
function myFunction()
{
var x="",i=0;
```

```
for (i=0;i<10;i++)
    {
    if (i==5)
    { continue; }
    x=x + "The number is " + i + "<br>";
    }
document.getElementById("demo").
innerHTML=x;
    }
</script>
</body>
</html>
```

本实例跳过了值 5，运行代码，效果如图 17-14 所示。

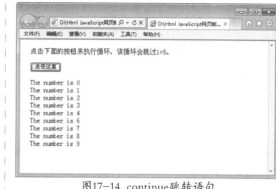

图17-14 continue跳转语句

17.5 综合实战——禁止鼠标右击

在一些网页上，当用户单击鼠标右键时会弹出警告窗口或没有任何反应。禁止鼠标右击的具体操作步骤如下。

❶ 使用 Dreamweaver CS6 打开网页文档，如图 17-15 所示。

❷ 打开拆分视图，在 <head> 和 </head> 之间相应的位置输入以下代码，如图 17-16 所示。

```
<script language=javascript>
```

图17-15 打开网页文档

图17-16 输入代码

```
function click() {
if (event.button==2) {
alert(' 禁止右击！ ')}}
function CtrlKeyDown(){
if (event.ctrlKey) {
```

```
alert(' 禁止使用右键复制！ ') }}
document.onkeydown=CtrlKeyDown;
document.onmousedown=click;
</script>
```

❸保存文档，在浏览器中浏览，效果如图 17-17 所示。

图17-17 禁止鼠标右键效果

第18章 JavaScript核心对象

本章导读

对象就是一种数据结构，包含了各种命名好的数据属性，而且还可以包含对这些数据进行操作的方法函数，一个对象将数据与方法组织到一个灵巧的对象包中，这样就大大增强了代码的模块性和重用性，从而使程序设计更加容易、轻松。

技术要点

- 面向对象编程的简单概念
- 对象应用
- JavaScript 的对象层次

实例展示

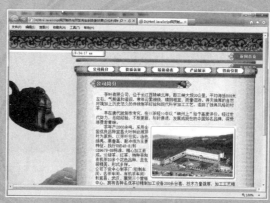

显示当前时间效果

18.1 面向对象编程的简单概念

面向对象程序设计是现在最流行的程序设计方法，这种方法有别于前面介绍的基于过程的程序设计方法。目前的主流程序设计语言Java、C#、C++、PHP、JavaScript全部支持面向对象程序设计。

18.1.1 什么是面向对象

JavaScript是一种面向对象的动态脚本语言，也是一种基于对象和事件驱动并具有安全性能的脚本语言。它具有面向对象语言所特有的各种特性，例如，封装、继承及多态等。但对于大多数人说，我们只把JavaScript作为一个函数式语言，只把它用于一些简单的前端数据输入验证，以及实现一些简单的页面动态效果等，没能完全把握动态语言的各种特性。

在很多优秀的Ajax框架中，如JQuery等，大量使用了JavaScript的面向对象特性，要使用好ext技术、JavaScript的高级特性、面向对象语言特性必须完全把握。

JavaScript核心对象Array、Boolean、Date、Function、Math、Number、Object和String。这些对象同时适用于客户端和服务器端JavaScript。

核心对象，如表18-1所示。

表18-1 核心对象

对象	描述
Array	表述数组
Boolean	表述布尔值
Date	表述日期
Function	指定了一个可编译为函数的字符串JavaScript代码
Math	提供了基本的数学常量和函数，如其PI属性包含了π的值
Number	表述实数数值

对象	描述
Object	包含了由所有JavaScript对象共享的基本功能
RegExp	表述了一个正则表达式，同时包含了由所有正则表达式对象的共享的静态属性
String	表述了一个JavaScript字符串

18.1.2 如何创建对象

JavaScript中的几乎所有事务都是对象，包括：字符串、数字、数组、日期、函数等。创建新对象有两种不同的方法。

❶定义并创建对象的实例。
❷使用函数来定义对象，然后创建新的对象实例。

基本语法：

```
var object=new objectname();
```

● var是声明对象变量。
● object是对象的名称。
● new是JavaScript关键词。
● object name是构造函数名称。

也可以创建自己的对象，还可以向已存在的对象添加属性和方法。

实例代码：

```
<!DOCTYPE html PUBLIC "-//W3C//DTD XHTML 1.0 Transitional//EN"
"http://www.w3.org/TR/xhtml1/DTD/xhtml1-transitional.dtd">
<html xmlns="http://www.w3.org/1999/xhtml">
<head>
<meta http-equiv="content-Type"
```

```
content="text/html; charset=gb2312" />
    </head>
    <body>
    <script>
    person=new Object();
    person.name=" 小明 ";
    person.age=6;
    document.write(person.name + " 已 经 " +
person.age + "岁了。");
    </script>
    </body>
    </html>
```

本例创建名为 person 的对象，并为其添加了 person.name=" 小明 " 和 person.age=6 属性，运行代码，效果如图 18-1 所示。

图18-1 创建对象

18.1.3 对象的属性

JavaScript 中的对象是由属性和方法两个基本的元素构成的。举个例子来说：将汽车看成是一个对象，汽车的颜色、大小、品牌等叫做属性，而发动、刹车、拐弯等就叫做方法。

一个网页可以被看做一个对象，包含背景颜色、前景颜色等特性，同时包含打开、关闭等动作。

对象包含两个要素：

●用来描述对象特性的一组数据，也就是若干变量，称为"属性"。

●用来操作对象特性的若干动作，也就是若干函数，称为"方法"。

属性是与对象相关的值，可以采用这样的方法来访问对象的属性：对象名称、属性名称。例如：

> mycomputer.year=2008,
> mycomputer.owner = "me"。

实例代码：

```
<script>
var message="javascript";
var x=message.length;
document.write(x);
</script>
```

本例使用 String 对象的 length 属性来查找字符串的长度，运行代码，效果如图 18-2 所示。

图18-2 查找字符串长度

18.1.4 对象的方法

方法是能够在对象上执行的动作，可以通过下面的语法调用方法。

> objectName.methodName()

实例代码：

```
<script>
var message="javaScript";
var x=message.toUpperCase();
document.write(x);
```

JavaScript网页特效

</script>

本实例使用 String 对象的 toUpperCase() 方法来把文本转换为大写，运行代码，效果如图 18-3 所示。

图18-3 文本转换为大写

18.2 对象应用

对象可以是一段文字、一幅图片、一个表单（Form）等。每个对象有它自己的属性、方法和事件。对象的属性是反映该对象某些特定性质的，例如，字符串的长度、图像的尺寸、文字框里的文字等；对象的方法能对该对象做一些事情，例如，表单的"提交"（Submit）、窗口的"滚动"（Scrolling）等；而对象的事件能响应发生在对象上的事情，例如，提交表单产生表单的"提交事件"，单击链接产生的"点击事件"。不是所有的对象都有以上三个性质，有些没有事件，有些只有属性。

18.2.1 声明和实例化

JavaScript 中的对象是由属性（properties）和方法（methods）两个基本的元素构成的。前者是对象在实施其所需要行为的过程中，实现信息的装载单位，从而与变量相关联；后者是指对象能够按照设计者的意图而被执行，从而与特定的函数相联。

例如，要创建一个 student（学生）对象，每个对象又有这些属性：name（姓名）、address（地址）、phone（电话）。则在 JavaScript 中可使用自定义对象，下面分步讲解。

❶ 首先定义一个函数来构造新的对象 student，这个函数称为对象的构造函数。

```
function student(name,address,phone) // 定义构造函数
    {
        this.name=name;
    // 初始化姓名属性
        this.address=address;         // 初始化地址属性
        this.phone=phone;             // 初始化电话属性
    }
```

❷ 在 student 对象中定义一个 printstudent 方法，用于输出学生信息。

```
Function printstudent()
// 创建 printstudent 函数的定义
    {
        line1="name:"+this.name+"<br>\n";
    // 读取 name 信息
        line2="address:"+this.address+"<br>\n";
    // 读取 address 信息
        line3="phone:"+this.phone+"<br>\n"
    // 读取 phone 信息
        document.writeln(line1,line2,line3);
```

```
// 输出学生信息
    }
```

❸ 修改 student 对象，在 student 对象中添加 printstudent 函数的引用。

```
function student(name,address,phone)
// 构造函数
{
    this.name=name;
// 初始化姓名属性
    this.address=address;
// 初始化地址属性
    this.phone=phone;
// 初始化电话属性
    this.printstudent=printstudent;
// 创建 printstudent 函数的定义
}
```

❹ 即实例化一个 student 对象并使用。

```
tom=new student(" 芳芳 ","南京路56号",
"010-1234567"; //创建芳芳的信息
tom.printstudent()
    // 输出学生信息
```

上面分步讲解时为了更好地说明一个对象的创建过程，但真正地应用开发则要一气呵成、灵活设计。

实例代码：

```
<script language="javascript">
function student(name,address,phone)
{
    this.name=name;
// 初始化学生信息
this.address=address;
this.phone=phone;
this.printstudent=function()
// 创建 printstudent 函数的定义
{
    line1="Name:"+this.
name+"<br>\n"; //输出学生信息
```

```
line2="Address:"+this.
address+"<br>\n";
    line3="Phone:"+this.
phone+"<br>\n"
    document.
writeln(line1,line2,line3);
    }
}
tom=new student(" 芳芳 ","新华路56号",
"010-1234567"); //创建芳芳的信息
tom.printstudent()
    //输出学生信息
</script>
```

该代码是声明和实例化一个对象的过程。首先使用 function student() 定义了一个对象类构造函数 student，包含三种信息，即三个属性：姓名、地址和电话。最后两行创建一个学生对象并输出其中的信息。This 关键字表示当前对象即由函数创建的那个对象。运行代码，在浏览器中预览，效果如图 18-4 所示。

图18-4 实例效果

18.2.2 对象的引用

JavaScript 为我们提供了一些非常有用的常用内部对象和方法。用户不需要用脚本来实现这些功能。这正是基于对象编程的真正目的。

对象的引用其实就是对象的地址，通过这个地址可以找到对象的所在。对象的来源有如下几种方式。通过取得它的引用即可对它进行操作，例如，调用对象的方法，或者读取、设置对象的属性等。

- 引用JavaScript内部对象。
- 由浏览器环境中提供。
- 创建新对象。

这就是说一个对象在被引用之前，这个对象必须存在，否则引用将毫无意义，而出现错误信息。从上面中我们可以看出 JavaScript 引用对象可通过三种方式获取。要么创建新的对象，要么利用现存的对象。

实例代码：

```
<script language="javascript">
var date;              // 声明变量
date=new date();       // 创建日期对象
date=date.toLocaleString( );  // 将日期置转换为本地格式
alert( date );         // 输出日期
</script>
```

这里变量 date 引用了一个日期对象，使用 date=date.toLocaleString( )通过 date 变量调用日期对象的 tolocalestring 方法，将日期信息以一个字符串对象的引用返回，此时 date 的引用已经发生了改变，指向一个 string 对象。运行代码，在浏览器中预览，效果如图 18-5 所示。

图18-5 对象的引用

18.2.3 对象的废除

把对象的所有引用都设置为 null，可以强制性地废除对象。例如：

```
Var Object=new Object();
// 程序逻辑
Object=null;
```

当变量 Object 设置为 null 后，对第一个创建对象的引用就不存在了。这意味着下次运行无用存储单元收集程序时，该对象将被销毁。

每用完一个对象后，就将其废除，从而释放内存，这是个好习惯。这样还确保不再使用已经不能访问的对象，从而防止程序设计错误的出现。

18.2.4 对象的早绑定和晚绑定

所谓"绑定"，即把对象的接口与对象实例结合在一起的方法。

早绑定是指在实例化对象之前定义它的特性和方法，这样编译器或解释程序能提前转换及其代码。JavaScript 不是强类型语言，不支持早绑定。

晚绑定（late binding）指的是编译器或解释程序在运行之前不知道对象的类型。使用晚绑定，无须检查对象的类型，只需要检查对象是否支持特性和方法即可。JavaScript 所有变量都是使用晚绑定方法。

在函数的作用域中，所有变量都是"晚绑定"的，即声明是顶级的。例如：

```
<script language="javascript">
var a = 'global';
(function () {
var a;
alert(a);
a = 'local';
})();
</script>
```

在 alert(a) 之前只对 a 作了声明而没有赋值，运行代码，效果如图 18-6 所示。

图18-6 对象的绑定

18.3 JavaScript的对象层次

JavaScript 的对象结构根据各部分完成不同的功能，包括语音核心、基本的内置对象、浏览器对象和文档对象 4 大部分。

18.3.1 客户端对象层次介绍

文档对象是指在网页文档里划分出来的对象。在 JavaScript 能够涉及的范围内有如下对象：window、document、location、navigator、screen、history 等。如图 18-7 所示是一个文档的对象树。

```
● navigator                            浏览器对象
● screen                               屏幕对象
● window                               窗口对象
    ○ history                          历史对象
    ○ location                         地址对象
    ○ frames[]; Frame                  框架对象
    ○ document                         文档对象
        ■ anchors[]; links[]; Link     连接对象
        ■ applets[]                    Java小程序对象
        ■ embeds[]                     插件对象
        ■ forms[]; Form                表单对象
            ■ Button                   按钮对象
            ■ Checkbox                 复选框对象
            ■ elements[]; Element      表单元素对象
            ■ Hidden                   隐藏对象
            ■ Password                 密码输入区对象
            ■ Radio                    单选域对象
            ■ Reset                    重置按钮对象
            ■ Select                   选择区（下拉菜单、列表）对象
                ■ options[]; Opton     选择项对象
            ■ Submit                   提交按钮对象
            ■ Text                     文本框对象
            ■ Textarea                 多行文本输入区对象
        ■ images[]; Image              图片对象
```

图18-7 逻辑与运算符

18.3.2 浏览器对象模型

浏览器对象模型（Browser Object Model）尚无正式标准。由于现代浏览器已经实现了 JavaScript 交互性方面的相同方法和属性，因此常被认为是 BOM 的方法和属性。

1. window 对象

所有浏览器都支持 window 对象，它表示浏览器窗口。所有 JavaScript 全局对象、函数，以及变量均自动成为 window 对象的成员。

甚至 HTML DOM 的 document 也是 window 对象的属性之一。

```
window.document.getelementbyId("header");
```

与此相同：

```
document.getelementbyId("header");Window 尺寸
```

2. window 尺寸

有三种方法能够确定浏览器窗口的尺寸（浏览器的视口，不包括工具栏和滚动条）。

对于 Internet Explorer、Chrome、Firefox、Opera，以及 Safari。

● window.innerHeight – 浏览器窗口的内部高度

● window.innerWidth – 浏览器窗口的内部宽度

对于 Internet Explorer 8、7、6、5：

● document.documentElement.clientHeight

● document.documentElement.clientWidth

或者

● document.body.clientHeight

● document.body.clientWidth

3. 其他 Window 方法

一些其他方法：

● window.open() – 打开新窗口

● window.close() – 关闭当前窗口

● window.moveTo() – 移动当前窗口

● window.resizeTo() – 调整当前窗口的尺寸

18.4 综合实战——显示当前时间

在很多的网页上都显示当前的时间，下面利用 getHours()、getMinutes()、getSeconds() 分别获得当前小时数、获得当前分钟数、获得当前秒数，然后给时间变量 timer 赋值，最后在文本框中显示当前时间，具体操作步骤如下。

❶使用 Dreamweaver CS6 打开网页文档，如图 18-8 所示。

❷打开代码视图，在 <head> 和 </head> 之间相应的位置输入以下代码，如图 18-9 所示。

```
<script language="javascript">
function showtime()                      // 定义函数
{var now_time = new Date();              // 创建时间对象的实例
var hours = now_time.getHours();         // 获得当前小时数
var minutes =now_time.getMinutes();      // 获得当前分钟数
var seconds = now_time.getSeconds();     // 获得当前秒数
```

```
var timer = "" + ((hours > 12) ? hours - 12 : hours);// 将小时数值赋予变量 timer
timer += ((minutes < 10) ? ":0" : ":") + minutes;    // 将分钟数值赋予变量 timer
timer += ((seconds < 10) ? ":0" : ":") + seconds;    // 将秒数值赋予变量 timer
timer +=" " + ((hours > 12) ? "pm" : "am");          // 将 am 或 pm 赋予变量 timer
document.clock.show.value = timer;                   // 在表单中输出变量 timer 的值
setTimeout("showtime()",1000);                       // 每隔一秒钟自动调用一次 showtime() 函数
}</script>
```

图18-8 打开网页文档

图18-9 输入代码

★ 提示 ★

● 由于通过用getHours()方法所获得的当前小时数是以24小时制的，因此这里就做了一个判断，如果小时数大于12，就采用所获小时数减去12后的结果，否则就直接采用所获得的小时数。

● 使用document.clock.show.value=timer;，该语句的作用是在名为clock的表单中的show文本框中输出变量timer的值。

● 在<body> </body>标记中，使用<form>标记定义了一个表单，并用name属性为其命名，然后在<form>标记中又使用<input>标记定义了一个表单元素，即一个文本框，也使用name属性为其命名。

● setTimeout()方法是由windows对象所提供的，用来实现经过一定时间后自动进行指定处理。该语句的意思就是1秒后调用showtime()。由于setTimeout()方法中的时间是以毫秒为单位进行计算的，因此1000ms就等于1s。

❸将光标放置在 <body> 标记内，输入代码 onLoad="showtime()"，如图 18-10 所示。

❹在 <body> 和 </body> 之间相应的位置输入以下代码，如图 18-11 所示。

```
<form name="clock" onSubmit="0">
<input type="text" name="show" size="15"> </form>
```

图18-10 输入代码

图18-11 输入代码

❺保存文档，在浏览器中浏览，效果如图 18-12 所示。

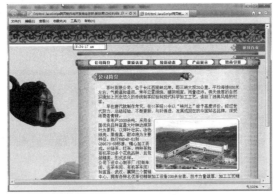

图18-12 显示当前时间效果

第19章 JavaScript中的事件

本章导读

当 Web 页面中发生了某些类型的交互时，事件就发生了。事件可能是用户在某些内容上的单击、鼠标经过某个特定元素或按下键盘上的某些按键。事件还可能是 Web 浏览器中发生的事情，如某个 Web 页面加载完成，或者是用户滚动窗口或改变窗口大小。

技术要点

- 事件与事件驱动
- 事件与处理代码关联
- 调用函数的事件
- 调用代码的事件
- 设置对象事件的方法
- 常见事件
- 其他常用事件

实例展示

onresize页面大小事件

将事件应用于按钮中

19.1 事件驱动与事件处理

JavaScript 是基于对象的语言。这与 Java 不同，Java 是面向对象的语言。而基于对象的基本特征，就是采用事件驱动。它是在图形界面的环境下，使一切输入变化简单化。通常鼠标或热键的动作我们称为"事件"；而由鼠标或热键引发的一连串程序的动作称为"事件驱动"；而对事件进行处理程序或函数，称为"事件处理程序"。

19.1.1 事件详解

用户可以通过多种方式与浏览器载入的页面进行交互，而事件是交互的桥梁。Web 应用程序开发者通过 JavaScript 脚本内置的和自定义的事件来响应用户的动作，即可开发出更有交互性、动态性的页面。

JavaScript 事件可以分为下面几种不同的类别。最常用的类别是鼠标交互事件，然后是键盘和表单事件。

● 鼠标事件：可以利用鼠标事件在页面中实现鼠标移动、单击时的特殊效果。分为两种，追踪鼠标当前位置的事件（onmouseover、onmouseout）；追踪鼠标在被单击的事件（onmouseup、onmousedown、onclick）。

● 键盘事件：负责追踪键盘的按键何时，以及在何种上下文中被按下。与鼠标相似，三个事件用来追踪键盘：onkeyup、onkeydown、onkeypress。

● UI事件：用来追踪用户何时从页面的一部分转到另一部分。例如，使用它能知道用户何时开始在一个表单中输入。用来追踪这一点的两个事件是focus和blur。

● 表单事件：直接与只发生于表单和表单输入元素上的交互相关。submit事件用来追踪表单何时提交；change事件监视用户向元素的输入；select事件当<select>元素被更新时触发。

● 加载和错误事件：事件的最后一类是与页面本身有关。如加载页面事件onload；最终离开页面事件onunload。另外，JavaScript错误使用onerror事件追踪。

19.1.2 事件与事件驱动

JavaScript 事件驱动中的事件是通过鼠标或热键的动作引发的。它主要有以下几种事件。

1. 单击事件 onClick

当用户单击鼠标时，产生 onClick 事件。同时 onClick 指定的事件处理程序或代码将被调用执行。通常在下列基本对象中产生。

Button（按钮对象）
checkbox（复选框）或（检查列表框）
radio（单选按钮）
reset buttons（重要按钮）
submit buttons（提交按钮）
例：可通过下列按钮激活 change() 文件。

```
<form>
<input type="button" value=" "
onClick="change()">
</form>
```

在 onClick 等号后，可以使用自己编写的函数作为事件处理程序，也可以使用 JavaScript 中内部的函数，还可以直接使用 JavaScript 的代码等。例如：

```
<input type="button" value=" " onclick=alert("
这是一个例子");
```

2. onChange 改变事件

onchange 事件会在域的内容改变时发生，同时当在 select 表格项中一个选项状态改变后也会引发该事件。

例如以下是引用片段。

```
<form>
<input type="text" name="Test" value="Test"
onCharge="check('this.test')">
</form>
```

3. 选中事件 onSelect

当 Text 或 Textarea 对象中的文字被加亮后，引发该事件。

4. 获得焦点事件 onFocus

当用户单击 Text 或 textarea，以及 select 对象时，产生该事件。此时该对象成为前台对象。

5. 失去焦点 onBlur

当 text 对象或 textarea 对象，以及 select 对象不再拥有焦点，而退到后台时，引发该文件，它与 onFocas 事件是一个对应的关系。

6. 载入文件 onLoad

当文档载入时，产生该事件。onLoad 一个作用就是在首次载入一个文档时检测 cookie 的值，并用一个变量为其赋值，使它可以被源代码使用。

7. 卸载文件 onUnload

当 Web 页面退出时引发 onUnload 事件，并可更新 Cookie 的状态。

19.1.3 事件与处理代码关联

事件处理是对象化编程的一个很重要的环节，没有了事件处理，程序就会变得很"死"，缺乏灵活性。事件处理的过程可以这样表示：发生事件—启动事件处理程序—事件处理程序作出反应。其中，要使事件处理程序能够启动，必须先告诉对象，如果发生了什么事情，要启动什么处理程序，否则这个流程就不能进行下去。事件的处理程序可以是任意 JavaScript 语句，一般用特定的自定义函数（function）来处理事情。

指定事件处理程序有三种方法。

❶直接在 HTML 标记中指定。方法是：

```
< 标记 …… 事件 =" 事件处理程序 " [ 事件 =
" 事件处理程序 " ...]>
```

例如：

```
<body ... onload="alert(' 网页读取完成！ ')"
onunload="alert(' 欢迎浏览！ ')">
```

这样的定义 <body> 标记，能使文档读取完毕的时候弹出一个对话框，写着"网页读取完成"；在用户退出文档（或者关闭窗口，或者到另一个页面去）的时候弹出"欢迎浏览！"的对话框。

❷编写特定对象特定事件的 JavaScript。方法是：

```
<script language="JavaScript" for=" 对 象 "
event=" 事件 ">
...
( 事件处理程序代码 )
...
</script>
<script language="JavaScript" for="window"
event="onload">
  alert(' 网页读取完成！ ');
</script>
```

❸在 JavaScript 中说明。方法：

```
< 事件主角 - 对象 >.< 事件 > = < 事件处理
程序 >;
```

用这种方法要注意的是，"事件处理程序"是真正的代码，而不是字符串形式的代码。如果事件处理程序是一个自定义函数，如无使用参数的需要，就不要加 ()。

```
function ignoreError() {
  return true;
```

```
    }
    window.onerror = ignoreError; // 没 有 使 用
"()"
```

这个例子将 ignoreError() 函数定义为 window 对象的 onerror 事件的处理程序。它的效果是忽略该 window 对象下任何错误（由引用不允许访问的 location 对象产生的 "没有权限" 错误是不能忽略的）。

在 JavaScript 中对象事件的处理通常由函数（function）担任。其基本格式与函数完全一样，可以将前面所介绍的所有函数作为事件处理程序。

格式如下：

```
Function 事件处理名（参数表）{
事件处理语句集；
......
}
```

例如，下例程序是一个自动装载和自动卸载的例子。即当装入 HTML 文档时调用 loadform() 函数，而退出该文档进入另一 HTML 文档时，则首先调用 unloadform() 函数，确认后方可进入。

实例代码：

```
<!DOCTYPE html PUBLIC "-//W3C//DTD
XHTML 1.0 Transitional//EN"
    "http://www.w3.org/TR/xhtml1/DTD/xhtml1-
transitional.dtd">
    <html xmlns="http://www.w3.org/1999/
xhtml">
    <meta http-equiv="Content-Type"
content="text/html; charset=gb2312" />
    <head>
    <script language="JavaScript">
    <!--
    function loadform(){
    alert(" 自动装载 !");
    }
```

```
function unloadform(){
    alert(" 卸载 ");
    }
    //-->
    </script>
    </head>
    < b o d y  o n L o a d = "l o a d f o r m ()"
OnUnload="unloadform()">
    <a href="test.htm"> 调用 </a>
    </body>
    </html>
```

运行代码，效果如图 19-1 所示。

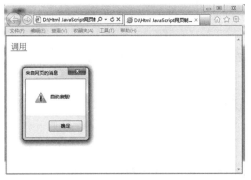

图19-1 事件与处理代码

19.1.4 调用函数的事件

Web 浏览器中的 JavaScript 实现允许我们定义响应用户事件（通常是鼠标或键盘事件）所执行的代码。在支持 Ajax 的现代浏览器中，这些事件处理函数可以被设置到大多数可视元素之上。可以使用事件处理函数将可视用户界面（即视图）与业务对象模型相连接。

传统的事件模型在 JavaScript 诞生的早期就存在了，它是相当简单和直接的。DOM 元素有几个预先定义的属性，可以赋值为回调函数。

首先定义函数：

```
function Hanshu()
{
    // 函数体 ...
}
```

这样我们就定义了一个名为 Hanshu 的函数，现在尝试调用一下这个函数。其实很简单，调用函数就是用函数的名称加括号，即：

```
Hanshu();
```

这样就调用了这个函数。

实例代码：

```
<!DOCTYPE html PUBLIC "-//W3C//DTD XHTML 1.0 Transitional//EN"
"http://www.w3.org/TR/xhtml1/DTD/xhtml1-transitional.dtd">
<html xmlns="http://www.w3.org/1999/xhtml">
<meta http-equiv="Content-Type" content="text/html; charset=gb2312" />
<script>
    function showname(name)
    {
        document.write("我是"+name);
    }
    showname("夏红"); // 函数调用
</script>
</html>
```

本例中的 function showName(name) 为函数定义，其中括号内的 name 是函数的形式参数，这一点与 C 语言是完全相同的，而 showname（"夏红"）则是对函数的调用，用于实现需要的功能，运行代码，效果如图 19-2 所示。

图19-2 调用函数

19.1.5　调用代码的事件

JavaScript 的出现给静态的 HTML 网页带来很大的变化。JavaScript 增加了 HTML 网页的互动性，使以前单调的静态页面变得有交互性，它可以在浏览器端实现一系列动态的功能，仅仅依靠浏览器就可以完成一些与用户的互动。

实例代码：

```
<!DOCTYPE html PUBLIC "-//W3C//DTD XHTML 1.0 Transitional//EN"
"http://www.w3.org/TR/xhtml1/DTD/xhtml1-transitional.dtd">
<html xmlns="http://www.w3.org/1999/xhtml">
<meta http-equiv="Content-Type" content="text/html; charset=gb2312" />
<head>
<script language="javascript">
 function test()
 {
 alert("调用代码的事件");
}
</script>
</head>
<body onLoad="test()" >
<form action="" method="post">
<input type="button" value=" 单机测试 " onclick= "test()" >
</form>
</body>
</html>
</head>
</body>
```

运行代码，效果如图 19-3 所示。

图19-3 运行代码效果

19.1.6 设置对象事件的方法

event 对象作为 window 对象的一个属性存在；使用 attachEvent() 添加事件处理程序时，会有一个 event 对象作为参数被传入事件处理函数中，当然也可以通过 window.event 来访问；使用 html 特性指定的事件处理程序则可以通过 event 的变量来访问事件对象。

实例代码：

```
<script type="text/javascript">
window.onload = function(){
    var btn = document.getElementById("myBtn");
    if(btn.addEventListener){
        btn.addEventListener("click",function(event){
            alert(event.type);
        },false);
    }else{
        btn.attachEvent("onmouseout",function(event){
            alert(event.type + " " + window.event.type);
        });
        btn.onmouseover = function(){
            alert(window.event.type);
        };
    }
}
</script>
<input type="button" id="myBtn" value="click" onclick="alert(event.type)"/>
```

运行代码，效果如图 19-4 所示。

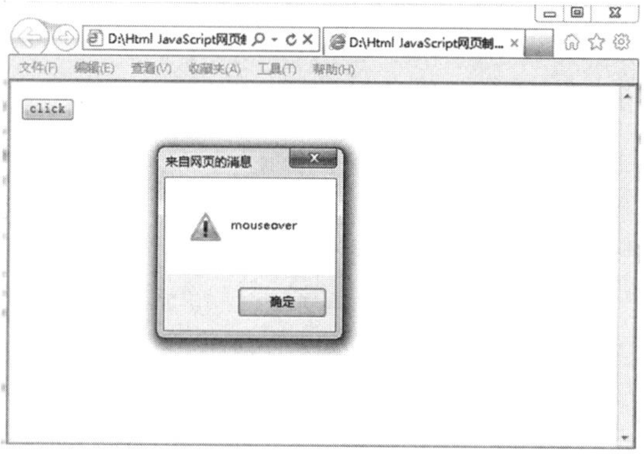

图19-4 运行代码效果

19.2 　常见事件

事件的产生和响应，都是由浏览器来完成的，而不是由 HTML 或 JavaScript 来完成的。使用 HTML 代码可以设置哪些元素响应什么事件，使用 JavaScript 可以告诉浏览器怎么处理这些事件。然而，不同的浏览器所响应的事件有所不同，相同的浏览器在不同版本中所响应的事件也会有所不同。前面介绍了事件的大致分类，下面通过实例具体剖析常用的事件，它们怎样工作，在不同的浏览器中有着怎样的差别，怎样使用这些事件制作各种交互特效网页。

19.2.1　onClick事件

onClick 单击事件是常用的事件之一，此事件是在一个对象上按下然后释放一个鼠标按钮时发生，它也会发生在一个控件的值改变时。这里的单击是指完成按下鼠标键并释放这一个完整的过程后产生的事件。

> ★ 提示 ★
>
> 单击事件一般应用于Button对象、Checkbox对象、Image对象、Link对象、Radio对象、Reset对象和Submit对象，Button对象一般只会用到onclick事件处理程序，因为该对象不能从用户那里得到任何信息，如果没有onclick事件处理程序，按钮对象将不会有任何作用。

使用单击事件的语法格式如下：

基本语法：

onClick= 函数或是处理语句

实例代码：

```
<!DOCTYPE html PUBLIC "-//W3C//DTD XHTML 1.0 Transitional//EN"
"http://www.w3.org/TR/xhtml1/DTD/xhtml1-transitional.dtd">
<html xmlns="http://www.w3.org/1999/xhtml">
<head>
<meta http-equiv="Content-Type" content="text/html; charset=gb2312" />
<title> 无标题文档 </title>
</head>
<body><input type="submit" name="submit" value=" 打印本页 "
onClick="javascript:window.print()">
</body>
</html>
```

本段代码运用 onClick 事件，设置当单击按钮时实现打印效果。运行代码，效果如图 19-5 和图 19-6 所示。

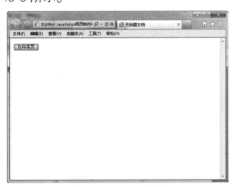

图19-5 onClick事件　　　　　　　　　　图19-6 打印

19.2.2 onchange事件

onchange 事件通常在文本框或下拉列表中激发。在下拉列表中，只要修改了可选项，就会激发 onchange 事件；在文本框中，只有修改了文本框中的文字并在文本框失去焦点时才会被激发。

基本语法：

on change= 函数或是处理语句

实例代码：

```
<!DOCTYPE html PUBLIC "-//W3C//DTD XHTML 1.0 Transitional//EN"
```

"http://www.w3.org/TR/xhtml1/DTD/xhtml1-transitional.dtd">

<html xmlns="http://www.w3.org/1999/xhtml">

<head>

<meta http-equiv="Content-Type" content="text/html; charset=gb2312" />

<title> 无标题文档 </title>

</head>

<body>

<form name=searchForm action=>

<tbody>

<tr>

<td align=middle width="100%">

<input name="textfield" type="text" size="20" onchange=alert(" 输入搜索内容 ")>

</td>

</tr>

<tr>

<t align=middle width="100%">

<select size=1 name=search>

<option value=Name selected> 按 名 称 </option >

<option value=Singer> 按歌手 </option>

< option value=Flasher> 按作者 </ option>

</select >

<input type="submit" name="Submit2" value=" 提交 " /></td>

</tr>

</form>

</body>

</html>

本段加粗代码在一个文本框中使用了 onchange=alert(" 输入搜索内容 ")，从而显示表单内容变化引起 onchange 事件执行处理效果。这里的 onchange 结果是弹出提示对话框。运行代码，效果如图 19-7 所示。

图19-7　onchange事件

19.2.3　onSelect事件

onSelect 事件是指当文本框中的内容被选中时所发生的事件。

基本语法：

onSelect= 处理函数或是处理语句

实例代码：

```
<script language="javascript">
            // 脚本程序开始
function strcon(str)
            // 连接字符串
{
    if(str!=' 请选择 ')
            // 如果选择的是默认项
    {
    form1.text.value=" 您选择的是：" +str;
    // 设置文本框提示信息
    }
    else
            // 否则
    {
        form1.text.value="";
        //设置文本框提示信息
```

```
    }
  }
</script>                                        <!-- 脚本程序结束 -->
<form id="form1" name="form1" method="post" action="">      <!-- 表单 -->
<label>
<textarea name="text" cols="50" rows="2" onSelect="alert(' 您想复制吗？ ')"></textarea>
</label>
<p><label>
<select name="select1" onchange="strAdd(this.value)" >
<option value=" 请选择 "> 请选择 </option><option value=" 北京 "> 北京 </option><!-- 选项 -->
<option value=" 上海 "> 上海 </option>
<option value=" 广州 "> 广州 </option>
<option value=" 山东 "> 深圳 </option>
<option value=" 天津 "> 哈尔滨 </option>
<!-- 选项 --><!-- 选项 -->
<option value=" 其他 "> 其他 </option>
</select>
</label>
</p>          <!-- 选项 -->
</form>
```

本段代码定义函数处理下拉列表的选择事件，当选择其中的文本时输出提示信息。运行代码，效果如图 19-8 所示。

图19-8　处理下拉列表事件

19.2.4　onfocus事件

获得焦点事件（onfocus）是当某个元素获得焦点时触发事件处理程序。失去焦点事件（onblur）是当前元素失去焦点时触发事件处理程序。在一般情况下，这两个事件是同时使用的。onfocus事件即得到焦点通常是指选中了文本框等，并且可以在其中输入文字。

基本语法：

```
onfocus= 处理函数或是处理语句
```

实例代码：

```
<!DOCTYPE html PUBLIC "-//W3C//DTD
XHTML 1.0 Transitional//EN"
  "http://www.w3.org/TR/xhtml1/DTD/xhtml1-
transitional.dtd">
  <html xmlns="http://www.w3.org/1999/
xhtml">
  <head>
  <meta http-equiv="Content-Type"
content="text/html; charset=gb2312" />
  <title>onFocus 事件 </title>
  </head>
  <body>
  国内城市：
  <form name="form1" method="post"
action="">
  <p>
  <label>
  <input type="radio" name="RadioGroup1"
value=" 北京 "
  onfocus=alert(" 选择北京！ ")> 北京 </
label>
  <br>
  <label>
  <input type="radio" name="RadioGroup1"
value=" 天津 "
  onfocus=alert(" 选择天津！ ")> 天津 </
label>
  <br>
  <label>
  <input type="radio" name="RadioGroup1"
value=" 长沙 "
  onfocus=alert(" 选择长沙！ ")> 长沙 </
label>
  <br>
  <label>
  <input type="radio" name="RadioGroup1"
value=" 沈阳 "
  onfocus=alert(" 选择沈阳！ ")> 沈阳 </
label>
  <br>
  <label>
  <input type="radio" name="RadioGroup1"
value=" 上海 "
  onfocus=alert(" 选择上海！ ")> 上海 </
label>
  <br>
  </p>
  </form>
  </body>
  </html>
```

在代码中加粗部分代码应用了 onfocus 事件，选择其中的一项，弹出选择提示的对话框，如图 19-9 所示。

图19-9　onfocus事件

Html＋JavaScript网页制作与开发完全学习手册

19.2.5　onload事件

加载事件（onload）与卸载事件（onunload）是两个相反的事件。在HTML 4.01中，只规定了body元素和frameset元素拥有加载和卸载事件，但是大多浏览器都支持img元素和object元素的加载事件。以body元素为例，加载事件是指整个文档在浏览器窗口中加载完毕后所激发的事件。卸载事件是指当前文档从浏览器窗口中卸载时所激发的事件，即关闭浏览器窗口或从当前网页跳转到其他网页时所激发的事件。onLoad事件语法格式如下。

基本语法：

onLoad= 处理函数或处理语句

实例代码：

```
<!DOCTYPE html PUBLIC "-//W3C//DTD
XHTML 1.0 Transitional//EN"
  "http://www.w3.org/TR/xhtml1/DTD/xhtml1-
transitional.dtd">
  <html xmlns="http://www.w3.org/1999/
xhtml">
  <head>
  <meta http-equiv="content-Type"
content="text/html; charset=gb2312" />
  <title>onLoad 事件 </title>
  <script type="text/JavaScript">
  <!--
  function MM_popupMsg(msg) { //v1.0
   alert(msg);
  }
  //-->
  </script>
  </head>
  <body onLoad="MM_popupMsg(' 欢 迎 光
临！')">
  </body>
```

```
</html>
```

在代码中加粗部分代码应用了onLoad事件，在浏览器中预览效果时，会自动弹出提示的对话框，如图19-10所示。

图19-10　onLoad事件

19.2.6　鼠标移动事件

鼠标移动事件包括三种，分别为onmouseover、onmouseout和onmousemove。其中，onmouseover是当鼠标移动到对象之上时所激发的事件；onmouseout是当鼠标从对象上移开时所激发的事件；onmousemove是鼠标在对象上进行移动时所激发的事件。可以用这三个事件在指定的对象上移动鼠标时，实现其对象的动态效果。

基本语法：

onMouseover= 处理函数或是处理语句
onMouseout= 处理函数或是处理语句
onMousemove= 处理函数或是处理语句

实例代码：

```
<!DOCTYPE html PUBLIC "-//W3C//DTD
XHTML 1.0 Transitional//EN"
  "http://www.w3.org/TR/xhtml1/DTD/xhtml1-
```

Html＋JavaScript网页制作与开发完全学习手册

```
transitional.dtd">
    <html xmlns="http://www.w3.org/1999/xhtml">
    <head>
    <meta http-equiv="content-Type" content="text/html; charset=gb2312" />
    <title>onmouseover 事件 </title>
    <style type="text/css">
    <!--
    #Layer1 {position:absolute;width:257px;height:171px;z-index:1;visibility: hidden;}
    -->
    </style>
    <script type="text/JavaScript">
    <!--
    function MM_findObj(n, d) { //v4.01
      var p,i,x; if(!d) d=document; if((p=n.indexOf("?"))>0&&parent.frames.length) {
        d=parent.frames[n.substring(p+1)].document; n=n.substring(0,p);}
      if(!(x=d[n])&&d.all) x=d.all[n]; for (i=0;!x&&i<d.forms.length;i++) x=d.forms[i][n];
      for(i=0;!x&&d.layers&&i<d.layers.length;i++) x=MM_findObj(n,d.layers[i].document);
      if(!x && d.getElementById) x=d.getElementById(n); return x;
    }
    function MM_showHideLayers() { //v6.0
      var i,p,v,obj,args=MM_showHideLayers.arguments;
      for (i=0; i<(args.length-2); i+=3) if ((obj=MM_findObj(args[i]))!=null) { v=args[i+2];
        if (obj.style) { obj=obj.style; v=(v=='show')?'visible':(v=='hide')?'hidden':v; }
        obj.visibility=v; }
    }
    //-->
    </script>
    </head>
    <body>
    <input name="Submit" type="submit"
      onMouseOver="MM_showHideLayers('Layer1','','show')" value="显示图像" />
    <div id="Layer1"><img src="in.jpg" width="300" height="200" /></div>
    </body>
    </html>
```

在代码中加粗部分代码应用了 onmouseover 事件，在浏览器中预览效果，将光标移动到"显示图像"按钮的上方，显示图像，如图 19-11 所示。

19.2.7 onblur事件

失去焦点事件正好与获得焦点事件相对，失去焦点（onblur）是指将焦点从当前对象中移开。当 text 对象、textarea 对象或 select 对象不再拥有焦点而退到后台时，引发该事件。

实例代码：

```
<!DOCTYPE html PUBLIC "-//W3C//DTD XHTML 1.0 Transitional//EN"
"http://www.w3.org/TR/xhtml1/DTD/xhtml1-transitional.dtd">
<html xmlns="http://www.w3.org/1999/xhtml">
<head>
<meta http-equiv="Content-Type" content="text/html; charset=gb2312" />
<title>onBlur 事件 </title>
<script type="text/JavaScript">
<!--
function MM_popupMsg(msg) { //v1.0
  alert(msg);
}
//-->
</script>
</head>
<body>
<p> 用户注册：</p>
<p> 用户名：<input name="textfield" type="text"
onBlur="MM_popupMsg('文档中的"用户名"文本域失去焦点！')" />
</p>
<p> 密码：<input name="textfield2" type="text"
 onBlur="MM_popupMsg('文档中的"密码"文本域失去焦点！')" />
</p>
</body>
</html>
```

在代码中加粗部分代码应用了 onBlur 事件，在浏览器中预览效果，将光标移动到任意一个文本框中，再将光标移动到其他的位置，就会弹出一个提示对话框，说明某个文本框失去焦点，如图 19-12 所示。

图19-11 onMouseOver事件

图19-12 onBlur事件

19.2.8　onsubmit事件和onreset事件

表单提交事件（onsubmit）是在用户提交表单时（通常使用"提交"按钮，也就是将按钮的 type 属性设为 submit）、在表单提交之前被触发，因此，该事件的处理程序通过返回 false 值来阻止表单的提交。该事件可以用来验证表单输入项的正确性。

表单重置事件（onreset）与表单提交事件的处理过程相同，该事件只是将表单中的各元素的值设置为原始值。它能够清空表单中的所有内容。onreset 事件和属性的使用频率远低于 onsubmit。

基本语法：

```
<form name="formname" onReset="return
Funname"
onsubmit="return Funname "></form>
```

formname：表单名称。

Funname：函数名或执行语句，如果是函数名，在该函数中必须有布尔型的返回值。

★ 提示 ★

在Web站点中填写完表单，然后单击发送表单数据的按钮，此时将会显示一条消息告诉你没有输入某些数据或输入错误的数据。当这种情况发生时，很可能是遇到了使用onsubmit属性的表单，该属性在浏览器中运行一段脚本，在表单被发送给服务器之前检查所输入数据的正确性。

实例代码：

```
<!DOCTYPE html PUBLIC "-//W3C//DTD
XHTML 1.0 Transitional//EN"
    "http://www.w3.org/TR/xhtml1/DTD/xhtml1-
transitional.dtd">
    <html xmlns="http://www.w3.org/1999/
xhtml">
    <head>
    <meta http-equiv="Content-Type"
content="text/html; charset=gb2312" />
    <title>onsubmit 事件 </title>
    </head>
```

```
<body><form name="testform" action=""
    onsubmit="alert('Hello ' + testform.
fname.value +'!')">
    请输入你的名字。<br />
    <input type="text" name="fname" />
    <input type="submit" value=" 提交 " />
    </form>
    </body>
    </html>
```

在本例中，当用户单击提交按钮时，会显示一个对话框，如图 19-13 所示。

图19-13　onsubmit事件

19.2.9　onresize页面大小事件

页面的大小事件（onresize）是用户改变浏览器的大小时触发事件处理程序，它主要用于固定浏览器的大小。

```
<!DOCTYPE html PUBLIC "-//W3C//DTD
XHTML 1.0 Transitional//EN"
    "http://www.w3.org/TR/xhtml1/DTD/xhtml1-
transitional.dtd">
    <html xmlns="http://www.w3.org/1999/
xhtml">
```

```
<head>
<title> 固定浏览器的大小 </title>
<meta http-equiv="Content-Type"
content="text/html; charset=gb2312">
</head>
<body>
<center><img src="index.jpg"></center>
<script language="JavaScript">
function fastness(){
    window.resizeTo(850,650);
}
document.body.onresize=fastness;
document.body.onload=fastness;
</script>
</body>
</html>
```

上面的实例是在用户打开网页时，将浏览器以固定的大小显示在屏幕上，当用鼠标拖动浏览器边框改变其大小时，浏览器将恢复原始大小，如图19-14所示。

图19-14 onresize页面大小事件

19.2.10 键盘事件

鼠标和键盘事件是在页面操作中使用最频繁的操作，可以利用键盘事件来制作页面的快捷键。键盘事件包含onkeypress、onkeydown和onkeyup事件。

onkeypress事件是在键盘上的某个键被按下并且释放时触发此事件的处理程序，一般用于键盘上的单键操作。

Onkeydown事件是在键盘上的某个键被按下时触发此事件的处理程序。

Onkeyup事件是在键盘上的某个键被按下后释放时触发此事件的处理程序，一般用于组合键的操作。

```
<!DOCTYPE html PUBLIC "-//W3C//DTD
XHTML 1.0 Transitional//EN"
    "http://www.w3.org/TR/xhtml1/DTD/xhtml1-
transitional.dtd">
    <html xmlns="http://www.w3.org/1999/xhtml">
    <head>
    <meta http-equiv="Content-Type"
content="text/html; charset=gb2312" />
    <title> 键盘事件 </title>
    </head>
    <body>
    <img src="pic05.jpg" width="1002"
height="578" />
    <script language="javascript">
<!--
function Refurbish(){
        if (window.event.keyCode==97){
    // 当在键盘中按A键时
                location.reload();
    // 刷新当前页
        }
}
document.onkeypress=Refurbish;
//-->
</script>
</body>
</html>
```

上面的实例是应用键盘中的A键，对页面

进行刷新，而无须用鼠标在 IE 浏览器中单击"刷新"按钮，如图 19-15 所示。

图19-15 键盘事件

19.3 其他常用事件

在前面讲述的事件都是 HTML 4.01 中所支持的标准事件。除此之外，大多浏览器都还定义了一些其他事件，这些事件为开发者开发程序带来了很大的便利，也使程序更为丰富和人性化。常用的其他事件，如表 19-1 所示。

表19-1 其他常用事件

事 件	含 义
onabort	当页面上的图片没完全下载时，单击浏览器上"停止"按钮时的事件
onbeforeunload	当前页面的内容将要被改变时触发此事件
onerror	出现错误时触发此事件
onfinish	当 Marquee 元素完成需要显示的内容后触发此事件
onbeforecopy	当页面当前的被选择内容将要复制到浏览者系统的剪贴板前触发此事件
onbounce	在 marquee 内的内容移动至 marquee 显示范围之外时触发此事件
onstart	当 marquee 元素开始显示内容时触发此事件
onbeforeupdate	当浏览者粘贴系统剪贴板中的内容时通知目标对象
onrowenter	当前数据源的数据发生变化，并且有新的有效数据时触发的事件
onscroll	浏览器的滚动条位置发生变化时，触发此事件

事件	含义
onstop	浏览器的停止按钮被按下时，或者正在下载的文件被中断触发此事件
onbeforecut	当页面中的一部分或全部的内容将被移离当前页面剪贴并移动到浏览者的系统剪贴板时触发此事件
onbeforeeditfocus	当前元素将要进入编辑状态
onbeforepaste	内容将要从浏览者的系统剪贴板粘贴到页面中时触发此事件
oncopy	当页面当前的被选择内容被复制后触发此事件
oncut	当页面当前的被选择内容被剪切时触发此事件
ondrag	当某个对象被拖动时触发此事件（活动事件）
ondragdrop	一个外部对象被鼠标拖进当前窗口或帧
ondragend	当鼠标拖动结束时触发此事件，即鼠标的按钮被释放了
ondragenter	当对象被鼠标拖动的对象进入其容器范围内时触发此事件
ondragleave	当对象被鼠标拖动的对象离开其容器范围内时触发此事件
ondragover	当某被拖动的对象在另一对象容器范围内拖动时触发此事件
ondragstart	当某对象将被拖动时触发此事件
ondrop	在一个拖动过程中，释放鼠标键时触发此事件
onlosecapture	当元素失去鼠标移动所形成的选择焦点时触发此事件
onpaste	当内容被粘贴时触发此事件
onselectstart	当文本内容选择将开始发生时触发的事件
onafterupdate	当数据完成由数据源到对象的传送时触发此事件
oncellchange	当数据来源发生变化时
ondataavailable	当数据接收完成时触发事件
ondatasetchanged	数据在数据源发生变化时触发的事件
ondatasetcomplete	当来自数据源的全部有效数据读取完毕时触发此事件
onerrorupdate	当使用 onbeforeupdate 事件触发取消了数据传送时，代替 onafterupdate 事件
onrowexit	当前数据源的数据将要发生变化时触发的事件
onrowsdelete	当前数据记录将被删除时触发此事件
onrowsinserted	当前数据源将要插入新数据记录时触发此事件
onafterprint	当文档被打印后触发此事件
onbeforeprint	当文档即将打印时触发此事件
onfilterchange	当某个对象的滤镜效果发生变化时触发的事件
onhelp	当浏览者按下F1键，或者浏览器的帮助选择时触发此事件
onpropertychange	当对象的属性之一发生变化时触发此事件
onreadystatechange	当对象的初始化属性值发生变化时触发此事件

19.4 综合实战——将事件应用于按钮中

事件响应编程是 JavaScript 编程的主要方式,在前面介绍时已经大量使用了事件处理程序。下面通过一个综合实例介绍将事件应用在按钮中,具体操作步骤如下。

❶ 使用 Dreamweaver CS6 打开网页文档,如图 19-16 所示。

❷ 打开拆分视图,在 `<body>` 和 `</body>` 之间相应的位置输入以下代码,如图 19-17 所示。

```html
<form name="buttonForm">
<input type="button" value="按钮" name="button1" onclick="alert('按钮被单击')"><br>
</form>
<script language="JavaScript">
<!--
function clickbutton1(){
 document.buttonForm.button1.click();
}
-->
</script>
```

图19-16 打开网页文档

图19-17 输入代码

❸ 保存文档,在浏览器中浏览,效果如图 19-18 所示。

图19-18 将事件应用于按钮中效果

第20章 窗口对象

本章导读

window 对象处于对象层次的最顶端，它提供了处理 navigator 窗口的方法和属性，JavaScript 的输入可以通过 window 对象来实现。使用 window 对象产生用于客户与页面交互的对话框主要有三种：警告框、确认框和提示框等，这三种对话框使用 Window 对象的不同方法产生，功能和应用场合也不太相同。

技术要点

- window 对象
- window 对象事件及使用方法
- 对话框
- 状态栏
- 窗口操作

实例展示

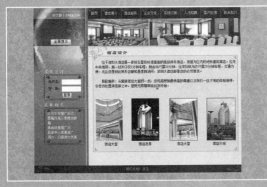

全屏显示窗口

定时关闭窗口

20.1 　 window对象

window 对象表示浏览器中打开的窗口，如果文档包含框架，浏览器会为 HTML 文档创建一个 window 对象，并为每个框架创建一个 window 对象。

20.1.1 　 window对象介绍

window 对象表示一个浏览器窗口或一个框架。在客户端 JavaScript 中，window 对象是全局对象，所有的表达式都在当前的环境中计算。也就是说，要引用当前窗口根本不需要特殊的语法，可以把那个窗口的属性作为全局变量来使用。例如，可以只写 document，而不必写 window.document。

同样，可以把当前窗口对象的方法当做函数来使用，如只写 alert()，而不必写 window.alert()。

除了上面列出的属性和方法，window 对象还实现了核心 JavaScript 所定义的所有全局属性和方法。

window 对象的 window 属性和 self 属性引用的都是它自己。当想明确地引用当前窗口，而不仅仅是隐式地引用它时，可以使用这两个属性。除了这两个属性之外，parent 属性、top 属性，以及 frame[] 数组都引用了与当前 window 对象相关的其他 window 对象。

要引用窗口中的一个框架，可以使用如下语法。

```
frame[i]     // 当前窗口的框架
self.frame[i] // 当前窗口的框架
b.frame[i]   // 窗口 b 的框架
```

要引用一个框架的父窗口（或父框架），可以使用下面的语法。

```
parent      // 当前窗口的父窗口
```

```
self.parent  // 当前窗口的父窗口
b.parent    // 窗口 b 的父窗口
```

要从顶层窗口含有的任何一个框架中引用它，可以使用如下语法。

```
top         // 当前框架的顶层窗口
self.top     // 当前框架的顶层窗口
f.top       // 框架 f 的顶层窗口
```

新的顶层浏览器窗口由方法 Window.open() 创建。当调用该方法时，应把 open() 调用的返回值存储在一个变量中，然后使用那个变量来引用新窗口。新窗口的 opener 属性反过来引用了打开它的那个窗口。

一般来说，window 对象的方法都是对浏览器窗口或框架进行某种操作。而 alert() 方法、confirm() 方法和 prompt 方法则不同，它们通过简单的对话框与用户进行交互。

20.1.2 　 window对象的使用方法

window 对象是 JavaScript 层级中的顶层对象。每个窗口（包括浏览器窗口和框架窗口）对应于一个 window 对象。

访问 window 对象的属性和方法：

```
window. 属性名或方法
```

由于 window 对象是顶层对象，所以如果访问的是当前窗口的 window 对象，可以省略 window，直接使用属性名和方法。

window 对象的主要方法：

● alert()：弹出一个带有一段消息和一个确认按钮的警告框。使用方法是：

```
alert( 字符串 )
```

● confirm()：弹出一个带有一段消息和一个确认按钮、一个取消按钮的对话框。使用方法是：

confirm(字符串)

当用户单击"确认"按钮关闭这个对话框时，它返回 true，如果用"取消"按钮关闭这个对话框，返回 false。

● prompt()：弹出一个带有输入框的对话框。使用方法是：

prompt(字符串 1，字符串 2)

"字符串 1"是在对话框中显示的提示信息，"字符串 2"是在输入框中显示的文本。

当用户单击"确认"按钮关闭这个对话框时，它返回输入框中的文本，如果用"取消"按钮关闭这个对话框，返回 null。

● open()：打开一个弹出式窗口。目前很多浏览器都设置了屏蔽弹出窗口的功能，这会导致用open()方法建立的窗口无法打开。语法：

window.open(URL,name,features,replace);

URL 一个可选的字符串，声明了要在新窗口中显示的文档 URL，如果省略了这个参数，或者它的值是空字符串，那么，新窗口就不会显示任何文档。

name 一个可选的字符串，该字符串是一个由逗号分隔的特征列表，其中包括数字、字母和下划线，该字符声明了新窗口的名称，这个名称可以用做标记 <a> 和 <form> 的属性 target 的值，如果该参数指定了一个已经存在的窗口，那么，open() 方法就不再创建一个新窗口，而只是返回对指定窗口的引用，在这种情况下，features 将被忽略。

features 一个可选的字符串，声明了新窗口要显示的标准浏览器的特征，如果省略该参数，新窗口将具有所有标准特征。

replace 一个可选的布尔值，规定了装载到窗口的 URL 是在窗口的浏览历史中创建一个新条目，还是替换浏览历史中的当前条目，支持下面的值：true-URL 替换浏览历史中的当前条目，false-URL 在浏览历史中创建新的条目。

● scrollBy()：指定窗口内容滚动的距离。这个功能多用于实现窗口的自动滚屏。使用方法是：

scrollBy(xnum,ynum)

xnum 是文档在横向滚动的距离；ynum 是文档在纵向滚动的距离。它们可正可负，单位为"像素"。

● print()：打印当前窗口的内容。它会弹出一个打印对话框，让用户定制打印。语法：

window.print();

● close()：关闭当前窗口。这个功能多用于制作关闭按钮。语法：

window.close();

● setTimeout()：使用window对象的setTimeout方法可以延迟代码的执行时间，也可以用该方法来指定代码的执行时间。用于在指定的毫秒数后调用函数或计算表达式：

setTimeout(code,millisec);

例如：

function clock(){
document.getElementById('test').innerHTML
= i++;
setTimeout("clock()",1000);
}

● clearTimeout()：window对象中的clearTimeout方法可以取消延迟执行的代码。因为在实际应用中，如果有时出现特殊情况，不再需要程序自延迟执行的时候，就要想办法取消延迟。clearTimeout方法可以做到这一点。语法：

clearTimeout(id_of_settimeout);

例如：

var timer;
function clock(){
document.getElementById('test').innerHTML
= i++;
timer = setTimeout("clock()",1000);
}

```
function stop(){
clearTimeout(timer);
}
```

● setInterval()：代码延迟执行机制在执行一次后就失效，而在应用中，有时希望某个程序能反复执行，例如倒计时等，需要每秒执行一次。为此可以使用 window方法的setInterval方法，该函数设置一个定时器，每当定时时间到时就调用一次用户设定的定时器函数。

按照指定的周期（以毫秒计）来调用函数或计算表达式，setInterval() 方法会不停地调用函数，直到 clearInterval() 被调用或窗口被关闭，由 setInterval() 返回的 ID 值可用做 clearInterval() 方法的参数。语法：

```
setInterval(code,millisec);
```
例如：
```
alert('http://baidu.com');
}
```

```
window.setInterval('clock()',1000); // 每一秒
弹一次框
```

● clearInterval()：使用setInterval方法可以设定计时器，设定计时器时将返回一个计时器的引用。当不再需要的时候可以使用clearInterval方法移除计时器，其接收一个计时器ID作为参数。语法：

```
clearInterval(id_of_setinterval);
```
例如：
```
var timer = window.setInterval('clock()',1000);
    function clock(){
    if(i == 5){
      window.clearInterval(timer);
    }
      document.getElementById('test').
innerhtml = i++}
```

当 i 为 5 时，停止。

20.2　窗口的位置

window 对象是浏览器窗口对文档提供一个显示的容器，是每一个加载文档的父对象。window 对象还是所有其他对象的顶级对象，通过对 window 对象的子对象进行操作，可以实现更多的动态效果。

20.2.1　获取窗口外侧及内侧尺寸

利用 JavaScript 可以获取浏览器窗口的尺寸，实时了解窗口的高度和宽度。

基本语法：

```
Window.innerheight
Window.innerwidth
Window.outerheight
Window.outerwidth
```

语法说明：

在该语法中，innerheight 属性和 innerwidth 属性分别用来指定窗口内部显示区域的高度和宽度。outerheight 和 outerwidth 属性分别用来指定含工具栏及状态栏的窗口外侧的高度及宽度。在 IE 浏览器中不支持这些属性。

实例代码：

```
<!DOCTYPE html PUBLIC "-//W3C//DTD
XHTML 1.0 Transitional//EN"
    "http://www.w3.org/TR/xhtml1/DTD/xhtml1-
transitional.dtd">
    <html xmlns="http://www.w3.org/1999/
xhtml">
    <head>
    <meta http-equiv="Content-Script-Type"
```

```
content="text/javascript">
    <meta http-equiv="Content-Style-Type" content="text/css">
    <title></title>
    <style type="text/css">
    <!--
    body { background-color: #ffffff; }
    -->
    </style>
    </head>
    <body>
    * 获取窗口的外侧尺寸及内侧尺寸
    <p><script type="text/javascript">
    <!--
        document.write(" 窗口的高度（内侧）：",window.innerHeight);
        document.write("<br>");
        document.write(" 窗口的宽度（内侧）：",window.innerWidth);
        document.write("<br>");
        document.write(" 窗口的高度（外侧）：",window.outerHeight);
        document.write("<br>");
        document.write(" 窗口的宽度（外侧）：",window.outerWidth);
    //-->
    </script></p>
    </body>
    </html>
```

运行代码，改变浏览器窗口的大小，如图 20-1 和图 20-2 所示。

图20-1 浏览器窗口的高度和宽度

图20-2 浏览器中改变窗口大小

20.2.2　按照指定的数值逐渐移动浏览器

使用 window.moveby() 方法将以"像素"为单位移动窗口。

基本语法：

window.moveby(x,y)

x 表示水平方向的移动值；y 表示垂直方向的移动值。

实例代码：

```
<!DOCTYPE html PUBLIC "-//W3C//DTD
XHTML 1.0 Transitional//EN"

  "http://www.w3.org/TR/xhtml1/DTD/xhtml1-
transitional.dtd">

  <html xmlns="http://www.w3.org/1999/
xhtml">

  <head>

  <meta http-equiv="Content-Script-Type"
content="text/javascript">

  <meta http-equiv="Content-Style-Type"
content="text/css">

  <title> 按照指定的数值逐渐移动浏览器 </
title>

  <script type="text/javascript">

  <!--

  function   MVby ( ) {   window.
moveBy (50, 50) }

  //-->

  </script>

  <style type="text/css">

  <!--

  body { background-color: #ffffff; }

  -->

  </style>

  </head>

  <body>

  * 按照指定的数值逐渐移动浏览器 <br>
```

（指定水平方向和垂直方向移动的数值）

```
  <p>

  <form>

  <input type="button" value="   移   动 !! "
onClick="MVby ( ) ">

  </form>

  </p>

  </body>

  </html>
```

运行代码，效果如图 20-3 所示。每次单击"移动"按钮后，窗口将会向右侧及下方移动 50 像素。

图20-3　按照指定的数值逐渐移动浏览器

20.2.3　滚动窗口

window.scroll(x,y) 跳转到页面的指定坐标点，目标点是以"像素"为单位从页面左上角为标记点的距离，水平和垂直滚动条滚动到相应 x、y 点。

基本语法：

window.scroll(x,y)

x 表示窗口左上方距垂直方向的位置；y 表示窗口左上方距水平方向的位置。

实例代码：

下面举例说明，代码如下：

```
<!DOCTYPE html PUBLIC "-//W3C//DTD
XHTML 1.0 Transitional//EN"
     "http://www.w3.org/TR/xhtml1/DTD/xhtml1-
transitional.dtd">
     <html xmlns="http://www.w3.org/1999/
xhtml">
     <head>
     <meta http-equiv="Content-Script-Type"
content="text/javascript">
     <meta http-equiv="Content-Style-Type"
content="text/css">
     <title></title>
     <script type="text/javascript">
<!--
     function SCLL() {
          for(var i=0; i<250;i++)
     { window.scroll(0, i) }
          for(i=249; i>=0;i--)
     { window.scroll(0, i) }
     }
//-->
     </script>
     <style type="text/css">
<!--
body { background-color: #ffffff; }
-->
     </style>
     </head>
     <body>
     <p>* 这里是滚动窗口 </p>
     <p>
     <form>
     <input type="button" value=" 点 击 滚 动 !! "
onClick="SCLL()">
     </form>
     </p>
     非常抱歉 <br>
```

```
     滚动中不能进行任何操作 <br>
     <br><br><br><br><br><br><br><br><br
><br><br><br><br><br><br><br>
     <br><br><br><br><br><br><br><br><br
><br><br><br><br><br><br><br>
     <br><br><br><br><br><br><br><br><
br>
     滚动结束 ...
     </body>
     </html>
```

本例中使用 for 语句将数值不断代入 Y 轴，使浏览器纵向滚动。运行代码在浏览器中预览，效果如图 20-4 所示。

图20-4 滚动窗口

20.2.4　调整窗口的大小

有时候需要控制显示窗口的大小，可以使用 resizeto 把窗口设置成指定的宽度和高度。可以在处理该事件时进行窗口尺寸的调整。

基本语法：

```
resizeto(w,h);
```

把窗体宽度调整为 w 像素，高度调整为 h 像素，w 与 h 不能使用负值。

实例代码：

```
<!DOCTYPE html PUBLIC "-//W3C//DTD
```

XHTML 1.0 Transitional//EN"

"http://www.w3.org/TR/xhtml1/DTD/xhtml1-transitional.dtd">

```
<html xmlns="http://www.w3.org/1999/xhtml">
<head>
<meta http-equiv="content-type" content="text/html; charset=gb2312" />
</head>
<body>
<input type="button" value="点击这里，可以控制自己的浏览器了！"
onclick="window.resizeTo(600, 400);" />
<input type="button" value="宽度调整为 50 像素，高度调整为 60 像素！"
onclick="window.resizeTo(50, 60);" />
```

```
<input type="button" value="宽度调整为 500 像素，高度调整为 600 像素！"
onclick="window.resizeTo(500, 600);" />
</body>
</html>
```

单击相应的按钮，即可控制窗口宽度，运行代码在浏览器中预览，效果如图 20-5 所示。

图20-5 调整窗口的大小

20.3 对话框

在客户端浏览器中，三种常见的 window 方法用来弹出简单对话框，它们分别是 alert()、confirm() 和 prompt()。alert() 用于向用户显示消息；confirm() 要求用户单击确认或取消按钮；prompt() 要求用户输入一段字符串。

20.3.1 警告对话框

alert() 方法用于显示带有一条指定消息和一个"确定"按钮的警告框，alert() 方法弹出的对话框只是显示提示信息，对用户起提醒作用。

基本语法：

```
alert(message);
```

message 是要在 window 上弹出的对话框中显示的纯文本。

实例代码：

```
<script type="text/JavaScript">
<!--
alert("早上好！");
</script>
```

alert 只接受一个参数，这个参数是一个字符串，alert 所做的全部事情是将这个字符串，原封不动地以一个提示框返回给用户，运行代码，效果如图 20-6 所示。

图20-6 警告对话框

20.3.2　询问对话框

confirm() 方法用来确认某一问题的答案，单击"确定"按钮，对话框会返回 true；单击"取消"按钮，对话框会返回 false。用户必须单击其中一个按钮才能使程序继续执行。

基本语法：

```
confirm(message);
```

message 是要在 window 上弹出的对话框中显示的纯文本。在用户单击"确定"按钮或"取消"按钮把对话框关闭之前，它将阻止用户对浏览器的所有输入。在调用 confirm() 时，将暂停对 JavaScript 代码的执行，在用户做出响应之前，不会执行下一条语句。

实例代码：

```
<script language="javascript">
function onClosing()
{
    if( window.confirm("真的要关闭？") )     // 询问
    {
            return true;                     //确定关闭
    }
    else
    {
            return false;                    // 不关闭
    }
}
</script>
<body onbeforeunload="return OnClosing()"/> <!-- 绑定事件处理程序 -->
```

在关闭窗口前，通过 confirm 对话框询问用户是否关闭，运行代码，效果如图 20-7 所示。

图20-7　询问对话框

20.3.3 输入对话框

很多情况下需要向网页中的程序输入数据，简单的鼠标交互显然不能满足。此时就可以使用 window 对象提供的输入对话框，通过该对话框可以输入数据。通过 window 的 prompt() 方法即可显示输入对话框。

基本语法：

window.prompt(提示信息，默认值)

语法说明：

prompt() 方法用来要求用户输入少量的信息，该方法有两个参数：一个文本字符串向用户提出问题，第二个文本字符串是文本框中显示的初始默认值，如果第二个参数为空字符串，文本框就什么也不显示。用户在文本框中输入一个值，单击"确定"按钮后会将该值传递给变量，没输入值，单击"确定"按钮会传递 null。

实例代码：

```javascript
<script language="javascript">
function qustion()
{
    var result
    result=window.prompt("你今年多大了？","20");
    if(result=="18")
            alert("你真聪明 !!!")
    else
```

```javascript
            alert("请你再猜猜 !");
    }
</script>
<input type="submit" name="Submit" value="多大了" onclick="qustion()" />
```

本实例通过 window 对象的 prompt 方法实现用户数据的输入，单击"多大了"按钮，可以弹出一提示框，如图 20-8 所示，输入相应的年龄，如果不对则显示"请你再猜猜!"的对话框，如图 20-9 所示。

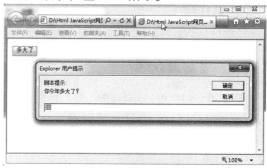

图20-8 输入对话框

图20-9 提示信息

20.4 状态栏

每个浏览器窗口的底部都有一个状态栏，用来向用户显示一些特定的消息。

20.4.1 状态栏介绍

浏览器的状态栏一般位于窗口的底部，用于显示一些任务状态信息。在通常情况下，状态栏显示当前浏览器的工作状态和用户提示信息。

在 JavaScript 中，浏览器状态栏上的内容由 window 对象的两个属性控制，即 status 和 defaultStatus。默认情况下，状态栏里的信息都是空的，只有在加载网页或将鼠标放在链接上时，状态栏中才会显示与任务目标相关的瞬间信息。

IE 浏览器的状态栏，如图 20-10 所示。

图20-10 状态栏

20.4.2 默认状态栏信息

window 对象的 defaultStatus 属性可以用来设置在状态栏中的默认文本，当不显示瞬间信息时，状态栏可以显示这个默认文本。defaultStatus 属性是一个可读写的字符串。

实例代码：

```
<script language="JavaScript">
// 设置浏览器状态栏的默认值：
defaultStatus = 'Html JavaScript 网页制作与开发完全手册 ';
</script>
```

本实例通过 window 对象的 defaultStatus 属性设置默认的状态栏信息。运行结果，如图 20-11 所示。

图20-11 默认的状态栏信息

20.4.3 状态栏瞬间信息

属性 status 主要用于存放瞬时消息，即当有触发事件发生的时候才会改变状态栏的信息。只有当触发事件发生的时候，状态栏上面的文本才会被指定的 status 替换，否则将一直显示 defaultStatus 属性指定的内容。

实例代码：

```
<script language="javascript">
<!--
function setstatus()
{
var d =new Date();
var time = d.getHours() + ":" + d.getMinutes()
+ ":" + d.getSeconds();
window. status=time;
}
setInterval("setstatus()",1000);
-->
</script>
```

本实例使用定义定时器函数，向浏览器的状态栏输出当前时间信息，运行代码，效果如图 20-12 所示。

图20-12 状态栏瞬间信息

20.4.4 在状态栏显示滚动文字

本例中，首先在读取页面时 onLoad 事件句柄触发 Mess() 事件。

接下来，在 Mess(){...} 中的 TC 值上加 1，使用 window.status 在状态栏中显示文字后，再使用 string 对象的 substring 方法使字符串移动 2 个字符，以及使用 setTimeout() 方法再次调用 Mess() 函数。持续执行该处理，直到

(TC<900) 条件为 True 时结束。这样就产生了在状态栏中滚动显示文字的效果。

为了不使字符串的开始与结尾紧靠在一起，或者突然显示文字，需要在字符串的最开始位置处加入空格。

通过变更 TC<900 内的数值来调整滚动的长度。

通过变更 setTimeout("Mess()",400) 中的数值，以"毫秒"为单位调整滚动的速度。

实例代码：

```
<script type="text/javascript">
<!--
var TC = 0 ;
var Sm1 = "                    ";
var Sm2 = "                    ";
var Sm3 = "                    ";
var Sm4 = " 在状态栏滚动显示文字 ......";
var Smess = Sm1+Sm2+Sm3+Sm4;
var timeID=setTimeout("",1) ;
function Mess() {
    if (TC < 900) { // 通过变更该数值调整滚
动时间。
        TC++ ;
        window.status = Smess;
            Smess = Smess.substring(2,Smess.
length) + Smess.substring(0,2);
        clearTimeout(timeID)
        timeID = setTimeout("Mess()",400);
    }
    else { window.status = " " }
}
//-->
</script>
<style type="text/css">
<!--
body { background-color: #ffffff; }
-->
```

```
</style>
</head>
<body onLoad="Mess()">
* 在状态栏中滚动显示文字
</body>
```

运行代码，效果如图 20-13 所示。

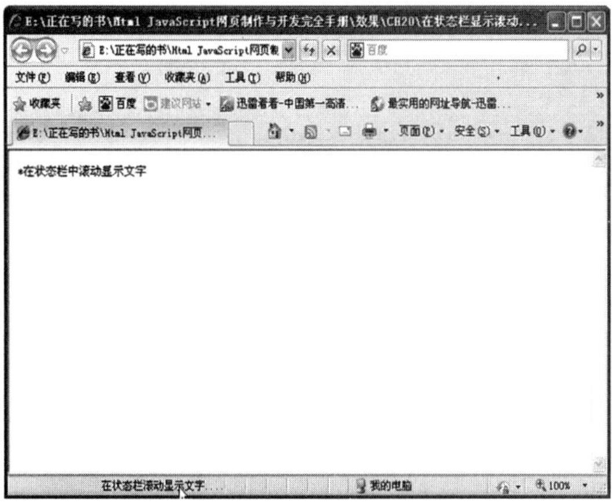

图20-13 状态栏滚动显示消息

20.4.5 在状态栏显示问候语句

本例中创建显示在状态栏中的字符串数组，在读取页面时，将数组中的元素显示在状态栏中。显示处理结束后，通过在状态栏中显示空格，清除状态行中的文字。

实例代码：

```
<!DOCTYPE HTML PUBLIC "-//W3C//DTD
HTML 4.01 Transitional//EN">
<html>
<head>
<meta http-equiv="Content-Script-Type"
content="text/javascript">
<meta http-equiv="Content-Style-Type"
content="text/css">
<title></title>
<script type="text/javascript">
<!--
```

```
var TC = 0;
var j = 0
function MakeArray(n) {
  this.length = n;
  for (var i = 0; i <= n; i++) {
    this[i] = 0;
  }
  return this;
}
msg = new MakeArray(16);
msg[0] = "";
msg[1] = "";
msg[2] = "_____ 欢 迎
_____";
msg[3] = "_____ 欢 迎
_____";
msg[4] = "_____
_____";
msg[5] = "_____ 光 临
_____";
msg[6] = "_____ 光 临
_____";
msg[7] = "_____
_____";
msg[8] = "_____ 我 的 主 页
_____";
msg[9] = "_____ 我 的 主 页
_____";
msg[10] = "                    ";
msg[11] = "                    ";
msg[12] = "                    ";
msg[13] = "____*欢迎光临我的主页
*_____";
msg[14] = "____*欢迎光临我的主页
*_____";
msg[15] = "____*欢迎光临我的主页
*_____";
```

```
function EVENT3() {
  if (TC < 16) {
    TC++;
    if (j <= msg.length) {
    window.status = msg[j];
    j++;
    if (j == msg.length) {
      j = 0;
    }
    setTimeout("EVENT3()", 500);
    }
  } else {
    window.status = " ";
  }
}
//-->
</script>
<style type="text/css">
<!--
body { background-color: #ffffff; }
-->
</style>
</head>
<body onLoad="EVENT3()">
* 加载页面时，在状态栏中显示问候语
</body></html>
```

运行代码，效果如图 20-14 所示。

图20-14 在状态栏显示问候语句

20.4.6　检索页面中的文字

使用 find() 方法可以在当前页面上搜索输入在文本框内的字符串。检索到指定的字符串，可以设置其返回值为真（true）或假（false）。

本例中在文本框中输入字符串，检索页面中是否含有该字符串并弹出警告对话框。

```
<!DOCTYPE HTML PUBLIC "-//W3C//DTD
HTML 4.01 Transitional//EN">
<html><head>
<meta http-equiv="Content-Script-Type"
content="text/javascript">
<meta http-equiv="Content-Style-Type"
content="text/css">
<title></title>
<script type="text/javascript">
<!--
function FIN(i) {
  if ( window.find( i,true) ) { alert (" 字符串 "
+i+" 被发现 ")}
  else { alert (" 字符串 "+i+" 没有被发现
")}
}
//-->
</script>
<style type="text/css">
<!--
body { background-color: #ffffff; }
-->
</style>
</head>
<body>
* 检索页面中的文字
<hr>
<blockquote>
<b>JavaScript</b> 是 Netscape 公司为提高
```

Web 页面的处理能力而开发的。其建立在
<b>LiveScript</b> 基础上，是 Netscape 公司
与 Sun 公司共同开发的 <b> 脚本语言 </b>。可
在 Netscape Navigator 2.0 以后的浏览器
及 Internet Explorer 3.0 以后的浏览器中使
用。

</blockquote>
<hr>
<form>
  <input type="text" name="fin1" value=""
size=30>
  <input type="button" name= "fin2" value="
检索!!" onClick="FIN(fin1.value)">
</form>
</body></html>

运行代码，效果如图 20-15 所示。

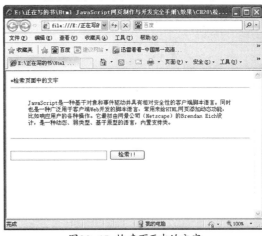

图20-15 检索页面中的文字

20.5　窗口操作

　　窗口是 Web 浏览器中最重要的界面元素，JavaScript 提供了许多操作窗口的工具，JavaScript 处理窗口的方式与处理框架很相似（因为框架是位于总浏览器窗口中的文档窗口）。

20.5.1　打开新窗口

　　Open() 方法可以查找一个已经存在的或新建的浏览器窗口。如果 name 参数指定了一个已经存在的浏览器窗口，则返回对该窗口的引用。返回的窗口中将显示 URL 中指定的文档，但是 features 参数会被忽略。Open() 方法是 JavaScript 中唯一通过名称获得浏览器窗口引用的途径。

　　如果没有指定 name 参数，或者不存在 name 参数指定名称的窗口，open() 方法将创建一个新的浏览器窗口。

基本语法：

window.open(URL,name,features,replace)

　　● URL：可选字符串参数，指向要在新窗口中显示文档的URL。如果省略该参数，或者参数为空字符串，新窗口不会显示文档。

　　● name：可选字符串参数，该参数可以设置新窗口的名称。

　　相同 name 的窗口只能创建一个，要想创建多个窗口则 name 不能相同。

　　name 不能包含有空格。

● features：可选字符串参数，该参数用于设定新窗口的功能。因为该参数是可选的，如果没有指定该参数，新窗口有所有的标准功能。

● replace：可选布尔参数，设置新窗口中操作历史的保存方式。

实例代码：

例如：

```
<script type="text/javascript">
{
window.open("index.html","index","heigth=688,width=554");
}
</script>
```

Window.open（'index.html'）用于控制弹出新的窗口，indexe.html、height=688、width=554 分别设置打开浏览器窗口的宽度和高度，运行代码，效果如图 20-16 所示。

图20-16 打开新窗口

20.5.2　窗口名字

window.open 方法可以设置新窗口的名称，该窗口名称在 a 元素和 form 元素的 target 属性中使用。例如：

实例代码：

```
<script language="javascript">
```

```
function name()
{
window.open("http://www.baidu.com","myForm","height=300,width=200,scrollbars=yes");
}
name();
</script>
```

本实例应用 open 方法打开百度网首页，文档名为 myFrom，高为 300，宽为 200，运行代码，效果如图 20-17 所示。

图20-17 窗口名字

20.5.3　关闭窗口

window.close() 方法关闭指定的浏览器窗口。如果不带窗口引用调用 close() 函数，JavaScript 就关闭当前窗口。在事件处理程序中，必须指定 window.close()，而不能仅仅使用 close()。

基本语法：

```
window.close();
```

● 所有的窗体都可以使用此函数关闭。

● 对于通过使用open函数打开的窗体，使用close函数将直接关闭。

● 非open打开的窗体，或者对整个浏览器调用close函数时，将弹出一条关闭信息，询问是否关闭。用户可以拒绝关闭。

实例代码：

```
<!DOCTYPE html PUBLIC "-//W3C//DTD
XHTML 1.0 Transitional//EN"
    "http://www.w3.org/TR/xhtml1/DTD/xhtml1-
transitional.dtd">
    <html xmlns="http://www.w3.org/1999/
xhtml">
    <head>
    <meta http-equiv="content-type"
content="text/html; charset=gb2312" />
    <script language="javascript">
    function closeWindow()
    {
        if(self.closed)
        {
                alert(" 窗口已经关闭 ")
        }
        else
        {
                self.close()
        }
    }
    </script>
    </head>
    <body>
    <label>
    <input type="submit" name="Submit"
onClick="closeWindow()" value=" 关闭窗口 ">
    </label>
    </body>
    </html>
```

本实例应用 if 语句判断是否关闭窗口，如果没有就关闭窗口，单击按钮即可提示是否关闭，运行代码，效果如图 20-18 所示。

图20-18 关闭窗口

20.5.4　窗口的引用

window.parent 是 iframe 页面调用父页面对象。

实例代码：

```
<!DOCTYPE html PUBLIC "-//W3C//DTD
XHTML 1.0 Transitional//EN"
    "http://www.w3.org/TR/xhtml1/DTD/xhtml1-
transitional.dtd">
    <html xmlns="http://www.w3.org/1999/
xhtml">
    <meta http-equiv="content-type"
content="text/html; charset=gb2312" />
    <head>
    </head>
    <body>
    <form name="form1" id="form1">
    <input type="text" name="username"
id="username"/>
    </form>
    <iframe src="b.html" width=100%></iframe>
    </body>
    </html>
```

需要在 b.htm 中要对上面代码中的 username 文本框赋值，就如很多上传功能，上传功能页在 Ifrmae 中，上传成功后把上传后的路径放入父页面的文本框中。应该在 b.html 中输入相应代码，具体如下：

```
<script type="text/javascript">

var _parentWin = window. parent ;
_parentWin. form1. username. value = "
窗口的引用";
</script>
```

运行代码，效果如图 20-19 所示。

图20-19 窗口的引用

20.5.5 在显示器左上角显示窗口

使用 moveT() 方法使窗口移动到指定的位置。本例在读取页面时将触发 HidariUe() 函数，使用 windoe.moveTo(0,0) 将窗口移动到显示器的左上角。

实例代码：

```
<!DOCTYPE HTML PUBLIC "-//W3C//DTD
HTML 4.01 Transitional//EN">
<html><head>
    <meta http-equiv="Content-Script-Type"
content="text/javascript">
    <meta http-equiv="Content-Style-Type"
content="text/css">
    <title></title>
    <script type="text/javascript">
```

```
<!--
function MigiUe() {
    var MU = screen.availWidth-window.
outerWidth;
    window.moveTo(MU,0);
    return true;
}
//-->
</script>
<style type="text/css">
<!--
body { background-color: #ffffff; }
-->
</style>
</head>
<body onLoad="MigiUe()">
* 在显示器右上角显示窗口
</body></html>
```

运行代码，效果如图 20-20 所示。

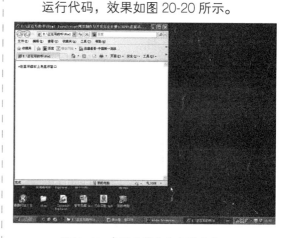

图20-20 在显示器左上角显示窗口

20.5.6 在显示器左下角显示窗口

当窗口显示在显示器左下角位置时，窗口左上角的 X 轴位置为 0，Y 轴上的位置根据显示器及窗口的尺寸而不同。

本例中在读取网页时触发 HidariSita() 函

数。在此过程中，使用 screen.availHeight 获取显示器可显示区域的高度，使用 window.outHeight 获取窗口外侧的高度。"显示器可显示区域高度 - 窗口外侧高度"决定窗口左上角的 Y 轴位置，并将此值设置到 moveTo() 方法中，使窗口显示在左下角。

在 Internet Explorer 中不支持 outerHeight，所以该脚本语言不能运行。

实例代码：

```
<!DOCTYPE html PUBLIC "-//W3C//DTD
XHTML 1.0 Transitional//EN"
    "http://www.w3.org/TR/xhtml1/DTD/xhtml1-
transitional.dtd">
    <html xmlns="http://www.w3.org/1999/
xhtml">
    <head>
    <meta http-equiv="Content-Script-Type"
content="text/javascript">
    <meta http-equiv="Content-Style-Type"
content="text/css">
    <title></title>
    <script type="text/javascript">
    <!--
    function HidariSita() {
        var HS = screen.availHeight-window.
outerHeight;
        window.moveTo(0,HS);
        return true;
    }
    //-->
    </script>
    <style type="text/css">
    <!--
    body { background-color: #ffffff; }
    -->
    </style>
    </head>
```

```
<body onLoad="HidariSita()">
    * 在显示器左下角显示窗口
</body>
</html>
```

运行代码，效果如图 20-21 所示。

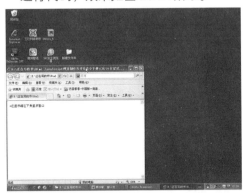

图20-21　在显示器左下角显示窗口

20.5.7　在显示器右上角显示窗口

当窗口显示在显示器右上角位置时，窗口左上角的 Y 轴位置为 0，X 轴上的位置根据显示屏及窗口的尺寸而不同。

本例中在读取网页时触发 MigiUe() 函数。在此过程中，使用 sereen.availWidth 获取显示器可显示区域的宽度，使用 Window-outWidth 获取窗口外侧宽度。"显示器可显示区域宽度 - 窗口外侧宽度"决定窗口左上角的 X 轴位置，并将此值设置到 moveTo() 方法中，使窗口显示在右上角。

在 Internet Explorer 中不支持 outerWidth，所以该脚本语言不能运行。

实例代码：

```
<!DOCTYPE html PUBLIC "-//W3C//DTD
XHTML 1.0 Transitional//EN"
    "http://www.w3.org/TR/xhtml1/DTD/xhtml1-
transitional.dtd">
    <html xmlns="http://www.w3.org/1999/
xhtml">
```

```html
<head>
    <meta http-equiv="Content-Script-Type"
content="text/javascript">
    <meta http-equiv="Content-Style-Type"
content="text/css">
    <title></title>
    <script type="text/javascript">
<!--
function MigiUe() {
        var MU = screen.availWidth-window.
outerWidth;
    window.moveTo(MU,0);
    return true;
}
//-->
</script>
<style type="text/css">
<!--
body { background-color: #ffffff; }
-->
</style>
</head>
<body onLoad="MigiUe()">
* 在显示器右上角显示窗口
</body>
</html>
```

运行代码，效果如图 20-22 所示。

图20-22 在显示器右上角显示窗口

20.5.8 在显示器右下角显示窗口

当窗口显示在显示器右下角位置时，窗口左上角的位置根据显示器及窗口的尺寸而不同。

本例中在读取网页时触发 MigiSita() 函数。在此过程中，使用 sereen.availWidth 获取显示器可显示区域的宽度，使用 window.outerWidth 获取窗口外侧宽度。"显示器可显示区域宽度—窗口外侧宽度"决定窗口左上角的 X 轴位置，使用 screen.availHeight 获取显示器可显示区域的高度，使用 window.outerHeight 获取窗口外侧的高度。"显示器可显示区域的高度—窗口外侧的高度"决定窗口左上角的 Y 轴位置。将这些值设置到 moveTo() 方法中，使窗口显示在右下角。

在 Internet Explorer 中不支持 outerWidth 和 outerHeight，所以该脚本语言不能运行。

实例代码：

```html
<!DOCTYPE html PUBLIC "-//W3C//DTD
XHTML 1.0 Transitional//EN"
    "http://www.w3.org/TR/xhtml1/DTD/xhtml1-
transitional.dtd">
    <html xmlns="http://www.w3.org/1999/
xhtml">
    <head>
    <meta http-equiv="Content-Script-Type"
content="text/javascript">
    <meta http-equiv="Content-Style-Type"
content="text/css">
    <title></title>
    <script type="text/javascript">
<!--
function MigiSita() {
        var UW = screen.availWidth-window.
outerWidth;
        var SH = screen.availHeight-window.
```

332

```
outerHeight;
    window.moveTo(UW,SH);
    return true;
}
//-->
</script>
<style type="text/css">
<!--
body { background-color: #ffffff; }
-->
</style>
</head>
<body onLoad="MigiSita()">
* 在显示器右下角显示窗口
```

```
</body></html>
```

运行代码，效果如图 20-23 所示。

图20-23 在显示器右下角显示窗口

20.6 综合实战

JavaScript 最强大的功能也就在于能够直接访问浏览器窗口对象及其中的子对象。window 对象表示的是浏览器窗口，它有多种操作，其中一个重要的方法是 open，表示新建一个窗口来打开指定页面。

20.6.1 实战——全屏显示窗口

本实例将讲述关于全屏浏览器窗口网页的制作，具体操作步骤如下。

❶使用 Dreamweaver CS6 打开网页文档，如图 20-24 所示。

❷打开拆分视图，在 <body> 和 </body> 之间相应的位置输入以下代码，如图 20-25 所示。

```
<div align="center">
<input type="button" name="FullScreen" value=" 全屏显示 "
onClick="window.open(document.location, 'big', 'fullscreen=yes')">
</div>
```

图20-24 打开网页文档

图20-25 输入代码

❸ 保存文档，在浏览器中浏览，效果如图 20-26 所示。

图20-26 全屏显示效果

20.6.2 实战——定时关闭窗口

本实例将讲述定时关闭网页器窗口，具体操作步骤如下。

❶ 使用 Dreamweaver CS6 打开网页文档，如图 20-27 所示。

❷ 打开拆分视图，在 <head> 和 </head> 之间相应的位置输入以下代码，如图 20-28 所示。

```
<script language="javascript">
<!--
function clock()
{i=i-1
document.title=" 本窗口将在 "+i+" 秒后自动关闭 !";
if(i>0)setTimeout("clock();",1000);
else self.close();}
var i=10
clock();
//-->
</script>
```

图20-27 打开网页文档

图20-28 输入代码

❸保存文档，在浏览器中浏览，效果如图 20-29 所示。

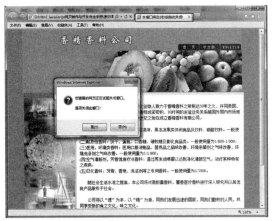

图20-29 定时关闭效果

第21章 屏幕和浏览器对象

本章导读

    每个 window 对象的 screen 属性都引用一个 screen 对象。screen 对象中存放着有关显示浏览器屏幕的信息。JavaScript 程序将利用这些信息来优化它们的输出，以达到用户的显示要求。navigator 也成为浏览器对象，该对象用来描述客户端浏览器相关信息。

技术要点

- 检测显示器参数
- 客户端显示器屏幕分辨率
- 客户端显示器屏幕的有效宽度和高度
- 获取浏览器对象的属性值
- MimeType 对象和 Plugin 对象

实例展示

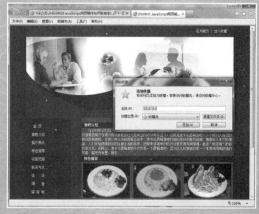

添加收藏

浏览器状态栏显示信息

21.1 屏幕对象

屏幕对象（screen）提供了获取显示器信息的功能，显示器信息的主要用途是确定网页在客户机时所能达到的最大显示空间。很多情况下，用户的显示器尺寸不尽相同，以同一尺寸设计的网页往往得不到期望的效果。

21.1.1 检测显示器参数

检测显示器参数有助于确定网页在客户机上所能显示的大小，主要使用 screen 对象提供的接口。显示的参数一般都包括显示面积的宽度、高度和色深等，其中宽度、高度是比较有意义的，直接与网布局相关，色深只是影响图形色彩的逼真程度。

如表 21-1 所示为 screen 对象属性一览。

表21-1 screen对象属性

属 性	说 明
availHeight	窗口可以使用的屏幕高度，单位为"像素"
availWidth	窗口可以使用的屏幕宽度，单位为"像素"
colorDepth	返回目标设备或缓冲器上的调色板的比特深度
height	屏幕的高度，单位为"像素"
width	屏幕的宽度，单位为"像素"

实例代码：

```
<Script language="javascript">
    with (document)      //用 with 语句引用
document 的属性
    {
        write ("屏幕显示设定值：<p>");  //输出提示语句
        write ("屏幕的实际高度", screen.
availHeight, "<br>");
```

```
        write ("屏幕的实际宽度", screen.
availWidth, "<br>");
        write ("屏幕的色盘深度", screen.
colorDepth, "<br>");
        write ("屏幕区域的高度", screen.height,
"<br>");
        write ("屏幕区域的宽度", screen.width);
    }
</Script>
```

运行代码，效果如图 21-1 所示。

图21-1 检测显示器参数

21.1.2 客户端显示器屏幕 分辨率

客户端计算机的显示器可能会有所不同，而不同的显示器分辨率也就有可能不同。目前主流显示器分辨率是 800×600 和 1024×768，以 Windows 操作系统为例。

实例代码：

```
<script  language="javascript">
var width =1024;
    //宽 1024
document.write("您 的 屏 幕 分 辨 率 是
"+screen.width+"*"+screen.height); //分辨率
    if(screen.width!=width)
```

```
{
document.write(", 不是最佳分辨率，建议您将屏幕分辨率调整为 1024*768。");          //提示
}
Else
{
document.write("，符合本站最佳浏览环境。");
// 提示
}
</script>
```

运行代码，效果如图 21-2 所示。

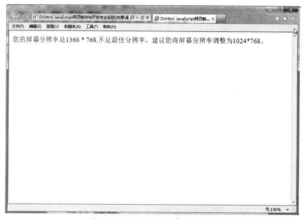

图21-2 显示器屏幕分辨率

21.1.3 客户端显示器屏幕的有效宽度和高度

有效宽度和高度，是指打开客户端浏览器，所能达到的最大宽度和高度。在不同的操作系统中，操作系统本身也要占用一定的显示区域，所以在浏览器窗口以最大化打开时，不一定占满整个显示器屏幕。因此，有效宽度和高度就是指浏览器窗口所能占据的最大宽度和高度。

实例代码：

```
<!DOCTYPE html PUBLIC "-//W3C//DTD XHTML 1.0 Transitional//EN"
"http://www.w3.org/TR/xhtml1/DTD/xhtml1-transitional.dtd">
<html xmlns="http://www.w3.org/1999/xhtml">
<meta http-equiv="Content-Type" content="text/html; charset=gb2312" />
<head>
<body>
<script  language="javascript">
with(document)
```

```
{
    writeln(" 网页可见区域宽："+ document.
body.clientWidth+"<br>");
    writeln(" 网页可见区域高："+ document.
body.clientHeight+"<br>");
    writeln(" 网页可见区域宽（包括边线和
滚动条的宽）："+ document.body.offsetWidth
+"<br>");
    writeln(" 网页可见区域高（包括边线的
宽）："+ document.body.offsetHeight +"<br>");
    writeln(" 网页正文全文宽："+ document.
body.scrollWidth+"<br>");
    writeln(" 网页正文全文高："+ document.
body.scrollHeight+"<br>");
    writeln(" 网页被卷去的高(ff)："+
document.body.scrollTop+"<br>");
    writeln(" 网页被卷去的高(ie)："+
document.documentElement.scrollTop+"<br>");
    writeln(" 网页被卷去的左："+ document.
body.scrollLeft+"<br>");
    writeln(" 网页正文部分上："+ window.
screenTop+"<br>");
    writeln(" 网页正文部分左："+ window.
screenLeft+"<br>");
    writeln(" 屏幕分辨率的高："+ window.
screen.height+"<br>");
    writeln(" 屏幕分辨率的宽："+ window.
screen.width+"<br>");
    writeln(" 屏幕可用工作区高度："+
window.screen.availHeight+"<br>");
    writeln(" 屏幕可用工作区宽度："+
window.screen.availWidth+"<br>");
}
</script>
</body>
</html>
```

运行代码，效果如图 21-3 所示。

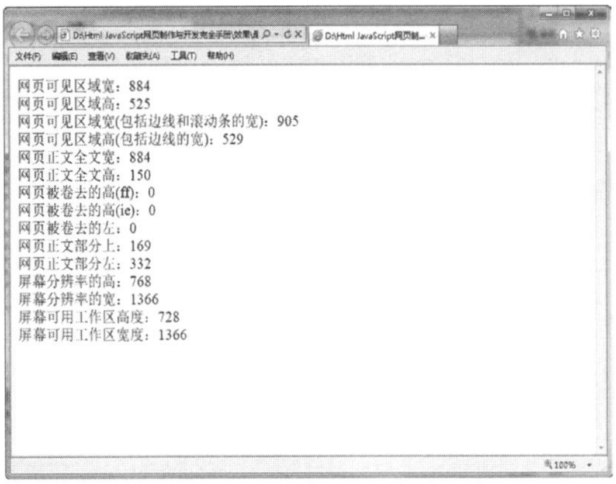

图21-3 显示器屏幕的有效宽度和高度

21.1.4 获取显示器的显示信息

pixelDepth 属性返回每像素使用多少比特（bits）进行显示的值；color-Depth 属性以比特值返回可以显示的颜色数量。例如，256 像素时是 865000 像素（Macintosh 中 32000 像素）的情况下为 16。

Internet Explorer 中不支持 pixelDepth 属性。

实例代码：

```
<!DOCTYPE html PUBLIC "-//W3C//DTD
XHTML 1.0 Transitional//EN"
    "http://www.w3.org/TR/xhtml1/DTD/xhtml1-
transitional.dtd">
    <html xmlns="http://www.w3.org/1999/
xhtml">
    <head>
    <meta http-equiv="Content-Script-Type"
content="text/javascript">
    <meta http-equiv="Content-Style-Type"
content="text/css">
    <title></title>
    <style type="text/css">
    <!--
    body { background-color: #ffffff; }
```

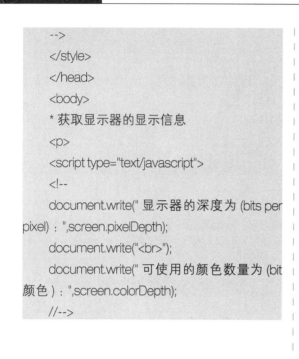

```
-->
</style>
</head>
<body>
* 获取显示器的显示信息
<p>
<script type="text/javascript">
<!--
document.write(" 显示器的深度为 (bits per
pixel) : ",screen.pixelDepth);
document.write("<br>");
document.write(" 可使用的颜色数量为 (bit
颜色) : ",screen.colorDepth);
//-->
```

```
</script>
</p>
</body>
</html>
```

运行代码，效果如图 21-4 所示。

图21-4 获取显示器的显示信息

21.2 浏览器对象

Navigator 对象，也称为"浏览器对象"，该对象包含了浏览器的信息，如浏览器名称、版本号等。

21.2.1 获取浏览器对象的属性值

在进行 Web 开发时，通过 Navigator 对象的属性来确定用户浏览器版本，进而编写有针对相应浏览器版本的代码。

基本语法：

```
navigator.appName
navigator.appCodeName
navigator.appVersion
navigator.userAgent
navigator.platform
navigator.language
```

语法说明：

navigator.appName 获取浏览器名称；navigator.appCodeName 获取浏览器的代码名称；navigator.appVersion 获取浏览器的版本；navigator.userAgent 获取浏览器的用户代理；navigator.platform 获取平台的类型；navigator.language 获取浏览器的使用语言。

实例代码：

```
<!DOCTYPE html PUBLIC "-//W3C//DTD XHTML 1.0 Transitional//EN"
```

```
  "http://www.w3.org/TR/xhtml1/DTD/xhtml1-
transitional.dtd">
  <html xmlns="http://www.w3.org/1999/
xhtml">
  <meta http-equiv="Content-Type"
content="text/html; charset=gb2312" />
  <head></head>
  <Script language="javascript">
  with (document)
  {
      write (" 浏览器信息：<OL>");
          write ("<LI> 代 码：
"+navigator.appCodeName);
          write ("<LI> 名 称：
"+navigator.appName);
          write ("<LI> 版 本：
"+navigator.appVersion);
          write ("<LI> 语 言：
"+navigator.language);
          write ("<LI> 编 译 平 台：
"+navigator.platform);
          write ("<LI> 用 户 表 头：
"+navigator.userAgent);
  }
  </Script>
  </body>
  </html>
```

运行代码，效果如图 21-5 所示，显示了
浏览器的代码、名称、版本、语言、编译平台
和用户表头等信息。

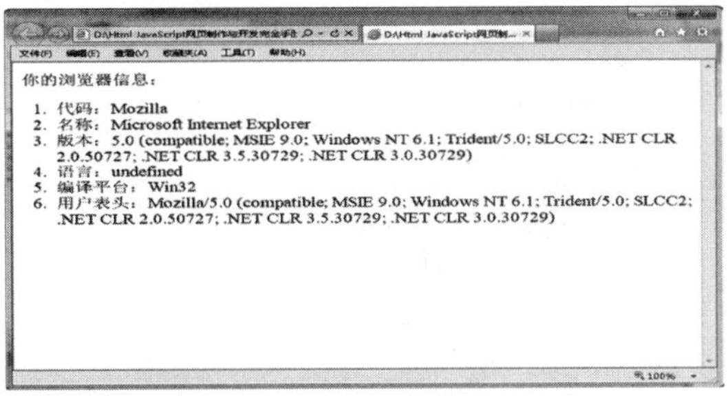

图21-5 获取浏览器对象的属性值

21.2.2 Plugin插件

一个 Plugin 对象就是一个安装在客户端的
插件。所谓"插件"，就是浏览器用于显示特
定类型嵌入数据时调用的软件模块。用户从帮
助菜单中选择关于插件选项可以获取已安装插
件的清单。

每个 Plugin 对象本身都是一个数组，其中
包含的每个元素分别对应于每个该插件支持的
MIME 类型。

基本语法：

```
navigator.plugins[i].name
navigator.plugins[i].filename
navigator.plugins[i].description
navigator.plugins[i].length
```

语法说明：

navigator.plugins[i].name 属性返回插件的
名 称 ；navigator.plugins[i].filename 属性返回文
件 名 ；navigator.plugins[i].description 属性返回
其详细信息；navigator.plugins[i].length 属性计
算插件的数量，并创建可以在该浏览器中使用
的插件一览表。

实例代码：

```
<script language="javascript">

document.writeln("<table border=1><tr
valing=top>",
  "<th aling=left>A",
  "<th aling=left> 名称 ",
  "<th aling=left> 文件名 ",
  "<th aling=left> 描述 ",
  "<th aling=left> 类型 </tr>")
for (i=0; i < navigator.plugins.length; i++) {
document.writeln("<TR valing=top><TD>",i,
  "<td>",navigator.plugins[i].name,
  "<td>",navigator.plugins[i].filename,
```

```
"<td>",navigator.plugins[i].description,
"<td>",navigator.plugins[i].length,
"</tr>")
}
document.writeln("</table>")
</script>
```

本实例列出一张表，其中显示了客户端每个 Plugin 对象的 name、filename、description 和 length 属性，运行代码，效果如图 21-6 所示。

图21-6 MimeType对象和Plugin对象

21.2.3 获取可使用的MIME类型

本例中使用 length 属性计算 MIME 类型的数量，并创建可以在该浏览器中使用的 MIME 类型一览表。

Type 属性返回 MIME 类型；description 属性返回其详细信息；suffixes 属性返回扩展名。

MimeTypes 对象中还有 enablePlugin 属性（返回为使用插件的名称）。

实例代码：

```
<!DOCTYPE HTML PUBLIC "-//W3C//DTD
HTML 4.01 Transitional//EN">
<html><head>
    <meta http-equiv="Content-Script-Type"
content="text/javascript">
    <meta http-equiv="Content-Style-Type"
content="text/css">
    <title></title>
    <style type="text/css">
    <!--
    body { background-color: #ffffff; }
    -->
    </style>
    </head>
    <body>
    <p>* 获取可以使用的 MINE 的类型 </p>
    <script type="text/javascript">
    <!--
    var L = navigator.mimeTypes.length;
    document.write( L );
    document.write(" 个 ".bold());
    document.write("<p>");
    document.write(" 类型 / 说明 / 扩展名
".bold());
    document.write("<br>");
    for(i=0; i<L; i++){
    document.write(navigator.mimeTypes[i].
type);
    document.write(" / ".bold());
    document.write(navigator.mimeTypes[i].
description);
    document.write(" / ".bold());
    document.write(navigator.mimeTypes[i].
suffixes);
    document.write("<br>");
    }
    //-->
    </script>
```

```
</body></html>
```

运行代码，效果如图 21-7 所示。

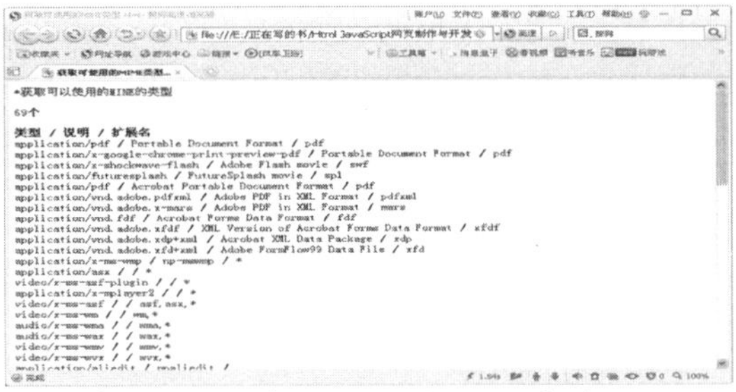

图21-7 获取可使用的MIME类型

21.3 综合实战

在网页程序设计中，经常需要进行浏览器和用户浏览器性能的检测，以便根据不同的用户显示或执行相应的代码。本章主要介绍浏览器名称、版本的检测与显示、浏览器对 JavaScript 的支持性检测、随时获取浏览器窗口大小、设置屏幕对象的尺寸、根据不同情况显示不同的媒体文件等内容。

21.3.1 实战——设置为首页和加入收藏夹

本实例讲述设置为首页和加入收藏夹的具体应用，具体操作步骤如下。

❶使用 Dreamweaver CS6 打开网页文档，如图 21-8 所示。

❷打开代码视图，在 \<body\> 和 \</body\> 之间相应的位置输入以下代码，如图 21-9 所示。

```javascript
<script type="text/javascript">
// 加入收藏
function AddFavorite(sURL, sTitle)
{
try
{
window.external.addFavorite(sURL, sTitle);
}
catch (e)
{
try
{
window.sidebar.addPanel(sTitle, sURL, "");
}
catch (e)
{
```

```
alert(" 加入收藏失败，使用 Ctrl+D 进行添加 ");
    }
  }
}
// 设为首页
function SetHome(obj,vrl)
{
try{
obj.style.behavior='url(#default#homepage)';obj.setHomePage(vrl);
}
catch(e){
if(window.netscape) {
try {
netscape.security.PrivilegeManager.enablePrivilege("UniversalXPConnect");
}
catch (e) {
alert(" 此操作被浏览器拒绝！在浏览器地址栏输入 "about:config" 并回车然后将 [signed.
applets.codebase_principal_support] 设置为 'true'");
}
var prefs = Components.classes['@mozilla.org/preferences-service;1'].getService(Components.
interfaces.nslPrefBranch);
prefs.setCharPref('browser.startup.homepage',vrl);
}
}
}
</script>
<a href="#" onclick="SetHome(this,'http://www.baidu.com')"> 设为首页 </a>|
<a href="#" target="_blank"
  onclick="AddFavorite('http://www.baidu.com',' 百度搜索 ')"> 加入收藏 </a>
```

图21-8 打开网页文档

图21-9 输入代码

❸ 保存文档，单击"设置首页"链接，弹出"添加或更改首页"提示框，如图 21-10 所示。单击"加入收藏"链接，弹出"添加收藏"提示框，如图 21-11 所示。

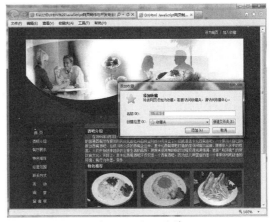

图21-11 加入收藏

图21-10 设置首页

21.3.2 实战2——浏览器状态栏显示信息

有的时候，我们想在状态栏上显示一些自己很喜欢的内容，例如，显示欢迎信息、当前时间，都可以用 JavaScript 来实现，具体操作步骤如下。

❶ 使用 Dreamweaver CS6 打开网页文档，如图 21-12 所示。

❷ 打开拆分视图，在 <head> 和 </head> 之间相应的位置输入以下代码，如图 21-13 所示。

```
<script language="JavaScript">
// 设置浏览器状态栏的默认值：
defaultStatus = ' 亲爱的朋友您好，欢迎光临我们的网站 ';
</script>
```

图21-12 打开网页文档

图21-13 输入代码

③保存文档，在浏览器中浏览，效果如图 21-14 所示。

图21-14　浏览器状态栏显示信息效果

第22章 文档对象

本章导读

  Document 对象，又称"文档对象"，该对象是 JavaScript 中最重要的一个对象。Document 对象是 window 对象中的一个子对象，window 对象代表浏览器窗口，而 Document 对象代表了浏览器窗口中的文档。

技术要点

- 文档对象介绍
- 文档对象的使用方法
- 引用文档中对象的方法
- 文档对象的应用
- 链接对象

实例展示

文字连续变换多种颜色效果

22.1　文档对象概述

Document 文档对象是 JavaScript 中 window 和 frames 对象的一个属性，是显示于窗口或框架内的一个文档。描述当前窗口或指定窗口对象的文档。它包含了文档从 \<head> 到 \</body> 的内容。

22.1.1　文档对象介绍

Document 对象是 JavaScript 中使用最多的对象，因为 Document 对象可以操作 HTML 文档的内容和对象。Document 对象除了有大量的方法和属性之外，还有大量的子对象，这些对象可以用来控制 HTML 文档中的图片、超链接、表单元素等控件。

Document 对象代表整个 HTML 文档，可用来获取文档本身的信息并访问页面中的所有元素。

1．Document 对象的属性

Document 对象的属性，如表 22-1 所示。

表22-1　Document对象的属性

属　性	说　明
body	提供对 \<body> 元素的直接访问
cookie	设置或返回与当前文档有关的所有 cookie
domain	返回当前文档的域名
lastModified	返回文档被最后修改的日期和时间
title	返回当前文档的标题
URL	返回当前文档的 URL

下面通过一个实例讲述 Document 对象的属性的使用方法。

实例代码：

```
"http://www.w3.org/TR/xhtml1/DTD/xhtml1-transitional.dtd">
```

```
<html xmlns="http://www.w3.org/1999/xhtml">
    <head>
        <meta http-equiv="Content-Type" content="text/html; charset=gb2312" />
        <title>HTML 标签生成的网页标题 </title>
        <script>
            document.title = "由 JavaScript 脚本生成的网页标题";
        </script>
    </head>
    <body> 文档窗口的宽度是
    <script>
        document.write(document.body.offsetWidth);
    </script>
    </body>
</html>
```

这里使用 document.title 显示浏览器标题；document.write() 输出文档窗口的宽度，如图 22-1 和图 22-2 所示。

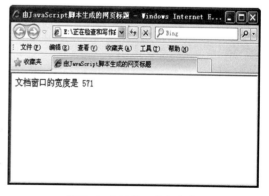

图22-1　文档窗口的宽度是571

图22-2 文档窗口的宽度是1004

2. Document 对象方法

Document 对象方法，如表 22-2 所示。

表22-2 Document对象方法

方法	说明
close()	关闭用 document.open() 方法打开的输出流，并显示选定的数据
getElementById()	返回对拥有指定 id 的第一个对象的引用
getElementsByName()	返回带有指定名称的对象集合
getElementsByTagName()	返回带有指定标签名的对象集合
open()	打开一个流，以收集来自任何 document.write() 或 document.writeln() 方法的输出
write()	向文档写 HTML 表达式或 JavaScript 代码
writeln()	等同于 write() 方法，不同的是在每个表达式之后写一个换行符

下面通过一个实例讲述 Document 对象的方法使用。

实例代码：

```
<!DOCTYPE html PUBLIC "-//W3C//DTD XHTML 1.0 Transitional//EN"
"http://www.w3.org/TR/xhtml1/DTD/xhtml1-transitional.dtd">
<html xmlns="http://www.w3.org/1999/xhtml">
<head>
<meta http-equiv="Content-Type" content="text/html; charset=gb2312" />
<title>Document 对象的方法 </title>
</head>
<body>
<script>
    function test1()
{
    var txt = document.getElementById("txt_1");
    window.alert(txt.type);
    var pwds = document.getElementsByName("txtUPwd");
    window.alert(pwds.length);
```

```
    window.alert(pwds[1].id);
    var eles = document.getElementsBy
TagName("input");
    window.alert(eles.length);
    window.alert(eles[3].value);
}
</script>
<form id="frm" method="post">
用 户 名 :<input type="text" id="txt_1"
name="txtUName" />
    密 码 :<input type="password" id="txt_2"
name="txtUPwd" />
    确 认 密 码 :<input type="password"
id="txt_3" name="txtUPwd" />
        <input type="button" name="btnTest"
value=" 测试 " onclick="test1();" />
    </form>
    </body>
    </html>
```

在 Document 对象中可以使用 getElementById 方法引用文本框的值，它是通过标签的 ID 来访问标签中的值，这种方法不局限于表单，访问更方便、更自由。运行代码，在浏览器中浏览，效果如图 22-3 所示。

图22-3　Document对象的方法

3.　Document 对象集合

Document 对象集合，如表 22-3 所示。

表22-3　Document对象集合

集 合	说 明
all[]	提供对文档中所有 HTML 元素的访问
anchors[]	返回对文档中所有 Anchor 对象的引用
applets	返回对文档中所有 Applet 对象的引用
forms[]	返回对文档中所有 Form 对象引用
images[]	返回对文档中所有 Image 对象引用
links[]	返回对文档中所有 Area 和 Link 对象引用

22.1.2　文档对象的使用方法

document 对象提供多种方式获得 HTML 元素对象的引用。对每个 HTML 文件会自动建立一个文件对象。document 对象不需要手工创建，在文档初始化时就已经由系统内部创建，直接调用其方法或属性即可。

基本语法：

```
document. 属性
document. 方法（参数）
```

实例代码：

```
<!DOCTYPE html PUBLIC "-//W3C//DTD
XHTML 1.0 Transitional//EN"
    "http://www.w3.org/TR/xhtml1/DTD/xhtml1-
transitional.dtd">
    <html xmlns="http://www.w3.org/1999/
xhtml">
    <meta http-equiv="Content-Type"
content="text/html; charset=gb2312" />
    <body >
<form name="first" > 姓名 ：
<input name="15" type="text" id="15"
```

```
onKeyPress="document.second.
elements[0].value=this.value;" size="15" >
    </form>
    <form name="second"> 性别
    <input type=text onKeyPress="document.
forms[0].elements[0].value=this.value;"
    size="15" >
    </form>
    </body>
    </html>
```

本实例在 HTML 标签中嵌入 JavaScript 程序，保证输入文本的内容和密码是相同的，运行代码，效果如图 22-4 所示。

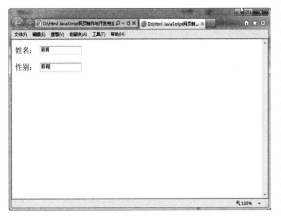

图22-4 文档对象的使用

22.1.3 引用文档中对象的方法

Document 对象也就是文档的对象，它是 window 对象的子对象，它代表浏览器窗口中的文档。文档与状态栏、工具栏等是并列的，它们一起构成了浏览器窗口。通过使用 Document 对象可以对文档中的对象、内容等进行访问，其中有些对象或内容还可以使用 Document 对象来设置。

实例代码：

```
<!DOCTYPE html PUBLIC "-//W3C//DTD
XHTML 1.0 Transitional//EN"
    "http://www.w3.org/TR/xhtml1/DTD/xhtml1-
transitional.dtd">
    <html xmlns="http://www.w3.org/1999/
xhtml">
    <head>
    <script language="javascript">
    function img()
    {
    for(i=0;i<document.forms[1].length-
1;i++)
    {
    document.Myform.showMsg.value
+=document.forms[1].elements[i].
value+"\n";
    }
    alert(Myform.showMsg.value);
        // 用对话框的形式显示信息
    }
    </script>
    </head>
    <body>
    <form name="Myform">
    <p> 个人简介 </p>
    <p>
    <textarea name="showMsg" cols="40"
rows="8" ></textarea>
    </p>
    </form>
    <form name="form1" method="post"
action=""> 用户信息 <br>
    姓　名：<input type="text" name="Name"
><p>
    性别：<input type="text" name="sex">
    <label><input type="submit" name="Submit"
value=" 提交 " onClick="img()">
    </label>
```

```
</p>
</form>
</body>
</html>
```

本实例是取得用户的提交信息，然后在弹出窗口中显示出来，运行代码，效果如图22-5所示。

图22-5　运行代码效果

22.2　文档对象的应用

使用 Document 对象可以访问文档中的对象，Document 对象的属性和方法比较多，下面通过实例来介绍这些属性和方法。

22.2.1　设置超链接的颜色

在默认的情况下，未访问的链接为蓝色；已访问过的链接和正在访问的链接为暗红色。使用 Document 对象的 linkcolor 属性、vlinkcolor 属性和 alinkcolor 属性可以分别设置文档链接的颜色。不但可以通过这些属性来获得不同状态下超链接的颜色，还可以使用这些属性来设置不同状态下链接的颜色。

实例代码：

```
<Script>
document.bgColor = "white";
document.fgColor = "black";
document.linkColor = "red";
document.alinkColor = "blue";
document.vlinkColor = "purple";
</Script>
<A href="http://www.linyikongtiao.com"> 临沂空调网 </A>
```

本实例应用 document.linkColor = "red"

设置超文本链接的颜色为红色；document.alinkColor = "blue" 置正在访问的超链接文本颜色为蓝色，document.vlinkColor = "purple" 设置已访问过的超链接文本为粉色。运行代码，效果如图 22-6 所示。

图22-6　设置超链接的颜色

★ **提示** ★

● linkColor：设置超链接的颜色。

● alinkColor：正在激活中的链接颜色。

● vlinkColor：链接的链接颜色。

● links：以数组索引值表示所有链接URL该文件的网址。

● anchors：以数组索引值表示所有锚点。

● bgColor：背景颜色。

● fgColor：前景颜色。

22.2.2 设置网页背景颜色和默认文字颜色

对于大多数浏览器而言，其默认的背景颜色为白色或灰白色。在网页设计中，bgcolor属性用于设置整个文档的背景颜色。在 HTML 中的 body 元素中，可以通过 bgcolor 属性和 text 属性来设置网页背景颜色和默认的文字颜色。而 Document 对象的 bgcolor 属性和 fgcolor 属性也可以设置网页背景颜色和默认的文字颜色。

实例代码：

```
<!DOCTYPE html PUBLIC "-//W3C//DTD
XHTML 1.0 Transitional//EN"
    "http://www.w3.org/TR/xhtml1/DTD/xhtml1-
transitional.dtd">
    <html xmlns="http://www.w3.org/1999/
xhtml">
    <meta http-equiv="Content-Type"
content="text/html; charset=gb2312" />
    <head>
    <script language="javascript">
    document.bgColor="black";
        // 设置背景颜色
    document.fgColor="white"
        // 设置字体颜色
    function changeColor()
    {
        document.bgColor="";
        // 设置背景颜色
        document.body.text="blue";
        // 设置字体颜色
    }
    function outColor()
    {
        document.bgColor="red";
        // 设置背景颜色
```

```
        document.body.text="white";
        // 设置字体颜色
    }
    </script>
    </head>
    <body>
    <h1 align="center" onMouseOver=
"changeColor()" onMouseOut="outColor()">
        设置网页背景颜色和默认文字颜色 </h1>
    </body>
    </html>
```

本实例使用 bgcolor 属性和 fgcolor 属性来设置网页背景颜色和默认的文字颜色，打开网页时默认的文本颜色和背景颜色，当鼠标移开文字时，字体颜色和背景颜色就会改变，如图22-7 和 22-8 所示。

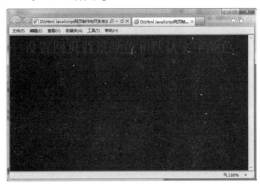

图22-7 默认字体颜色和背景颜色

图22-8 设置字体颜色和背景颜色

22.2.3 文档上次修改时间

Document 对象中的 lastmodified 属性可以显示文档的信息。在 JavaScript 中，为 Document 对象定义了 lastModified 属性，使用该属性可以得到当前文档最后一次被修改的具体日期和时间。本地计算机上的每个文件都有最后修改的时间，所以在服务器上的文档也有最后修改的时间。当客户端能够访问服务器端的该文档时，客户端就可以使用 lastModified 属性来得到该文档最后修改的时间。

实例代码：

```
<!DOCTYPE html PUBLIC "-//W3C//DTD
XHTML 1.0 Transitional//EN"
    "http://www.w3.org/TR/xhtml1/DTD/xhtml1-
transitional.dtd">
    <html xmlns="http://www.w3.org/1999/
xhtml">
    <head>
    <meta http-equiv="Content-Type"
content="text/html; charset=utf-8" />
    </head>
    <body>
    <script language="javascript">

with(document)
                // 访问 document 对象的属性
{
    writeln(" 最后修改时间："+document.
lastModified+"<br>");        // 显示修改时间
    writeln(" 文档标题："+document.title+"<br>");
                            // 显示标题
    writeln("URL:"+document.URL+"<br>");
                            // 显示 URL
```

```
}
</script>
</body>


</html>
```

本实例运用 document 对象来显示文档的最后修改时间，如图 22-9 所示。

图22-9 文档最后修改时间

22.2.4 在网页中输出内容

使用 Document 对象的 write() 方法和 writeln() 方法可以输出文档内容。

```
<script type="text/JavaScript">
document.write(" 在网页中输出内容！")
</script>
```

运行代码即可输出网页中的内容，如图 22-10 所示。

图22-10 输出网页内容

Html +JavaScript网页制作与开发完全学习手册

★ 提示 ★

document.write()和document.writeln()有什么区别？

两者都是JavaScript向客户端输出的方法，对比可知写法上的差别是一个ln——line的简写。换言之，writeln方法是以行输出的，相当于在write输出后加上一个换行符。

22.2.5 文档定位

文档定位就是设置和获取文档的位置，文档的位置也可以说是文档的URL。在 JavaScript 中，为 Document 对象定义了location、URL、referrer，这 3 个属性来对文档的位置进行操作。

location 属性和 URL 属性很相似，它们都具有获取文档位置的功能。

从运行结果中可以看出，使用 location 属性和 URL 属性都可以得到文档的位置。但是它们的表示形式不同，使用 URL 属性得到的是真实显示的 URL，而 location 属性得到的URL 中，将空格等特殊字符转换成码值的形式来显示，这样更容易在网络中传输。

实例代码：

```
<!DOCTYPE html PUBLIC "-//W3C//DTD
XHTML 1.0 Transitional//EN"
    "http://www.w3.org/TR/xhtml1/DTD/xhtml1-
transitional.dtd">
    <html xmlns="http://www.w3.org/1999/
xhtml">
    <head>
    <title> 文档定位 </title>
    </head>
    <body>
        <h1> 文档定位 </h1>
```

```
<script language="javascript" type="text/
javascript">
    <!--
            var sstring = document.
location;
            document.write("<h3> 使 用
location 属性得到的 URL 为：");
            document.write(sstring);
    //-->
    </script>
</body>
</html>
```

使用浏览器运行程序，由于程序中使用location 属性新设置了 URL，在页面中出现了文档中的 URL，如图 22-11 所示。

图22-11 文档定位

22.2.6 文档标题

在 JavaScript 中，为 Document 对象定义了title 属性来获得文档的标题。在 HTML 文件中title 标记对中的就是文档的标题。title 标记可以省略，但是文档的标题仍然存在，只是为空。

实例代码：

```
<!DOCTYPE html PUBLIC "-//W3C//DTD
XHTML 1.0 Transitional//EN"
    "http://www.w3.org/TR/xhtml1/DTD/xhtml1-
transitional.dtd">
    <html xmlns="http://www.w3.org/1999/
```

```
xhtml">
    <head>
    <meta http-equiv="Content-Type"
content="text/html; charset=gb2312" />
    <title> 飞腾科技公司网站 </title>
    </head>
    <body>
    该文档的标题是：
    <script type="text/javascript">
    document.write(document.title)
    </script>
    </body>
    </html>
```

使用代码 document.write(document.title) 输出文档的标题，使用浏览器运行程序，如图 22-12 所示。

图22-12 文档的标题

22.2.7 打开和关闭文档

在 JavaScript 中，为 Document 对象定义了 open 方法和 close 方法，它们分别用来打开和关闭文档，打开文档与打开窗口不同，打开窗口将要在窗口和浏览器中创建一个对象，而打开文档只要向文档写入内容，打开文档要比打开窗口节省很多资源。

使用 open 方法来打开一个文档，原来的文档内容就会被自动删除，然后重新开始输入新内容。使用 close 方法来关闭一个文档，在输入新内容结束后，如果不关闭文档，就有可能造成无法显示。

下面通过实例打开一个新的文档，添加一些文本，然后关闭它。

实例代码：

```
<!DOCTYPE html PUBLIC "-//W3C//DTD
XHTML 1.0 Transitional//EN"
    "http://www.w3.org/TR/xhtml1/DTD/xhtml1-
transitional.dtd">
    <html xmlns="http://www.w3.org/1999/
xhtml">
    <head>
    <meta http-equiv="Content-Type"
content="text/html; charset=gb2312" />
    <title> 打开和关闭文档 </title>
    <script type="text/javascript">
    function createNewDoc()
     {
      var newDoc=document.open("text/
html","replace");
      var txt="<html><body> 欢 迎 进 入
JavaScript 学习教程！</body></html>";
     newDoc.write(txt);
     newDoc.close();
     }
    </script>
    </head>
    <body>
    <input type="button" value=" 打开并写入一
个新文档 " onclick="createNewDoc()">
    </body>
    </html>
```

使用代码 document.open("text/html","replace") 打开文档，使用 newDoc.close() 关闭文档，在浏览器运行程序，如图 22-13 和图 20-14 所示。

图22-13 打开文档前

图22-14 打开文档后

22.3 链接对象

Document 对象的 links 属性可以返回一个数组，该数组中的每一个元素都是一个 link 对象，也称为 "链接对象"。可以用 links 数组来访问多个 link 对象。每个数组的成员是一个当前页面的 link 对象。每个 link 对象（或 links 数组的成员）都有一些定义了地址的属性。

22.3.1 链接对象的介绍

link() 方法用于把字符串显示为超链接。Link 对象代表某个 HTML 的 link 元素。link 元素可定义两个链接文档之间的关系。link 元素被定义于 HTML 文档的 head 部分。

基本语法：

string.link(url);

url：链接地址，string 类型的字符串。

下面通过实例讲述使用 link() 把字符串显示为超链接。

实例代码：

```
<!DOCTYPE html PUBLIC "-//W3C//DTD XHTML 1.0 Transitional//EN"
"http://www.w3.org/TR/xhtml1/DTD/xhtml1-transitional.dtd">
<html xmlns="http://www.w3.org/1999/xhtml">
<head>
<meta http-equiv="Content-Type" content="text/html; charset=gb2312" />
<title> 链接对象介绍 </title>
</head>
<body>
<script type="text/javascript">
var str="新浪网"
document.write(str.link("http://www.sina.com.cn"))
</script>
</body>
```

</html>

运行代码，可以看到给文字添加了链接，如图 20-15 所示。

图20-15 把字符串显示为超链接

22.3.2 感知鼠标移动事件

JavaScript 的 onmousemove 事件类型是一个实时响应的事件，当鼠标指针的位置发生变化时（至少移动1像素），就会触发 onmousemove 事件。该事件响应的灵敏度主要参考鼠标指针移动速度的快慢，以及浏览器跟踪更新的速度。

实例代码：

```
<!DOCTYPE html PUBLIC "-//W3C//DTD
XHTML 1.0 Transitional//EN"
    "http://www.w3.org/TR/xhtml1/DTD/xhtml1-
transitional.dtd">
    <html xmlns="http://www.w3.org/1999/
xhtml">
    <head>
    <meta http-equiv="Content-Type"
content="text/html; charset=UTF-8">
```

```
<body>
    <a href="#" title="链接目标页"
onmousemove="alert(this.title)"
    onmouseout="alert('鼠标离开')">感
知鼠标移动事件</a>
    </body>
    </html>
```

本实例使用 onmousemove 和 onmouseout 感知鼠标移动事件，运行代码当鼠标经过时如图 22-16 所示。当鼠标离开时，如图 22-17 所示。

图22-16 鼠标经过时

图22-17 鼠标离开时

22.4 脚本化cookie

cookie 是浏览器提供的一种机制，它将 Document 对象的 cookie 属性提供给 JavaScript。可以由 JavaScript 对其进行控制，而并不是 JavaScript 本身的性质。

22.4.1 cookie介绍

cookie 也称为 cookies，是一种允许服务器将部分信息存储至客户端硬盘或内存，同时允许直接从客户端硬盘直接读取数据的一种数据转存技术。当用户浏览网页或使用基于 B/S 的系统时，Web 服务器将一部分信息（如用户名、密码、用户所属部门等基本信息）按照特定的数据结构，以小文本文件的形式存储至客户端的硬盘中。这些写入客户端硬盘的小文本文件就是当前 Web 服务器的 cookie 信息，同时 cookie 中还可以包含浏览网页的记录、网页停留时间、最后访问时间等详细信息。当用户再次访问 Web 服务器时，通过读取之前写入客户端的 cookie 信息，即可获取当前用户的各种信息，从而实现诸如自动登录的功能。

cookie 由唯一标识的名称、值、域、路径、失效日期及安全标志组成。其中 cookie 的名称是不区分大小写的，cookie 的失效日期指定了 cookie 被删除的时间，安全标志用于指定此 cookie 信息，是否只能被安全网站访问。

cookie 信息一般存储在当前登录用户所在文件夹下，cookie 信息以单个文件形式存在，cookie 文件一般以 cookie：开头，其次是当前登录的用户名，然后是 @ 符号，最后是写 cookie 信息的 Web 服务器地址。

22.4.2 cookie的优点和缺点

cookie 机制将信息存储于用户硬盘，因此可以作为全局变量，这是它最大的一个优点。它可以用于以下几种场合。

❶ 保存用户登录状态。例如，将用户 id 存储于一个 cookie 内，这样当用户下次访问该页面时就不需要重新登录了，现在很多论坛和社区都提供这样的功能。cookie 还可以设置过期时间，当超过时间期限后，cookie 就会自动消失。因此，系统往往可以提示用户保持登录状态的时间：常见选项有一个月、三个月、一年等。

❷ 跟踪用户行为。例如，天气预报网站，能够根据用户选择的地区显示当地的天气情况。如果每次都需要选择所在地是很烦琐的，当利用了 cookie 后就会显得很人性化了，系统能够记住上一次访问的地区，当下次再打开该页面时，它就会自动显示上次用户所在地区的天气情况。因为一切都是在后台完成的，所以这样的页面就像为某个用户所定制的一样，使用起来非常方便。

❸ 定制页面。如果网站提供了换肤或更换布局的功能，那么，可以使用 cookie 来记录用户的选项，例如背景色、分辨率等。当用户下次访问时，仍然可以保存上一次访问的界面风格。

❹ 创建购物车。使用 cookie 来记录用户需要购买的商品，在结账的时候可以统一提交。

当然，上述应用仅仅是 cookie 能完成的部分应用，还有更多的功能需要全局变量。cookie 的缺点主要集中于安全性和隐私保护。主要包括以下几种。

❶ cookie 可能被禁用。当用户非常注重个人隐私保护时，它很可能禁用浏览器的 cookie 功能。

❷ cookie 是与浏览器相关的。这意味着即使访问的是同一个页面，不同浏览器之间所保存的 cookie 也是不能互相访问的。

❸ cookie 可能被删除。因为每个 cookie 都是硬盘上的一个文件，因此很有可能被用户删除。

❹ cookie 安全性不够高。所有的 cookie 都是以纯文本的形式记录于文件中，因此如果要保存用户名密码等信息时，最好事先经过加密处理。

22.4.3　检测浏览器是否支持cookie功能

cookie虽然有那么多好处，但是在使用前，网页开发者必须首先检查一下用户的浏览器是否支持cookie，否则就会导致许多错误信息的出现。

实例代码：

```
<script language="javascript">
    if(navigator.cookieEnabled)
    {
        document.write(" 你 的 浏 览 器 支 持
cookie 功能 ")
    }else{
            document.write(" 你的浏览器
不支持 cookie");
    }
</script>
```

22.4.4　创建cookie

在JavaScript中，创建cookie是通过设置cookie的键和值的方式来完成的。一个网站中cookie一般不是唯一的，可以有多个，而且这些不同的cookie还可以拥有不同的值。如要存放用户名和密码，则可以用两个cookie，一个用于存放用户名，一个用于存放密码。然后再使用Document对象的cookie属性可以用来设置和读取cookie。

创建cookie并读取该域下所有cookie值。

实例代码：

```
<script language="JavaScript" >
<!--
    document.cookie="userId=88";
    document.cookie="userName=make";
    var strCookie=document.cookie;
    alert(strCookie);
```

```
//-->
</script>
```

用上述方法无法获得某个具体的cookie值，所得到的是当前域名下所有的cookie。

22.4.5　cookie的生存期

在默认情况下，cookie是临时存在的。在一个浏览器窗口打开时，可以设置cookie，只要该浏览器窗口没有关闭，cookie就一直有效，而一旦浏览器窗口关闭后，cookie也就随之消失。

如果想要cookie在浏览器窗口关闭之后还能继续使用，就需要为cookie设置一个生存期。所谓"生存期"也就是cookie的终止日期，在这个终止日期到达之前，浏览器随时都可以读取该cookie。一旦终止日期到达之后，该cookie将会从cookie文件中删除。

要将cookie设置为10天后过期，可以这样实现：

实例代码：

```
<script language="JavaScript" type="text/
javascript">
    <!--
    // 获取当前时间
    var date=new Date();
    var expiresDays=10;
    // 将 date 设置为 10 天以后的时间
    date.setTime(date.getTime()+expiresDays*2
4*3600*1000);
    // 将 userId 和 userName 两个 cookie 设置
为 10 天后过期
    document.cookie="userId=88;
userName=make; expires="+date.toGMTString();
    //-->
</script>
```

22.5　综合实战——文字连续变换多种颜色

在网页中的链接文字都是一成不变的颜色，设置后无法改变，以下的脚本就是让链接文字连续变换多种颜色，有点像"霓虹灯"的效果，具体操作步骤如下。

❶使用Dreamweaver CS6打开网页文档，如图22-18所示。

❷打开拆分视图，在 <body> 和 </body> 之间相应的位置输入以下代码，如图22-19所示。

```
<a href="#"> 首页|公司简介|公司新闻
</a>
<script language="JavaScript">
function initArray() {
for (var i = 0;
i < initArray.arguments.length;
i++)
{
this[i] = initArray.arguments[i];
}
this.length = initArray.arguments.length;
}
var colors = new initArray(
"#000000","#0000FF","#80FFFF","#80FF80"
,"#FFFF00","#FF8000","#FF00FF","#FF0000"
);
delay = 100
link = 0;
vlink = 0;
function linkDance() {
link = (link+1)%colors.length;
vlink = (vlink+1)%colors.length;
document.linkColor = colors[link];
document.vlinkColor = colors[vlink];
setTimeout("linkDance()",delay);
}
```

```
linkDance();
</script>
</div>
```

图22-18　打开网页文档

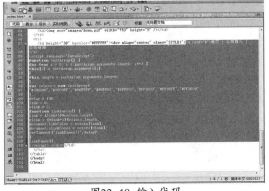

图22-19　输入代码

❸保存文档，在浏览器中浏览，效果如图22-20所示。

图22-20　文字连续变换多种颜色效果

第23章 历史对象和地址对象

本章导读

可以访问浏览器窗口的历史。所谓"历史",是用户访问过站点的列表。出于安全原因,所有导航只能通过历史完成,不能得到浏览器历史中包含页面的 URL。不必通过时间机器实现历史导航,只需使用 window 对象的 history 属性及它的相关方法即可。location 地址对象它描述的是某一个窗口对象所打开的地址。要表示当前窗口的地址,只需要使用 location 就行了。

技术要点

- ●历史对象的介绍
- ●前进到上一页和后退到下一页
- ●跳转
- ●地址对象

实例展示

用户登录

23.1 历史对象

JavaScript 中的 history 历史对象包含了用户已浏览 URL 的信息，是指浏览器的浏览历史。鉴于安全性的需要，该对象受到很多限制，现在只剩下下列属性和方法。history 历史对象有 length 这个属性，列出历史的项数。JavaScript 所能管到的历史被限制在用浏览器的"前进"、"后退"按钮可以去到的范围。本属性返回的是"前进"和"后退"两个按钮之下包含的地址数的和。

history 在 JavaScript 中是用来后退的，基本写法 history.back() 是常用的写法。下面来介绍一些关于 History 的其他对象属性。

23.1.1 历史对象的介绍

history 对象提供了三个方法来访问历史列表。

● history.back()载入历史列表中前一个网址，相当于单击"后退"按钮。

● history.forward()载入历史列表中后一个网址（如果有的话），相当于单击"前进"按钮。

● history.go()打开历史列表中一个网址。要使用这个方法，必须在括号内指定一个正值或负值。例如，history.go（-2）相当于单击"后退"按钮两次。

23.1.2 前进到上一页和后退到下一页

history 对象可以实现网页上的前进和后退效果，有 forward() 和 back() 两种方法。forward() 方法可以前进到下一个访问过的 URL，该方法和单击浏览器中的前进按钮结果是一样的；back() 方法可以返回到上一个访问过的 URL，调用该方法与单击浏览器窗口中的后退按钮结果是一样的。

实例代码：

```
<!DOCTYPE html PUBLIC "-//W3C//DTD XHTML 1.0 Transitional//EN"
"http://www.w3.org/TR/xhtml1/DTD/xhtml1-transitional.dtd">
<html xmlns="http://www.w3.org/1999/xhtml">
<head>
<meta http-equiv="Content-Type" content="text/html; charset=utf-8" />
</head>
<body>
<form name="buttonbar">
<input type="button" value=" 上一页 " onClick="history.back()">
<input type="button" value=" 下一页 " onCLick="history.forward()">
</form>
<a href="shang.html"><li> 上一页
<a href="xia.html"><li> 下一页
```

```
</body>
</html>
```

运行代码，效果如图 23-1 所示。

图23-1 前进到上一页和后退到下一页

23.1.3 跳转

history 对象的 go() 方法可以直接跳转到某个历史 URL。go() 方法只有一个参数，即前进或后退的页面数。如果是负值，就在浏览器历史中后退；如果是正值，就前进。

实例代码：

```javascript
<script language="javascript">
var scnds = 10;                                    //10 秒
function Go()
{
if( --scnds == 0 ) window.location.href="http://www.baidu.com"; // 时间到时跳转
else info.innerhtml=" 浏览器将在 " + scnds + " 后跳转到 "百度" 首页 ";  // 输出提示
}
setInterval("Go()", 1000);
</script>
<label id="info"/>
```

本实例在 10 秒后即可跳转到百度网首页，运行代码，效果如图 23-2 所示。

图23-2 跳转

23.1.4　创建返回或前进到数页前页面的按钮

history.go(n)；在历史的范围内去到指定的一个地址。如果 n<0，则后退 n 个地址；如果 n>0，则前进 n 个地址；如果 n==0，则刷新现在打开的网页。

基本语法：

```
onClick="history.go(n)"
```

使用该脚本语言创建一个按钮，可以前进或返回到数页前的页面。

实例代码：

```
<!DOCTYPE html PUBLIC "-//W3C//DTD XHTML 1.0 Transitional//EN"
"http://www.w3.org/TR/xhtml1/DTD/xhtml1-transitional.dtd">
<html xmlns="http://www.w3.org/1999/xhtml">
<head>
<meta http-equiv="Content-Type" content="text/html; charset=gb2312">
<title> 创建返回或前进到数页前页面的按钮 </title>
<style type="text/css">
<!--
body { background-color: #ffffff; }
-->
</style>
</head>
<body>
* 创建返回或前进到数页前页面的按钮
<p>
<form>
<input type="button" value=" 返回到第3页 " onClick="history.go(-3)">
<input type="button" value=" 返回到第2页 " onClick="history.go(-2)">
<input type="button" value=" 前进至第2页 " onClick="history.go(2)">
<input type="button" value=" 前进至第3页 " onClick="history.go(3)">
</form>
</p>
</body>
</html>
```

单击不同的按钮，将调用 onclick 事件指定的 history.go(n) 方法，跳转到 n 指定数量的页面中，如图 23-3 和图 23-4 所示。

图23-3　返回或前进到数页前页面的按钮　　　　　　图23-4　返回到第2页

23.2　地址对象

location 地址对象描述的是某一个窗口对象所打开的地址。要表示当前窗口的地址，只需要使用 location 就行了，若要表示某一个窗口的地址，就使用"< 窗口对象 >.location"。

23.2.1　URL介绍

统一资源定位符（URL，Uniform ResourceLocator 的缩写）也被称为"网页地址"，是互联网上标准的资源地址。

URL 给资源的位置提供一种抽象的识别方法，并用这种方法给资源定位。只要能够对资源定位，系统就可以对资源进行各种操作，如存取、更新、替换和查找其属性。

URL 相当于一个文件名在网络范围的扩展。因此 URL 是与互联网相连的计算机上的任何可访问对象的一个指针。

通常情况下，一个 URL 会有下面的格式：协议 // 主机：端口 / 路径名称 # 哈希标识？搜索条件。

例 如：http://www.baidu/jiaocheng/index.html#topic1?x=5&y=7 这些部分是满足下列需求的：

● "协议"是URL的起始部分，直到包含到第一个冒号。

● "主机"描述了主机和域名，或者一个网络主机的IP地址。

● "端口"描述了服务器用于通信的通信端口。

● 路径名称描述了URL的路径方面的信息。

● "哈希标识"描述了URL中的锚名称，包括哈希掩码(#)。此属性只应用于HTTP的URL。

● "搜索条件"描述了该URL中的任何查询信息，包括问号。此属性只应用于HTTP的URL。"搜索条件"字符串包含变量和值的配对；每对之间由一个"&"连接。

23.2.2　获取当前页面的URL

在网页编程中，经常会遇到地址的处理问题，这些都与地址本身的属性有关，这些属性大多都是用来引用当前文档 URL 的各个部分。Location 对象中包含了有关 URL 的信息。

基本语法：

```
location.href
location.protocol
location.pathname
location.hostname
location.host
```

href 属性设置 URL 的**整体值**；protocol 属性设置 URL 内的 http 及 ftp 等协议类型的值；hostname 属性设置 URL 内的主机名称的值；pathname 属性设置 URL 内的路径名称的值；host 属性设置主机名称及端口号的值。

实例代码：

```
<!DOCTYPE html PUBLIC "-//W3C//DTD
XHTML 1.0 Transitional//EN"
    "http://www.w3.org/TR/xhtml1/DTD/xhtml1-
transitional.dtd">
    <html xmlns="http://www.w3.org/1999/
xhtml">
    <head>
    <meta http-equiv="Content-Type"
content="text/html; charset=gb2312" />
    <script language="javascript">
    function getMsg()
    {
```

Html＋JavaScript网页制作与开发完全学习手册

```
url=window.location.href;

with(document)

{

write(" 协 议:"+location.
protocol+"<br>");

write(" 主 机 名:"+location.
hostname+"<br>");

write(" 主机和端口号:"+location.
host+"<br>")

write(" 路 径 名:"+location.
pathname+"<br>");

write(" 整 个 地 址:"+location.
href+"<br>");

}

}

</script>

</head>

<body>

<input type="submit" name="Submit" value="
获取指定地址的各属性值 "

onclick="getMsg()" />

</body>

</html>
```

本实例通过 .location 获得当前的 URL 信息,
运行代码,效果如图 23-5 和图 23-6 所示。

图23-5 获取指定地址的各属性值

图23-6 获取指定地址的各属性值

23.2.3 加载新网页

location 对象的属性不仅可以获取当前文
档的 URL 这么简单。location 对象的属性不
是只读属性,还可以为 location 对象的属性
赋值。location 对象的 href 属性返回值为当前
URL,如果该属性值设置为新的 URL,那么浏
览器会自动加载该 URL 的内容。如果修改了
location 对象的其他属性,浏览器也会自动更
新 URL,并显示新的 URL 内容。

实例代码:

```
<!DOCTYPE html PUBLIC "-//W3C//DTD
XHTML 1.0 Transitional//EN"

  "http://www.w3.org/TR/xhtml1/DTD/xhtml1-
transitional.dtd">

  <html xmlns="http://www.w3.org/1999/
xhtml">

  <head>

  <meta http-equiv="Content-Type"
content="text/html; charset=gb2312" />

  <script language="javascript">

  function gotoUrl()

  {

  window.location.href="http://www.
baidu.com"; //前往指定的页面

  }

  </script>
```

```
</head>
<body>
<input type="submit" name="Submit" value="
单击进入百度网站" onClick="gotoUrl()" />
</body>
</html>
```

"单击进入百度网站"按钮即可进入指定的加载页面中,运行代码,效果如图23-7所示。

图23-7 加载新网页

23.2.4 获取参数

search 属性是一个可读可写的字符串,可设置或返回当前 URL 的查询部分(问号(?)之后的部分)。通过 Location 对象的 search 属性,可以获得从 URL 中传递来的参数和参数值。

假设当前的 URL 是:http://www.baidu.com.cn/tiy/t.asp?f=hdom_loc_search。

实例代码:

```
<!DOCTYPE html PUBLIC "-//W3C//DTD
XHTML 1.0 Transitional//EN"
    "http://www.w3.org/TR/xhtml1/DTD/xhtml1-
transitional.dtd">
    <html xmlns="http://www.w3.org/1999/
xhtml">
    <body>
    <script type="text/javascript">
```

```
document.write(location.search);
</script>
</body>
</html>
```

运行代码效果,输出:?f=hdom_loc_search。

23.2.5 刷新文档

使用 Location 对象的 reload() 方法可以刷新当前文档。如果该方法没有规定参数,或者参数是 false,它就会用 HTTP 头 If-Modified-Since 来检测服务器上的文档是否已改变。如果文档已改变,reload() 会再次下载该文档。如果文档未改变,则该方法将从缓存中装载文档。这与用户单击浏览器的"刷新"按钮的效果是完全一样的。

实例代码:

```
<!DOCTYPE html PUBLIC "-//W3C//DTD
XHTML 1.0 Transitional//EN"
    "http://www.w3.org/TR/xhtml1/DTD/xhtml1-
transitional.dtd">
    <html xmlns="http://www.w3.org/1999/
xhtml">
    <head>
    <meta http-equiv="Content-Type"
content="text/html; charset=gb2312" />
    <title> 刷新文档 </title>
    </head>
    <body>
    <input type=button value= 刷　新
onclick="history.go(0)">
    <input type=button value= 刷　新
onclick="location.reload()">
    <input type=button value= 刷　新
onclick="location=location">
    <input type=button value= 刷　新
```

```
onclick="location.replace(location)">
    </body>
    </html>
```

本实例运用 4 种方法实现刷新功能，运行代码，效果如图 23-8 所示。

图23-8 刷新文档

23.2.6 加载新文档

Location 对象的 replace() 方法可用一个新文档取代当前文档，达到加载新文档的目的。replace() 方法的参数可以是函数而不是字符串。在这种情况下，每个匹配都调用该函数，它返回的字符串将作为替换文本使用，该函数的第一个参数是匹配模式的字符串。

★ 提示 ★

location.replace()与location.reload()有什么区别？
location.reload()方法用于刷新当前页面，如果有POST数据提交，则会重新提交数据；location.reload()则将新的页面以替换当前页面，它是从服务器端重新获取新的页面，不会读取客户端缓存，而且新的URL将覆盖History对象中的当前纪录（不可通过后退按钮返回原先的页面）。

基本语法：

```
location.replace( new_URL )
```

实例代码：

```
<script>
var pos = 0
```

```
function test()
{
str=window.location;
str=str.replace('/');
window.location.str;
}
function goUrl()
{
pos++
 location.replace("http://www.baidu.com#" +
pos)
}
</script>
<input type=button value=" 加载新文档"
onclick="goUrl()">
```

运行代码效果，单击"加载新页面"按钮，触发 goUrl() 函数，浏览器将加载百度首页以替换当前页面，如图 23-9 和图 23-10 所示。

图23-9 单击"加载新页面"按钮

图23-10 加载新文档

23.2.7 页面加载结束后，加载下一个页面

location.href 属性返回当前页面的 URL。下面通过实例实现一个页面加载结束后，加载下一个页面。

实例代码：

```html
<html>
<head>
<meta http-equiv="content-script-type" content="text/javascript">
<meta http-equiv="content-style-type" content="text/css">
<title></title>
<script type="text/javascript">
<!--
function next1(){ location.href = "http://www.sina.com.cn/" }
//-->
</script>
<style type="text/css">
<!--
body { background-color: #ffffff; }
-->
</style>
</head>
<body onload="settimeout('next1()',10000)">
* 页面加载结束后，加载下一个页面
<p> 页面加载结束 10 秒钟后加载下一个页面 </p>
<img src="e.jpg" widht="474" height="276">
</body>
</html>
```

在本例中，当页面加载结束 10 秒后，触发 next1() 函数，在浏览器中加载 location.href 中设定的 URL。通过变更 "settimeout('next1()',10000)" 中的 10000 可以变更加载下一个页面的时间，如图 23-11 和图 23-12 所示。

图23-11 加载页面前

图23-12 加载下一个页面

23.3 综合实战——制作一个用户登录页面

运用上面的所学知识，制作一个简单的用户登录页面，输入用户名和密码进行验证。具体操作步骤如下。

❶ 使用 Dreamweaver CS6 打开网页文档，如图 23-13 所示。

❷ 打开代码视图，在 <head> 和 </head> 之间相应的位置输入以下代码，如图 23-14 所示。

```
<script>
function ok()
{
if(document.myform.myname.value.length<1)
alert(" 用户名不能为空 ");
else if(document.myform.psw.value!="123456")
alert(" 密码错误 ");
else
window.open().document.write(" 欢迎光临，"+document.myform.myname.value+"<a href=http://www.google.com> 请点击这里 </a>");}
</script>
```

图23-13 打开网页文档

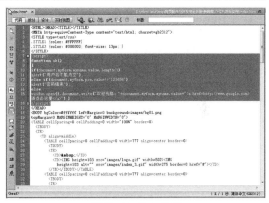

图23-14 输入代码

❸ 打开拆分视图，在 <body> 和 </body> 之间相应的位置输入以下代码，如图 23-15 所示。

图23-15 输入代码

❹运行代码效果，用户登录前如图 23-16 所示；输入密码登录后，如图 23-17 所示。

图23-16　用户登录前

图23-17　用户登录后

第24章 表单对象和图片对象

本章导读

表单是最常见的与 JavaScript 一起使用的 HTML 元素之一。在网页中用表单来收集从用户那里得到的信息，并且将这些信息传输给服务器来处理。要实现动态交互，必须掌握有关表单对象 Form 更为复杂的知识。就和 JavaScript 里的其他很多对象一样，Image 对象也带有多个事件处理程序，可以通过 image 对象处理与图片有关的各种特效。

技术要点

● form 表单对象
● image 图片对象

实例展示

飘来飘去的图片

输入密码进入网页

24.1　form表单对象

通常可以使用 JavaScript 代码来保证表单中输入的数据是符合标准的，也可以在数据被提交给服务器前，使用 JavaScript 代码来执行其他一些预处理。如果不使用 JavaScript，HTML 只能将表单中的数据传送给服务器。

24.1.1　在链接中使用单选按钮

用 JavaScript 控制单选按钮，可自定义每个按钮的链接地址，从而改变某链接的网址，根据用户的选择返回给不同的链接地址。

本例在单选按钮中设置事件句柄 onClick，以便在单击单选按钮时触发函数，传递 URL 并在 f2 框架中加载页面。

使用 location 对象的 herf 属性从框架中读取页面时，关闭框架显示页面的操作如本例所示，需要指定 parent.top.location.href=URL 及 top 属性。

```
<input type="radio" name=" radio 对象名称 " value=" 值 " 事件句柄 >
```

在链接中使用单选按钮的效果，如图 24-1 ~ 图 24-5 所示。

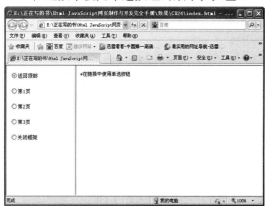

图24-1　在链接中使用单选按钮效果

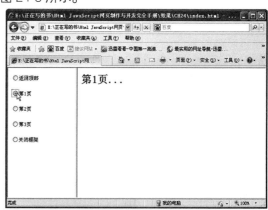

图24-2　在链接中使用单选按钮效果

图24-3　在链接中使用单选按钮效果

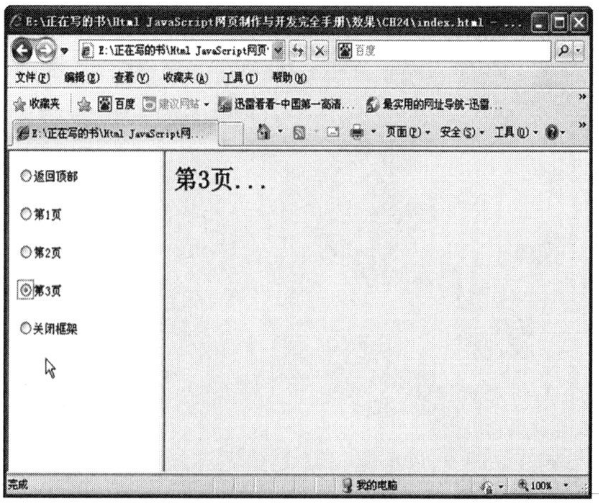

图24-4　在链接中使用单选按钮效果

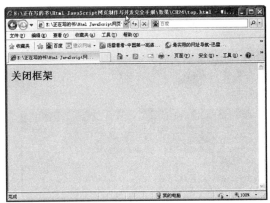

图24-5 在链接中使用单选按钮效果

实际测试时，另准备 f2.html~page3.html、top.html，5 个 HTML 文件。

框架窗口（index.html）实例代码：

```
<frameset cols="180,*">
    <frame src="f1.html" name="f1">
    <frame src="f2.html" name="f2">
</frameset>
<noframes>
使用框架功能。请在支持框架的浏览器中进行测试。
</noframes>
```

f1.html 实例代码：

```
<!DOCTYPE HTML PUBLIC "-//W3C//DTD
HTML 4.01 Transitional//EN">
<html>
<head>
<meta http-equiv="Content-Script-Type"
content="text/javascript">
<meta http-equiv="Content-Style-Type"
content="text/css">
<title></title>
<script type="text/javascript">
<!--
function P1(w1) { parent.f2.location.href=w1 }
function TP(w2) { parent.top.location.href=w2
}
//-->
</script>
<style type="text/css">
<!--
body { background-color: #ffffff; }
-->
</style>
</head>
<body>
<form>
<p>
<input type="radio" name= "frgo" value="fr"
onclick="p1('f2.html')" checked> 返回顶部
</p>
<p>
    <input type="radio" name= "FRGo"
value="FR" onClick="P1('page1.html')"> 第 1 页
</p>
<p>
    <input type="radio" name= "FRGo"
value="FR" onClick="P1('page2.html')"> 第 2 页
</p>
<p>
    <input type="radio" name= "FRGo"
value="FR" onClick="P1('page3.html')"> 第 3 页
</p>
<p>
    <input type="radio" name= "FRGo"
value="FR" onClick="TP('top.html')"> 关闭框架
</p>
</form>
</body></html>
```

24.1.2　给按钮添加链接

按钮是网页中常常能见到的一种对象，下面给按钮添加链接。

`<input type="button" name="` 对象名称 `" Value="` 值 `"` 事件句柄 `>`

给按钮添加链接的效果，如图 24-6 ~ 图 24-10 所示。

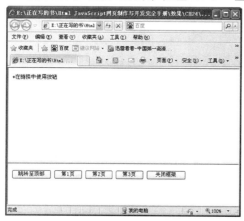

图24-6　给按钮添加链接效果

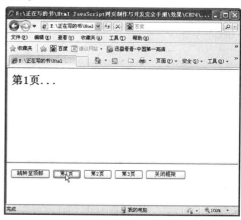

图24-7　给按钮添加链接效果

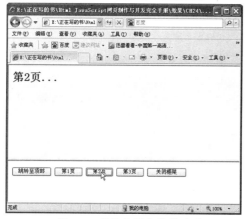

图24-8　给按钮添加链接效果

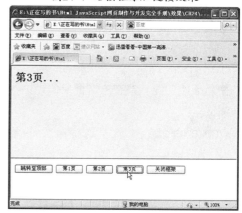

图24-9　给按钮添加链接效果

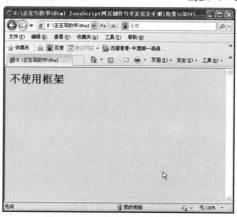

图24-10　给按钮添加链接效果

本例在按钮中设置事件句柄 onClick，以便在单击按钮时触发函数，传递 URL 并在 f1 框架中加载页面。

使用 window 对象 open() 方法向框架中读取页面时，关闭框架显示页面的操作如本例一样，需要指定 window.open(URL "_TOP") 和窗口名称 _top。

实际测试时，须另行准备 f1.html、page1.html~page3.html、top.html，5 个 HTML 文件。

框架窗口（index.html）实例代码：

```
<!DOCTYPE HTML PUBLIC "-//W3C//DTD HTML 4.01 Frameset//EN" >
<html><head>
<title></title>
</head>
<frameset rows="*,100">
    <frame src="f1.html" name="f1">
    <frame src="f2.html" name="f2">
</frameset>
<noframes>
使用框架功能。请在支持框架的浏览器中进行测试。
</noframes>
</html>
```

f2.html 实例代码：

```
<!DOCTYPE HTML PUBLIC "-//W3C//DTD HTML 4.01 Transitional//EN">
<html>
<head>
<meta http-equiv="Content-Script-Type" content="text/javascript">
<meta http-equiv="Content-Style-Type" content="text/css">
<title></title>
<script type="text/javascript">
<!--
function P1(w1) { window.open(w1,"f1") }
function TP(w2) { window.open(w2,"_top") }
//-->
</script>
<style type="text/css">
<!--
body { background-color: #ffffff; }
-->
</style>
```

```
</head>
<body>
<form>
<input type="button" name="fbgo1" value="跳转至顶部" onclick="p1('f1.html')">
<input type="button" name="fbgo2" value="第1页" onclick="p1('page1.html')">
<input type="button" name="fbgo3" value="第2页" onclick="p1('page2.html')">
<input type="button" name="fbgo4" value="第3页" onclick="p1('page3.html')">
<input type="button" name="fbgo4" value="关闭框架" onclick="tp('top.html')">
</form>
</body>
```

24.1.3 给下拉列表添加链接

```
</html>
```

很多 Web 站点都采用某种形式的下拉列表。下拉列表可以设计用于访问子菜单，而这些子菜单进而可以访问其他子菜单，现在，可以给下拉列表添加链接。

<select name=" 对象名称 " 事件句柄 >

给下拉列表添加链接的效果，如图 24-11 ~ 图 24-13 所示。

图24-11　在链接中使用菜单效果

图24-12　在链接中使用菜单效果

图24-13　在链接中使用菜单效果

本例获取表单内容变化时的事件，通过 onChange 事件句柄，变更菜单选项时，触发 FCO 函数。

在 JavaScript 中由于会自动创建从 0 开始的选项数组，因此可以查看所选择的选项。先在 WOOFSGo.selectedIndex==0 中指出 select 名称 FSGo 的第一个索引，即 "<option> 跳转至顶部"。当此值为真时，将指定的 f1.html 的 URL 读取到框架 f1 中。

实际测试时，须另行准备 f1.html、page1.html~page3.html、top.html，5 个 HTML 文件。

框架窗口（index.html）实例代码：

```
<!DOCTYPE HTML PUBLIC "-//W3C//DTD HTML 4.01 Frameset//EN" >
<html>
<head>
<title></title>
</head>
<frameset rows="*,80">
    <frame src="f1.html" name="f1">
    <frame src="f2.html" name="f2">
</frameset>
<noframes>
使用框架功能。请在支持框架的浏览器中进行测试。
</noframes>
</html>
```

f2.html 实例代码：

```
<!DOCTYPE HTML PUBLIC "-//W3C//DTD HTML 4.01 Transitional//EN">
<html><head>
<meta http-equiv="Content-Script-Type" content="text/javascript">
<meta http-equiv="Content-Style-Type" content="text/css">
<title></title>
<script type="text/javascript">
<!--
function FC(WO) {
    if (WO.FSGo.selectedIndex == 0) { parent.f1.location.href = "f1.html" }
    if (WO.FSGo.selectedIndex == 1) { parent.f1.location.href = "page1.html" }
    if (WO.FSGo.selectedIndex == 2) { parent.f1.location.href = "page2.html" }
    if (WO.FSGo.selectedIndex == 3) { parent.f1.location.href = "page3.html" }
    if (WO.FSGo.selectedIndex == 4) { parent.top.location.href = "top.html" }
}
//-->
```

```
</script>
<style type="text/css">
<!--
body { background-color: #ffffff; }
-->
</style>
</head>
<body>
<form>
 <select name="FSGo" onChange="FC(this.form)">
  <option> 跳转至顶部
  <option> 第 1 页
  <option> 第 2 页
  <option> 第 3 页
  <option> 关闭框架
 </select>
</form>
</body>
```

24.1.4　在文本框中滚动显示文字

```
</html>
```

在文本框中结合 JavaScript 实现文字慢慢滚动显示的效果，给网页增加创意的文字特效。

```
<form name=" 表单对象名称 ">
<input type="text" name="text 对象名称 " size= 像素 >
```

在文本框中滚动显示文字的效果如图 24-14 ～图 24-16 所示。

图24-14　在文本框中滚动显示文字效果

图24-15　在文本框中滚动显示文字效果

图24-16 在文本框中滚动显示文字效果

由于文字是在文本框中滚动，而不是在状态栏中滚动，所以要将 window.status 部分替换为 document.Fmess.fmess.value。这表示 document 对象中名称为 Fmess 的表单对象中名为 Fmess 对象的名称值，并将字符串代入其中。

实例代码：

```
<!DOCTYPE HTML PUBLIC "-//W3C//DTD
HTML 4.01 Transitional//EN">
<html>
<head>
<meta http-equiv="Content-Script-Type"
content="text/javascript">
<meta http-equiv="Content-Style-Type"
content="text/css">
<title></title>
<script type="text/javascript">
<!--
var TC = 0;
var Fm1 = " ";
var Fm2 = " 在这里输入信息 ......";
var Fm = Fm1+Fm2;
function FMess() {
    if (TC < 1000) { // 通过变更该处数值来改
```

变滚动时间

```
    TC++;
    document.Fmess.fmess.value = Fm;
    Fm = Fm.substring(2,Fm.length) +
Fm.substring(0,2);
    setTimeout("FMess()",300);
    }
  else { document.Fmess.fmess.value = "" }
}
//-->
</script>
<style type="text/css">
<!--
body { background-color: #ffffff; }
-->
</style>
</head>
<body onLoad="FMess()">
* 在文本框中滚动显示文字
<p>
<form name="Fmess">
<input type="text" name="fmess" SIZE=50>
</form>
</p>
</body>
</html>
```

24.1.5 变更复选框的值

复选框是一种有双状态按钮的特殊类型，可以选中或不选中。下面制作一个变更复选框的值的实例。

```
<form name=" 表单对象名称 ">
```

```
<input type="checkbox" name="CHECBOX 对象名称 " value=" 值 ">
document. 表单名称 .Checkbox 对象名称 .value=" 值 "
```

变更复选框的选中文本的效果，如图 24-17 ～图 24-19 所示。

图 24-17 变更复选框的选中文本效果

图24-18 变更复选框的选中文本效果

图24-19 变更复选框的选中文本效果

通过设定 value 属性的值，可实现后续变更复选框值的功能。

本例中在单击"变更值"按钮时，通过将"已变更"值设置在复选框的 value 属性中，使复选框的值变更为"已变更"。同样，在单击"还原"按钮时，恢复初始值 CheckBox。另外，单击"查看 form 值"按钮时，就会弹出警告对话框，通过查看对话框中显示的复选框的值，可确定该值是否已被变更。

实例代码：

```
<!DOCTYPE HTML PUBLIC "-//W3C//DTD HTML 4.01 Transitional//EN">
<html>
<head>
```

```
<meta http-equiv="Content-Script-Type" content="text/javascript">
<meta http-equiv="Content-Style-Type" content="text/css">
<title></title>
<script type="text/javascript">
<!--
function Change1(VALUE){ document.FORM.CHECBOX.value=VALUE }
function Change2(){ alert(document.FORM.CHECBOX.value) }
//-->
</script>
<style type="text/css">
<!--
body { background-color: #ffffff; }
-->
</style>
</head>
<body>
* 变更复选框的值
<p>
<form>
  <input type="button" value=" 变更值 " onClick="Change1(' 已变更。')">
  <br>
  <input type="button" value=" 还原 " onClick="Change1('CheckBox')">
</form>
</p>
<hr>
<form name="form">
<input type="checkbox" name="checbox" value="checkbox" checked>checkbox<br>
 <input type="button" value=" 查看 form 值 " onclick="change2()">
</form>
</body>
</html>
```

24.1.6 密码验证

使用 JavaScript 制作的表单可以用做网页的登录入口，本实例就来制作一个简单的登录系统，如果输入的密码正确，则可以登录到网页；如果不正确，则给出提示信息。

```
<input type="password" name="password 对象名称 " " value=" 值 " 事件句柄 >
```

输入密码的效果，如图 24-20 ~ 图 24-22 所示。

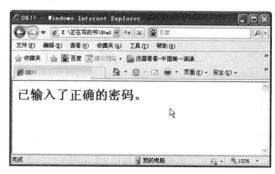

图24-20 输入密码效果   图24-21 输入密码效果

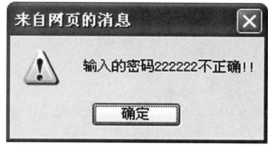

图24-22 输入密码效果

实例代码：

```
<!DOCTYPE HTML PUBLIC "-//W3C//DTD HTML 4.01 Transitional//EN">
<html>
<head>
<meta http-equiv="Content-Script-Type" content="text/javascript">
<meta http-equiv="Content-Style-Type" content="text/css">
<title></title>
<script type="text/javascript">
<!--
function  GetP(s) {
    if (s=="mh123")  { location.href = "OK.html" }
     else { alert("输入的密码"+s+"不正确!!") }
}
//-->
</script>
<style type="text/css">
<!--
body { background-color: #ffffff; }
-->
```

```
</style>
</head>
<body>
* 输入密码
<p>
密码为 "mh123"<br>
输入后请单击表单以外的其他地方。<br>
<form name="anshyo">
<input type="password" name="anshyo"
onblur=" getp(this.value)" value="">
</form>
</p>
</body>
</html>
```

24.1.7 确认是否重置

本例中单击"重置"按钮时，弹出确认对话框。单击"确定"按钮后清空文本框中的内容，相反则中止重置过程。

onReset=" 脚本语言 | 函数 "

使用 onReset 事件句柄可以获取在单击"重置"按钮时的事件。确认是否重置的效果，如图 24-23 所示。

图24-23 确认是否重置效果

在实际测试时，须设定接收数据的 CGI 服务器，确定是否将本例中的 ****@******.com 部分变更成为接收邮件的地址。

实例代码：

```
<!DOCTYPE HTML PUBLIC "-//W3C//DTD
HTML 4.01 Transitional//EN">
<html>
<head>
<meta http-equiv="Content-Script-Type"
content="text/javascript">
<meta http-equiv="Content-Style-Type"
content="text/css">
<title></title>
<script type="text/javascript">
<!--
function Mcheck() {
    if ( confirm (' 重置文本框中的内容。 \n 同
意请单击"确定"按钮 ')) { return true }
    return false }
//-->
</script>
<style type="text/css">
<!--
body { background-color: #ffffff; }
-->
</style>
</head>
<body>
* 确认是否重置
<p>
< f o r m   n a m e = " m a i l 4 "
action="mailto:****@******.com" method="post"
    onreset="return mcheck()">
    <b> 名   字 :</b><input name="namae"
size=20>
    <hr>
    <input type="submit" name="book1" value="
发送邮件 ">
```

```
<input type="reset" value=" 重置 ">
</form>
</p>
</body>
</html>
```

24.1.8　选择上传的文件

FileUpload 对象是选择上传文件的表单。本例中单击"浏览"按钮后可以查看本地资源，选择后文本框中就会显示文件名称。此时 Value 属性中将保存资源路径信息，可使用"document.表单名称.file 对象名称.value"进行查看。

FileUpload 对象只能选择上传的文件，而实际的上传操作需要借助 HTML 及 CGI。在 JavaScript 中为了确保安全，所以禁止访问本地资源。

```
<input type="file" name="file 对象名称 ">
document. 表单名称.file 对象名称.value 【属性】
```

选择上传文件的效果，如图 24-24 ～图 24-26 所示。

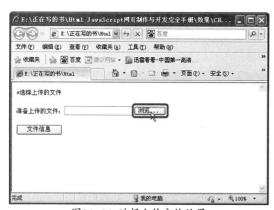

图24-24　选择上传文件效果

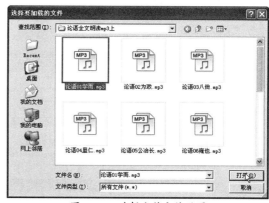

图24-25　选择上传文件效果

图24-26　选择上传文件效果

实例代码：

```
<!DOCTYPE HTML PUBLIC "-//W3C//DTD HTML 4.01 Transitional//EN">
```

```
<html><head>
<meta http-equiv="Content-Script-Type" content="text/javascript">
<meta http-equiv="Content-Style-Type" content="text/css">
<title></title>
<style type="text/css">
<!--
body { background-color: #ffffff; }
-->
</style>
</head>
<body>
* 选择上传的文件
<form name="form1">
<p>
准备上传的文件：<input type="file" name="UploadFile">
</p>
<input type="button" value=" 文件信息 "
onClick="alert(' 该文件的路径为 ' + document.form1.UploadFile.value+'。')">
</form>
</body>
</html>
```

24.2　image图片对象

大量采用高解析度的图片可以让一个网页容光焕发，本节就介绍 image 图片对象的使用。

24.2.1　获取图片信息

利用 Image 对象可以创建页面上图片从 0 开始的数组。参考 Image 对象信息时，除了可以使用 <img> 中设置的 name 外，还可以使用数组。

document. 对象名 .border	【属性】
document. 对象名 .Complete	【属性】
document. 对象名 .Height	【属性】
document. 对象名 .hspace	【属性】
document. 对象名 .Lowsrc	【属性】

document.对象名.Src　　【属性】

document.对象名.Vspace　【属性】

document.对象名.Width　　【属性】

Border 属性用来设置边框值；在图片加载结束时，complete 属性的值为 true，在图片加载没有结束时，complete 属性值为 false；height 属性用来设置图片的高度，hspace 属性用来设置与文件的横向间隔；lowsrc 属性中设置在显示图片前，所显示的低分辨率图片的 URL；src 属性用来设置图片文件的 URL；vspace 属性用来设置与文件的纵向间隔；width 属性用来设置图片宽度。

其中除 scr 属性外均为只读属性，不允许变更。由于 scr 属性可变更，所以可以通过改变该属性来替换图片。

获取图片信息的效果，如图 24-27 所示。

图24-27 获取图片信息效果

实例代码：

```
<!DOCTYPE HTML PUBLIC "-//W3C//DTD
HTML 4.01 Transitional//EN">
<html><head>
<meta http-equiv="Content-Script-Type"
content="text/javascript">
<meta http-equiv="Content-Style-Type"
content="text/css">
<title></title>
<style type="text/css">
<!--
body { background-color: #ffffff; }
-->
</style>
</head>
<body>
* 获取图片信息
<p>
<img src="image2.jpg" name="img"
alt="image.jpg" width="100" height="100"
lowsrc="image1.jpg" border="2" hspace="2"
vspace="2">
</p>
<p>
<script type="text/javascript">
<!--
document.write(" 边框：");
document.write(document.IMG.border);
document.write("<br>");
document.write(" 加载是否结束：");
document.write(document.IMG.complete);
document.write("<br>");
document.write(" 图片的高度：");
document.write(document.IMG.height);
document.write("<br>");
document.write(" 图片的 hspace：");
document.write(document.IMG.hspace);
document.write("<br>");
document.write("lowsrc 的 URL：");
document.write(document.IMG.lowsrc);
document.write("<br>");
document.write(" 图片的 URL：");
document.write(document.images[0].src);
document.write("<br>");
document.write(" 图片的 vspace：");
document.write(document.images[0].
```

vspace);

    document.write("<br>");

    document.write(" 图片的宽度：");

    document.write(document.images[0].width);

    //-->

    </script>

    </p>

    </body></html>

24.2.2　图片轮番显示效果

    JavaScript 让多个 Banner 图片广告轮番交替显示，如果你的网站广告位被占满了，你可以考虑让多个图片广告轮番交替显示，链接也跟着变，这样是不是为你节省了宝贵的广告位？

    对象名称 =new Image()

    document. 对象名称 .scr

    制作图片轮番显示的效果，如图 24-28 ~ 图 24-32 所示。

图24-28　图片轮番显示效果

图24-29　图片轮番显示效果

图24-30　图片轮番显示效果

图24-31　图片轮番显示效果

图24-32　图片轮番显示效果

由于 scr 属性可以变更，因此利用该属性实时切换多张图片，即刻实现动画效果。

本例中，首先准备 image1.jpg~image5.jpg 这 5 张图片，使用 array 对象创建 image 对象的数组。数组元素中含有 anima[1]~anima[5] 5 个 image 对象，然后分别在 image 对象中设置图片文件的 url 值，如 anima[1].scr 中设置 image1.jpg 值，anima[2]scr 中设置 image2.jpg 值等。

读取页面时，设置在 <body> 中的 onlode 事件句柄将会触发设置动画处理的函数 anime_1()。在函数处理中，在 document. animation.scr 中设置 anima[1]~anima[5] 值，在 settimeout 处理中再次触发函数。document. animation.scr 中所设的值从 anima[1].scr 开始执行，直到 anima[5].scr 时停止，之后执行第 13 行到第 15 行的代码，将数值再次返回到 anima[1].scr。如此反复操作即可实现动画效果。

实例代码：

```
<!DOCTYPE HTML PUBLIC "-//W3C//DTD
HTML 4.01 Transitional//EN">
<html>
<head>
<meta http-equiv="Content-Script-Type"
content="text/javascript">
<meta http-equiv="Content-Style-Type"
content="text/css">
<title></title>
<script type="text/javascript">
<!--
var ImageSetB = 1;
ANIMA = new Array();
for(i = 0; i < 6; i++) {
ANIMA[i] = new Image() ;
ANIMA[i].src = "image" + i + ".jpg";
}
function anime_1() {
document.animation.src =
ANIMA[ImageSetB].src;
ImageSetB++;
if(ImageSetB > 5) {
ImageSetB = 0;
}
setTimeout("anime_1()",500);
}
//-->
</script>
<style type="text/css">
<!--
body { background-color: #ffffff; }
-->
</style>
</head>
<body onLoad="anime_1()">
* 制作图片的动画效果
<p>
<img src="image0.jpg" name="animation"
alt="Animation" border="0" width="100"
 height="114">
</p>
</body>
</html>
```

24.2.3 控制动画播放

本例中使用了上节"图片轮番显示效果"中创建的 Image 对象数组，从而制作控制动画播放效果。

```
对象名称 =new Image()
Document. 对象名称 .scr
```

控制动画播放的效果，如图 24-33 ～图 24-36 所示。

图24-33 控制动画播放效果

图24-34 控制动画播放效果

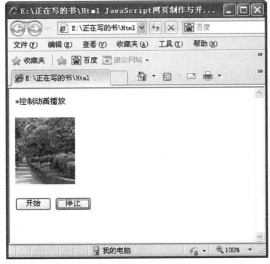

图24-35 控制动画播放效果

图24-36 控制动画播放效果

单击"开始"按钮时，触发 anime_2() 函数，调用 Image 对象数组的值，开始播放动画。单击"停止"按钮时，触发 stop() 函数，使用 clear Timeout() 方法停止播放动画。

通过在 ID 名 =setTimeout() 及 setTimeout() 方法中设置 ID，并在"clearTimeout(ID 名)"及 clearTimeout() 方法中调用该 ID，来设置 clear-Timeout() 方法。

实例代码：

```
<!DOCTYPE HTML PUBLIC "-//W3C//DTD HTML 4.01 Transitional//EN">
<html>
<head>
<meta http-equiv="content-script-type" content="text/javascript">
<meta http-equiv="content-style-type" content="text/css">
```

```html
<title></title>
<script type="text/javascript">
<!--
var timeset1 = 500;
var imageseta = 1;
anima = new array();
for(i = 0; i < 6; i++) {
  anima[i] = new image();
  anima[i].src = "image" + i + ".jpg";
}
function anime_2() {
  document.animation.src = anima[imageseta].src;
  imageseta++;
    if( imageseta > 5) {
    imageseta = 0;
    }
  timerid=settimeout("anime_2()", timeset1);
}
function stop(){
  cleartimeout(timerid);
}
//-->
</script>
<style type="text/css">
<!--
body { background-color: #ffffff; }
-->
</style>
</head>
<body>
* 控制动画播放
<p>
<img src="image0.jpg" name="animation" alt="animation" border="0" width="100"
height="114">
</p>
<form>
  <input type="button" value=" 开始 " onClick="anime_2()">
```

```
<input type="button" value=" 停止 " onClick="stop()">
</form>
</body>
</html>
```

24.2.4　指向或单击图片时, 使图片发生变换

本例首先准备了 3 张图片, 分别为普通的按钮图片 button1.jpg、鼠标位于按钮上时的图片 button2.jpg、单击按钮时的图片 button3.jpg, 然后按照 "图片轮番显示效果" 中讲述的要领, 创建分别含有 URL 的 3 个数组元素。

> 对象名称 =new Image()
>
> Document. 对象名称 .scr
>
> Document.Image【索引】

指向或单击图片时, 使图片发生变换的效果, 如图 24-37 ~ 图 24-39 所示。

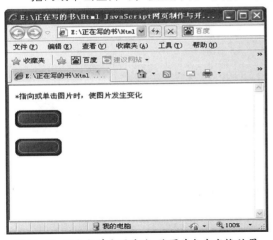
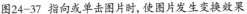
图24-37 指向或单击图片时, 使图片发生变换效果

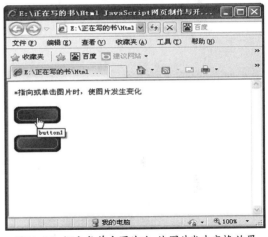
图24-38 指向或单击图片时, 使图片发生变换效果

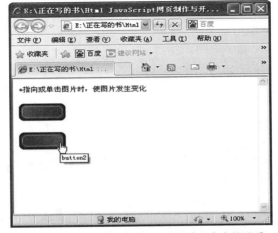
图24-39 指向或单击图片时, 使图片发生变换效果

实际使画面发生变化的是设置在链接中的事件句柄，改变哪幅画面要在读取 HTML 文件时，是在生成的 document.images[0] 开始的图片数组中指定的。

实例代码：

```
<!DOCTYPE HTML PUBLIC "-//W3C//DTD
HTML 4.01 Transitional//EN">
<html>
<head>
<meta http-equiv="Content-Script-Type"
content="text/javascript">
<meta http-equiv="Content-Style-Type"
content="text/css">
<title></title>
<script type="text/javascript">
<!--
var ButtonImage = new Array();
  for(i = 1; i < 4; i++) {
    ButtonImage[i] = new Image();
    ButtonImage[i].src = "button" + i + ".jpg";
  }
function SetImage1(flag, position) {
        document.images[position].
src=ButtonImage[flag].src;
  }
//-->
</script>
<style type="text/css">
<!--
body { background-color: #ffffff; }
-->
</style>
</head>
<body>
* 指向或单击图片时，使图片发生变化
```

```
<p>
<a href="#" onMouseOver="SetImage1(2,0)"
onMouseOut="SetImage1(1,0)"
    onClick="SetImage1(3,0)">
    <img src="button1.jpg" alt="button1"
border=0 width="78" height="33"></a>
</p>
<p>
<a href="#" onMouseOver="SetImage1(2,1)"
onMouseOut="SetImage1(1,1)"
    onClick="SetImage1(3,1)">
    <img src="button1.jpg" alt="button2"
border=0 width="78" height="33"></a>
</p>
</body>
</html>
```

24.2.5 显示加载图片状态

本例中，分别获取每个图片文件的状态，并在文本框中显示相应的信息。该例子中，如果将文本框设置在图片的后面，则脚本语言有时不能正常运行。

在读取图片时如果单击"停止 (stop)"按钮等停止读取图片操作的情况下，将由 onAbort 事件句柄触发事件；在读取画面过程中出现错误时，将由 onError 事件句柄触发事件；在读取画面结束时，将由 onLoad 事件句柄触发事件。

onAbort="脚本语言|函数"	【事件句柄】
onError="脚本语言|函数"	【事件句柄】
onLoad="脚本语言|函数"	【事件句柄】

显示加载图片状态的效果，如图 24-40 和图 24-41 所示。

图24-40 显示加载图片状态效果

图24-41 显示加载图片状态效果

实例代码：

```
<!DOCTYPE HTML PUBLIC "-//W3C//DTD
HTML 4.01 Transitional//EN">
<html>
<head>
<meta http-equiv="Content-Script-Type"
content="text/javascript">
<meta http-equiv="Content-Style-Type"
content="text/css">
<title></title>
```

```
<script type="text/javascript">
<!--
function stop(){ document.zyoutai.zyo.value
=" 图片加载被中止 "}
function err(){ document.zyoutai.zyo.value = "
图片加载失败 "}
function ok(){ document.zyoutai.zyo.value = "
图片加载结束 "}
//-->
</script>
<style type="text/css">
<!--
body { background-color: #ffffff; }
-->
</style>
</head>
<body>
* 显示加载图片状态
<p>
<form name="zyoutai">
<input type="text" name="zyo" value=" 正 在
加载图片 ..." size="60">
</form>
</p>
<p>
<img src="image.jpg" alt="image.jpg"
width="400" height="278" onabort="stop()"
onerror="err()" onload="ok()">
</p>
</body>
</html>
```

24.2.6 确认是否重新加载图片

本例在读取图片发生错误时，会使用
onErroe 事件句柄触发事件，从而在没有正常读
取画面时，弹出对话框确认是否重新加载页面。

onError=" 脚本语言 | 函数 " 【事件句柄】

确认是否重新加载图片的效果，如图 24-42 所示。

图24-42 确认是否重新加载图片效果

实例代码：

```html
<!DOCTYPE HTML PUBLIC "-//W3C//DTD HTML 4.01 Transitional//EN">
<html>
<head>
<meta http-equiv="content-script-type" content="text/javascript">
<meta http-equiv="content-style-type" content="text/css">
<title></title>
<script type="text/javascript">
<!--
function err2(){
    if ( confirm (" 图片加载失败，是否重新加载页面？ "))
    {location.href="08ima.html" }
}
//-->
</script>
<style type="text/css">
<!--
body { background-color: #ffffff; }
-->
</style>
</head>
```

```
<body>
* 确认是否重新加载图片
<p> 该页面图片已被切断链接。</p>
<p><img src="onror.jpg" alt="onror.jpg" width="500" height="200"
onerror="err2()"></p>
</body>
</html>
```

24.3 综合实战

24.3.1 实战——如何制作在网页上不断飘来飘去的图片

在网页上不断飘来飘去的图片，可以大大增加网页的特效，可以利用漂浮的图片制作网页广告、重要的通知等，具体制作步骤如下。

❶打开网页文档，如图 24-43 所示。

图24-43 打开网页文档

❷切换到代码视图，在 <body> 和 </body> 之间相应的位置输入以下代码，如图 24-44 所示。

```
<div id="img" style="position:absolute;">
<a href="http://www.123.net" target="_blank">
<img src="images/p1.gif" border="1"></a> // 漂浮的图片路径
</div>
<SCRIPT LANGUAGE="JavaScript">
var xPos = 20;
var yPos = document.body.clientHeight;
var step = 1;
var delay = 30;
var height = 0;
```

```javascript
var Hoffset = 0;
var Woffset = 0;
var yon = 0;
var xon = 0;
var pause = true;
var interval;
img.style.top = yPos;
// 定义改变位置函数 changePos()
function changePos() {
width = document.body.clientWidth;
height = document.body.clientHeight;
Hoffset = img.offsetHeight;
Woffset = img.offsetWidth;
img.style.left = xPos + document.body.scrollLeft;
img.style.top = yPos + document.body.scrollTop;
if (yon) {yPos = yPos + step;}
else {yPos = yPos - step;}
if (yPos < 0) {yon = 1;yPos = 0;}
if (yPos >= (height - Hoffset)) {
yon = 0;yPos = (height - Hoffset);
}
if (xon) {xPos = xPos + step;}
else {xPos = xPos - step;}
if (xPos < 0) {
xon = 1;
xPos = 0;
}
if (xPos >= (width - Woffset)) {
xon = 0;
xPos = (width - Woffset);
}
}
function piaofu() {
img.visibility = "visible";
interval = setInterval('changePos()', delay);
}
piaofu();
</script>
```

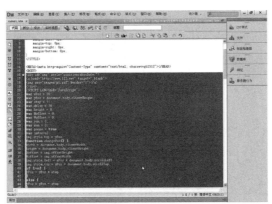

图24-44 输入代码

❸保存文档，按 F12 键在浏览器中预览，效果如图 24-45 所示。

图24-45 飘来飘去的图片效果

24.3.2 实战——不用数据库，要访问者输入正确的名称与密码才能进入网页

利用 JavaScript 脚本可以实现不用数据库，要访问者输入正确的名称与密码才能进入网页，具体操作步骤如下。

❶打开网页文档，如图 24-46 所示。

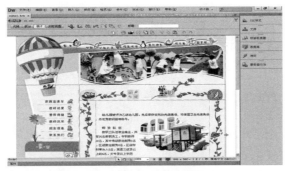

图24-46 打开网页文档

❷切换到代码视图,在 <head> 与 </head> 之间输入以下代码,如图 24-47 所示。

```
<script language="JavaScript">
<!--
var password="";
password=prompt(' 请输入密码 ( 本网站需输入密码才可进入 )','');
if (password != 'one')
   {alert(" 密码不正确,无法进入本站 !!");
window.opener=null; window.close();} // 密码不正确就关闭
//-->
</script>
```

❸保存文档,按 F12 键在浏览器中预览,首先弹出如图 24-48 所示的对话框。在对话框中输入正确的密码,单击【确定】按钮,即可进入网页,如图 24-49 所示。如果密码不正确,将不能进入网站。

图24-48 【用户提示】对话框

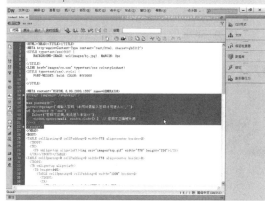

图24-47 输入代码

图24-49 进入网页

第4篇
综合实战

第25章 设计制作企业网站

本章导读

　　企业在网上形象的树立已成为企业宣传的重点，越来越多的企业更加重视自己的网站。企业通过对企业信息的系统介绍，让浏览者了解企业所提供的产品和服务，并通过有效的在线交流方式搭起客户与企业间的桥梁。企业网站的建设能够提高企业的形象、吸引更多的人关注公司，以获得更大的发展。

技术要点

● 熟悉网站的整体规划
● 掌握网站的页面架构分析
● 掌握网站的具体制作过程
● 掌握网站的推广

25.1 网站整体规划

企业网站是商业性和艺术性的结合，同时企业网站也是一个企业文化的载体，通过视觉元素，承接企业的文化和企业的品牌。制作企业网站通常需要根据企业所处的行业、企业自身的特点、企业的主要客户群，以及企业最全的资讯等信息，才能制作出适合企业特点的网站。

25.1.1 网站的需求分析

网站的设计是展现企业形象、介绍产品和服务、体现企业发展战略的重要途径，因此必须明确设计网站的目的和用户需求，从而做出切实可行的设计计划。要根据消费者的需求、市场的状况、企业自身的情况等进行综合分析，牢记以"消费者"为中心，而不是以"美术"为中心进行设计规划。在设计规划之初要考虑以下内容：建设网站的目的是什么？为谁提供服务和产品？企业能提供什么样的产品和服务？企业产品和服务适合什么样的表现方式？

首先一个成功的网站一定要注重外观布局。外观是给用户的第一印象，给浏览者留下一个好的印象，那么，他看下去或再次光顾的可能性才更大。但是一个网站要想留住更多的用户，最重要的还是网站的内容。网站内容是一个网站的灵魂，内容做得好，做到有自己的特色才会脱颖而出。做内容，一定要做出自己的特点来。当然有一点需要注意的是不要为了差异化而差异化，只有满足用户核心需求的差异化才是有效的，否则与模仿其他网站功能没有实质的区别。

25.1.2 色彩搭配与风格设计

企业网站给人的第一印象是网站的色彩，因此确定网站的色彩搭配是相当重要的一步。

一般来说，一个网站的标准色彩不应超过3种，太多则让人眼花缭乱。标准色彩用于网站的标志、标题、导航栏和主色块，给人以整体统一的感觉。至于其他色彩在网站中也可以使用，但只能作为点缀和衬托，决不能喧宾夺主。

绿色在企业网站中也是使用较多的一种色彩。在使用绿色作为企业网站的主色调时，通常会使用渐变色过渡，使页面具有立体的空间感。

企业网站主要功能是向消费者传递信息，因此在页面结构设计上无需太过花哨，标新立异的设计和布局未必适合企业网站，企业网站更应该注重商务性与实用性。

在设计企业网站时，要采用统一的风格和结构来把各页面组织在一起。所选择的颜色、字体、图形即页面布局应能传达给用户一个形象化的主题，并引导他们去关注站点的内容。

风格是指站点的整体形象给浏览者的综合感受。包括站点的 CI 标志、色彩、字体、标语、版面布局、浏览方式、内容价值、存在意义、站点荣誉等诸多因素。

企业网站的风格体现在企业的 Logo、CI、用色等多方面。企业用什么样的色调，用什么样的 CI，是区别于其他企业的一种重要的手段。如果风格设计得不好会对客户造成不良影响。

用以下步骤可以树立网站风格。

❶首先必须保证内容的质量和价值性。

❷其次需要搞清楚自己希望网站给人的印象是什么。

❸在明确自己的网站印象后，建立和加强这种印象。需要进一步找出其中最有特点的东西，就是最能体现网站风格的东西。并作为网站的特色加以重点强化宣传。如再次审查网

站名称、域名、栏目名称是否符合这种个性，是否易记。审查网站标准色彩是否容易联想到这种特色，是否能体现网站的风格等。

● 将标志Logo尽可能地出现在每个页面上。

● 突出标准色彩。文字的链接色彩、图片的主色彩、背景色、边框等尽量使用与标准色彩一致的色彩。

● 突出标准字体。在关键的标题、菜单、图片里使用统一的标准字体。

● 想好宣传标语，把它加入Banner中，或者放在醒目的位置，突出网站的特色。

● 使用统一的语气和人称。

● 使用统一的图片处理效果。

● 创造网站特有的符号或图标。

● 展示网站的荣誉和成功作品。

对企业网站从设计风格上进行创新，需要多方面元素的配合，如页面色彩构成、图片布局、内容安排等。这需要用不同的设计手法表现出页面的视觉效果。

25.2 页面架构分析

设计企业网站时首先要抓住网站的特点，合理布局各个板块，显著位置留给重点宣传栏目或经常更新的栏目，以吸引浏览者的眼球，结合网站栏目设计在主页导航上突出层次感，使浏览者渐进接受。

25.2.1 页面内容结构布局

公司信息发布型的网站是企业网站的主流形式。因此信息内容显得更为重要，该种类型网站的网页页面结构的设计主要是从公司简介、服务范围等方面来进行的。与一般的门户型网站不同，企业网站相对来说信息量比较少。作为一个企业网站，最重要的是可以为企业经营服务，除了在网站上发布常规的信息之外，还要重点地突出用户最需要的内容。如图 25-1 所示为本例制作的企业网站主页，主要包括"关于我们"、"服务范围"、"加入会员"、"联系我们"等栏目。页面整体采用绿色和黄色为主的色调，再配合适量的红色形成青春、活泼的感觉。

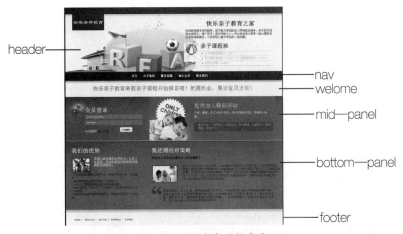

图25-1 网站页面内容结构布局

25.2.2　页面HTML框架代码

本网站的页面内容很多，页面整体部分放在一个大的 main 对象中，在这个 main 对象中包括 6 行 2 列的布局方式，顶部的内容放在 #header 对象中，文本导航栏目放在 nav 对象中，中间的正文部分放在 mid-panel 和 bottom-panel 对象中，在 mid-panel 和 bottom-panel 对象中又分成两列，在底部为 footer 对象，在此对象中放置底部版权信息。如图 25-2 所示为网站的排版架构。

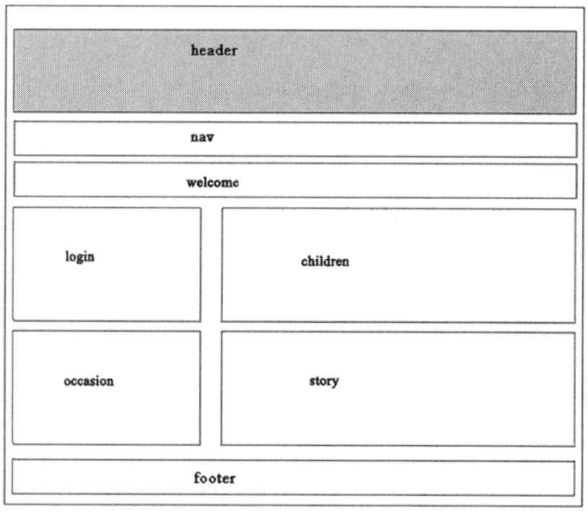

图25-2　网站HTML框架

其页面中的 HTML 框架代码如下所示。

```
<div id="main">
<div id="header">
</div>
<div id="nav">
</div>
<div id="welcome">
</div>
<div id="mid-panel">
<div class="login">
</div>
<div class="children">
</div>
</div>
<div id="bottom-panel">
<div class="occasion">
</div>
<div class="story">
```

```
    </div>
    </div>
    <div id="footer">
    </div>
    </div>
```

25.3 页面的通用规则

整理好页面的框架后，就可以利用 CSS 对各个板块进行定位，实现对页面的整体规划，然后再往各个板块添加内容。CSS 的开始部分定义页面的通用规则，通用规则对所有的选择符都起作用，这样就可以声明绝大部分标签都会涉及的属性，具体代码如下。

```
body{ /* 定义页面整体属性 */
    width:100%;
    padding:0px 0 0 0;
    margin:0 auto;
    color:#001;
    background-color:#000;  }
ul, li, form, p, h1, h2, h3, img, input, label{/* 定义各元素的外边距和内边距属性 */
    margin:0px;
    padding:0px;}
ul, li {list-style-type:none; } /* 定义列表的样式类型 */
div {  /* 定义 div 属性 */
    font:normal 11px/14px Arial, Helvetica, sans-serif;
    color:#fff;
    text-transform:none;
    text-decoration:none;
    background-color:inherit;}
p{padding:0px;}
a {outline:none;}
.height1 {    height:1px;}
.width1 {     width:1px;}
.spacer {clear:both;    }
#main {  /* 定义 main 对象的整体属性 */
    background:url(images/body-bg.gif) repeat-x 0 0;
    width:960px;
    margin:0 auto;
```

```
        padding:30px 0 0 0;}
h2{ /*定义 h2 的属性 */
    font:bold 26px/28px Arial, Helvetica, sans-serif;
    background-color:inherit;
    padding:0;
    margin:0;
    color:#372E3D; }
h3{ /*定义 h3 的属性 */
    font:bold 24px/26px Arial, Helvetica, sans-serif;
    background-color:inherit;
    padding:0;
    margin:0;
    color:#F9F9D2;}
```

25.4　制作页面头部header部分

在页面头部 header 部分，主要包括网页的 Banner 图片、网站 Logo 和网站的亲子课程，如图 25-3 所示。

图25-3　页面头部header部分

25.4.1　制作页面头部的结构

网页头部内容都在 id 为 header 的 div 内，在 header 内又包括标题 h2 和标题 h3，在亲子课程下还使用了无序列表显示亲子课程信息，页面头部的结构代码如下。

```
<div id="header">
<div>
<a href="#"><img src="images/logo.gif" alt=" 快乐亲子教育 " border="0" /></a>
<h2> 快乐亲子教育之家 </h2>
```

<p> 学前教育越早进行越好，孩子越大受到的成人限制就会越多，孩子的天性就会被泯灭。每个孩子，无论年龄大小，内心或多或少都有一些心理欲求没有得到满足，从而导致儿童中常见的一些问题。</p>

    <div class="family">

    <h3> 亲子课程班 </h3>

    <ul>

    <li><a href="#" class="active"> 亲子美语衔接班（2-4岁）</a></li>

    <li><a href="#"> 幼儿国际菁英班（4-6岁）少儿国际菁英班（7-12岁）</a></li>

    <li class="brdr"><a href="#"> 幼儿亲子班（0-3岁）</a></li>

    </ul>

    </div>

    </div>

    </div>

在 Dreamweaver 中的效果，如图 25-4 所示。

图25-4 页面头部的结构

25.4.2 定义页面头部的样式

下面使用 CSS 定义页面头部样式，具体操作步骤如下。

❶ 首先定义 header 整体样式，在 Dreamweaver 中的效果，如图 25-5 所示。

图25-5 定义header整体样式

```
#header { /* 定义 header 部分的整体属性 */
    color:#000; /* 定义颜色 */
    padding:0; /* 定义填充为 0*/
    background:url(images/header-bg.gif) repeat-x 0 0px #F7F7D2; /* 定义 header 背景图片性 */
    border-top:0px solid #fff; /* 定义顶部边框属性 */
    margin:0px 0 0 0; /* 定义外边距为 0*/
    position:relative; /* 定义 header 相对定位 */
}
```

❷ 接着定义 header 中 div 的背景，内部边距和高度等属性，在 Dreamweaver 中的效果，如图 25-6 所示，可以看到设置的背景图片。

```
#header div {
    background:url(images/banner.jpg) no-repeat 0 5px; /* 定义 div 背景图片 */
    padding:0; /* 定义内部边距 */
    height:248px; /* 定义高度 */
}
```

图25-6 定义header中div的背景、内部边距和高度

③接着定义 div 内 img 的属性，设置网站 Logo 图片的位置，在 Dreamweaver 中的效果，如图 25-7 所示。可以看到网站 Logo 距离左边为 28px。

```
#header div img {
    position:absolute;     /* 定义绝对定位 */
    top:0px;               /* 定义绝对定位顶部边距 */
    left:28px;             /* 定义绝对定位左边距 */
    }
```

图25-7 定义img的属性，设置网站Logo图片的位置

④使用如下代码定义 div 内的 h2 属性，使 h2 中的文字"快乐亲子教育之家"向右浮动，并且设置 h2 的内边距和外边距，在 Dreamweaver 中的效果，如图 25-8 所示。"快乐亲子教育之家"向右浮动。

```
#header div h2 {
    float:right;                /* 定义向右浮动 */
    margin:30px 0px 0 0;       /* 定义外边距 */
    padding:0 120px 0 0;       /* 定义内边距 */
    }
```

图25-8 文字"快乐亲子教育之家"向右浮动

⑤使用如下代码定义 div 内段落 p 的样式，这里定义了 p 为绝对定位的位置，背景颜色和宽度，在 Dreamweaver 中的效果，如图 25-9 所示。可以看到定义样式后的文字。

图25-9 定义div内段落p的样式

```
#header div p {
    color:#50502E;    /* 定义颜色 */
    width:390px;       /* 定义宽度 */
    position:absolute; /* 定义绝对定位 */
    top:67px;          /* 定义距顶部边距 */
    right:37px;        /* 定义距右边距 */
    background-color:inherit;
    }
#header div p b , #header div p strong {
    color:#5F1204;
    display:block;
    background-color:inherit;
    }
```

❻ 使用如下代码定义 div 中 family 的样式，在 Dreamweaver 中的效果，如图 25-10 所示。

```
#header div .family {
    background:url(images/family-icon.gif) no-repeat 0 0; /* 定义图片 */
    padding:3px;              /* 定义内边距 */
    position:absolute;        /* 定义绝对定位 */
    top:124px;
    right:50px;}
    #header div .family h3 { /* 定义 h3 的属性 */
    font:bold 24px/26px Arial, Helvetica, sans-serif;
    color:#372E3D;
    padding:0;
    margin:0px 0 0 70px;
    background-color:inherit;}
#header div .family ul {       /* 定义无序列表属性 */
    padding:0; margin:8px 0 0 70px;}
#header div .family li {       /* 定义列表项属性 */
    border-top:1px dotted #A7A769;
    width:309px;              /* 定义宽度 */
    padding:0px;              /* 定义内边距 */
    margin:0;            }
#header div .family li.brdr {
    border-bottom:1px dotted #A7A769;}
#header div .family li a {     /* 定义列表项的激活状态属性 */
    background:url(images/bullet.gif) no-repeat 7px 7px #F9F9D2;
```

```
        padding:0px 0 0px 19px;
        line-height:20px;
        display:block;
        margin:0;
        color:#F9C417;
        text-decoration:none;}
#header div .family li a:hover , #header div .family li a.active{
        background-color:#F3F3AB;
        color:#F9C417;}
#header div .family li a.active{
        cursor:default;background-color:inherit;
        color:#F9C417; }
```

图25-10 定义div中family的样式

25.5 制作网站导航nav部分

在网站导航部分，主要是网站的导航栏目文字，如图 25-11 所示。

图25-11 网站导航nav部分

25.5.1 制作网站导航nav部分页面结构

网站导航部分 nav 的页面结构比较简单，主要使用无序列表，并且给文字添加了链接，其 HTML 结构如下。在 Dreamweaver 中的效果如图 25-12 所示。

图25-12 网站导航nav部分的页面结构

```
<div id="nav">
<ul>
<li><a href="#" title="Home" class="active"> 首页 </a></li>
<li><a href="#" title="About Us"> 关于我们 </a></li>
<li><a href="#" title="Service"> 服务范围 </a></li>
<li><a href="#" title="Members"> 加入会员 </a></li>
<li><a href="#" title="Contact"> 联系我们 </a></li>
</ul>
</div>
```

25.5.2 定义网站导航nav部分样式

下面使用 CSS 定义网站导航 nav 部分样式，具体操作步骤如下。

❶ 首先定义 nav 部分的整体样式，在 Dreamweaver 中的效果，如图 25-13 所示。

```
#nav {
    position:absolute;    /* 定义绝对定位 */
    top:278px;            /* 定义距顶部边距 */
    background-color:#241F28; /* 定义 nav 的背景颜色 */
    width:960px;          /* 定义 nav 的宽度 */
    text-align:center;    /* 定义居中对齐 */
    color:#f1f1f1;        /* 定义颜色 */
    }
```

图25-13 定义nav部分的整体样式

❷ 接着定义 nav 内无序列表和列表项的样式，在 Dreamweaver 中的效果，如图 25-14 所示。

```
#nav ul { /* 定义无序列表的样式 */
    width:400px;
    padding:0 0 0 0px;
    overflow:auto;
    height:100%;
    margin:0px auto;}
```

```
#nav li{  /*定义列表项的样式 */
    border-left:1px solid #0F0D10;
    border-right:1px solid #544A5B;
    padding:0px;
    margin:0;
    float:left;
    line-height:40px;}
#nav li a{      /*定义超文本链接原始状态的样式 */
    background-color:inherit;
    color:#F6F6D1;line-height:40px;
    padding:13px 12px 13px 12px;
    margin:0;
    font-weight:bold;
    text-decoration:none;}
#nav li a:hover , #nav li a.active{        /*定义超文本链接鼠标放上去状态的样式 */
    color:#F9C417;
    font-weight:bold;
    background-color:inherit;
    background:url(images/arrow.gif) no-repeat 27px bottom;}
#nav li a.active{  /*定义超文本链接访问过的状态样式 */
    cursor:default;
    background-color:inherit;}
```

图25-14 定义nav内无序列表和列表项的样式

25.6 制作欢迎文字welcome部分

在页面 welcome 部分，主要是提示报名的欢迎文字，如图 25-15 所示。

快乐亲子教育寒假亲子课程开始报名喽！把握机会，展示宝贝才华！

图25-15 欢迎文字welcome部分

25.6.1 制作welcome部分页面结构

welcome 部分的页面结构比较简单，首先插入一个 id 为 welcome 的 div，在这个 div 内再插入标题 <h2>，然后在 <h2> 内输入欢迎文字。

```
<div id="welcome">
    <h2> 快乐亲子教育寒假亲子课程开始报名喽！把握机会，展示宝贝才华！ </h2>
</div>
```

25.6.2 定义welcome部分样式

使用如下代码定义 welcome 内 h2 的样式，welcome 部分的文字在 Dreamweaver 中的效果，如图 25-16 所示。

```
#welcome h2{ /* 定义 h2 的样式 */
    background:url(images/mid-bg.gif) repeat-x 0px 0 #F9F9D2; /* 定义背景图片 */
    border-top:1px solid #fff;  /* 设置元素上边框的样式 */
    padding:20px 0;       /* 设置内边距 */
    color:#A84E2E;        /* 设置颜色 */
    font-size:24px;       /* 设置字号 */
    font-weight:normal;   /* 设置粗体 */
    text-align:center;    /* 设置居中对齐方式 */
    margin:40px 0 0;        }  /* 设置外边距 */
```

图25-16　定义welcome部分样式

25.7　制作会员登录与精彩活动部分

会员登录与精彩活动部分，如图 25-17 所示，主要在 id 为 mid-panel 的 div 内。

图25-17　会员登录与精彩活动部分

Html + JavaScript网页制作与开发完全学习手册

25.7.1 制作会员登录部分

会员登录部分，如图25-18所示，具体制作步骤如下。

图25-18 会员登录部分

❶会员登录部分HTML结构代码如下所示，在Dreamweaver中的效果如图25-19所示。

```
<div id="mid-panel"> /* 外部 div 名称 mid-
panel */
   <div class="login"> /* 会员登录部分 login */
   <h3> 会员登录 </h3>
   <form name="f1" action="#" method="post">
/* 表单 */
      <input name="" type="text" class="txtfld"
value="-enter username" />
      <input name="" type="password"
class="txtfld" value="*******" />
      <label><br /> 忘 记 密 码？ <a href="#"
title="Click Here"> 单击这里 </a></label>
      <input name="" type="image" src="images/
btn-login.gif" class="btn" title=" 登录 "/>
   </form>
   </div>
</div>
```

图25-19 会员登录部分HTML结构代码

❷下面接着定义会员登录部分的样式，首先定义外部 mid-panel 和 login 部分的整体样式，在 Dreamweaver 中的效果，如图25-20所示。

```
#mid-panel { /* 定义外部框架 mid-panel 的
样式 */
      background:url(images/mid-panel-bg.
gif) repeat-x 0px 0 #4E7A00; /* 设置背景 */
      padding:0; /* 设置内部边距 */
      overflow:auto; /* 设置溢出 */
      height:100%;  /* 设置高度 */
      color:#000;   /* 设置颜色 */
   }
   #mid-panel.login { /* 定义 login 的整体样式 */
      background:url(images/login-icon.gif)
no-repeat 0px 0;              /* 设置背景 */
      padding:0px 0 0 85px; /* 设置内边距 */
      float:left;             /* 设置浮动向左 */
      width:285px;            /* 设置宽度 */
   }
```

图25-20 定义外部mid-panel和login部分的整体样式

❸下面定义 login 内 h3 和表单的样式，在 Dreamweaver 中的效果，如图25-21所示，可以看到定义后的表单文本框和按钮更加美观。

```
#mid-panel .login h3{ /* 定义 h3 的样式 */
      padding:45px 0 0 0;
   }
```

```
#mid-panel .login .txtfld { /*定义文本框样式*/

    width:247px;

    height:15px;

    padding:2px 0 1px 5px;

    margin:5px 0 0 0;

    color:#CCFD64;

    font-size:10px;

    background-color:#679800;

    border:1px solid #6A9C00;

}

#mid-panel .login .btn { /*定义按钮样式*/

    margin:10px 0 0 50px;

}
```

图25-21 定义login内h3和表单的样式

25.7.2 制作精彩活动部分

精彩活动部分，如图 25-22 所示，主要是精彩活动信息文字，具体制作步骤如下。

图25-22 精彩活动部分

❶精彩活动部分内容比较简单，主要是插入一个 h3 的标题和文字信息，如下所示为 HTML 结构代码，在 Dreamweaver 中的效果，如图 25-23 所示。

```
<div class="children">
    <h3> 赶快加入精彩活动 </h3>
    <p> 气球，糖果，手工与亲子游戏，亲子主题派对屋，可爱的小玩意。</p>
    <span><a href="#">墨梅古筝、小钢琴家、启智音乐、快乐歌唱、创意美术、魅力舞蹈、情智口才。</a>
    </span>
</div>
```

图25-23 精彩活动部分HTML结构

❷下面定义精彩活动部分的 children 的整体样式，在 Dreamweaver 中的效果，如图 25-24 所示。

```
#mid-panel .children {   /* 定义 children 的整体样式 */

    background:url(images/only-children.jpg) no-repeat 0px 2px #4E7A00;/* 定义背景 */
    padding:28px 0 40px 200px; /* 定义内边距 */

    margin:0 30px 0 370px;  /*定义外边距 */
    color:#000;       /* 定义背景颜色 */

}
```

图25-24 定义children的整体样式

❸使用如下 CSS 代码，定义精彩活动部分内标题文字的样式和段落文字的样式，在 Dreamweaver 中的效果，如图 25-25 所示。

```css
#mid-panel .children h3 { /*定义 children 内 h3 的文字粗细 */
    font-weight:normal;}
#mid-panel .children p { /*定义 children 内段落文字的样式 */
    color:#B3FF2D;
    line-height:16px;
    margin:10px 30px 0 0;
    background-color:inherit;
}
#mid-panel .children p a{ /*定义 children 内段落超文本链接的样式 */
    text-decoration:underline;
    background-color:inherit;
    color:#F9C417;
    font-weight:bold;
}
#mid-panel .children p a:hover {/*定义 children 内超文本链接鼠标放上去的样式 */
    text-decoration:none;
}
#mid-panel .children span a{    /*定义 span 内超文本链接的样式 */
    display:block;
    padding:5px 0 5px 17px;
    color:#94BC05;
    margin:16px 10px 0 0;
    text-decoration:none;
    background:url(images/bullet1.gif) no-repeat 8px 9px #365B00;
}
#mid-panel .children span a:hover{ /*定义 span 内超文本链接鼠标放上去的样式 */
    background-color:#365B00;
    color:#fff;
}
```

Html＋JavaScript网页制作与开发完全学习手册

图25-25　定义精彩活动部分内标题文字的样式和段落文字的样式

25.8　制作"我们的优势"和"应对策略"部分

"我们的优势"和"应对策略"部分主要是介绍优势和应对叛逆期的策略部分，这部分内容主要放在一个 id 为 bottom-panel 的 div 内，如图 25-26 所示。

图25-26　"我们的优势"和"应对策略"部分

25.8.1　制作"我们的优势"部分

"我们的优势"部分在 id 为 occasion 的 div 内，具体制作方法如下。

❶这部分的 HTML 代码结构包括 h3 内的标题和 p 内的段落文字，在 Dreamweaver 中的效果，如图 25-27 所示。

```
<div id="bottom-panel">
<div class="occasion">
<h3> 我们的优势 </h3>
<img src="images/occasion-img.jpg" >
<p><a href="#"> 遵循儿童发展的心理特点，让孩子在轻松、快乐的课堂环境中接受潜移默化的教育。</a></p>
<p><a href="#"><br />
</a>* 打破传统的填鸭式教学方法，尊重孩子的个性，因材施教；<br />
* 专家教师团队提供权威的才艺教育；<br />
* 综合才艺课程强调综合能力和全面发展；<br />
* 多媒体教学不仅学习了才艺课程，又全面开阔学员音乐艺术视野；<br />
* 吗咪理事会提供家庭教育服务，帮助家长和孩子共同成长。</p>
</div>
</div>
```

图25-27　"我们的优势"部分HTML代码结构

❷ 首先定义外部 bottom-panel 和 occasion 的整体样式，在 Dreamweaver 中的效果，如图 25-28 所示。

```
#bottom-panel { /*定义 bottom-panel 的整体样式 */
        background:url(images/bottom-bg.gif)
repeat-x 0px 0px #BB5E3D;
        border-top:1px solid #F2F2AD;
        padding:30px 0 30px 0;
        overflow:auto;
        height:100%;
        color:#000;}
    #bottom-panel .occasion { /* 定义 occasion 的整体样式 */
        background:url(images/bottomh-bg.gif)
repeat-x 0px 0px;
        padding:0px 0 0 25px;
        width:300px;
        float:left; }
```

图25-28 定义bottom-panel和occasion的整体样式

❸ 使用如下代码定义 occasion 内图片的样式和段落文字的样式，在 Dreamweaver 中的效果，如图 25-29 所示。

```
    #bottom-panel .occasion img { /* 定义 occasion 内图片的样式 */
        border:6px solid #AA482D; /* 定义图片的边框样式 */
        margin:14px 14px 0 0;  /* 定义图片的外边距样式 */
        float:left; }       /* 定义图片的向左浮动
```

```
*/
    #bottom-panel .occasion p { /* 定义 occasion 内段落 p 的样式 */
        color:#531803;    /* 定义文本颜色 */
        padding:0;        /* 定义内边距为 0*/
        margin:14px 0 0 0; /* 定义外边距 */
        background-color:inherit;} /* 定义背景颜色 */
    #bottom-panel .occasion p a{ /* 定义段落内超文本样式 */
        color:#F9C417;
        font-weight:bold;  /* 定义文字加粗 */
        text-decoration:underline; /* 定义文字下划线 */
        background-color:inherit;}
    #bottom-panel .occasion p a:hover{
        text-decoration:none;}
```

图25-29 定义occasion内图片的样式和段落文字的样式

25.8.2 制作"应对策略"部分

叛逆期应对策略部分在 id 为 story 的 div 内，具体制作方法如下。

❶ 这部分的 HTML 代码结构包括 h3 内的标题和 p 内的段落文字，在 Dreamweaver 中的效果，如图 25-30 所示。

```
<div class="story">
<h3> 叛逆期应对策略 </h3>
<span> 您的孩子是否也出现过以下的问
```

题呢？.</span>

<img src="images/story-img.jpg" alt="Our Real Story" title="Our Real Story" />

<p> 当宝宝3岁左右时，您会发现，从前超级听话的宝宝突然间不乖了，变得很叛逆。例如，我们乐园中的琪琪妈妈，带着琪琪在小区外面已经玩了很久了，还需要回家做饭呢，于是妈妈建议琪琪说"琪琪，太晚了，我们回家吧？"琪琪不假思索地就回妈妈一个"不"字，而且就像是几头牛都拉不回的那种架势，琪琪妈妈说对此毫无办法，每次都是打着骂着强迫回家的。

</p>

<p class="quote"> 球球爸爸说："这小东西，逛商场就要买个不停，不买就哭闹。晚上该睡觉的时候不睡，早晨总起不来，还总说不愿意去幼儿园，有时候挺乖的，这要是'犯病'了，就这样也不是，那样也不行，她妈妈都被她弄得焦头烂额，一天光伺候她了。还没上学就这么不听话，我真担心她上学以后是否能好好学习"。</p>

</div>

图25-30 HTML代码结构

❷首先定义这部分的 story 整体样式，在 Dreamweaver 中的效果，如图 25-31 所示。

```
#bottom-panel .story {  /* 定义 story 整体样式 */
        background:url(images/bottomh-bg.gif)
repeat-x 0px 0px;        /* 定义背景图片 */
        margin:0 0 0 380px;   /* 定义外边距 */
```

padding:0;   /* 定义内边距为0*/
}

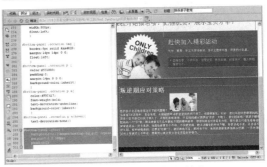

图25-31 定义story整体样式

❸使用如下 CSS 样式定义 story 内图片和段落文本的样式，在 Dreamweaver 中的效果，如图 25-32 所示。

```
#bottom-panel .story span {   /* 定义 story 内 span 的样式 */
        color:#3A1406;
        font-size:12px;
        display:block;
        font-weight:bold;
        margin:12px 0 0 0;
        background-color:inherit;}
#bottom-panel .story img {  /* 定义 story 内图片的样式 */
        border:6px solid #AA482D;
        margin:22px 21px 0 0;
        float:left;
        }
#bottom-panel .story p {  /* 定义 story 内段落文本的样式 */
        color:#531803;
        padding:0;
        margin:22px 10px 0 0;
        background-color:inherit;
        }
#bottom-panel .story p a{ /* 定义 story 内段落超链接文本的样式 */
```

```
        color:#F9C417;
        font-weight:bold;
        text-decoration:underline;
        background-color:inherit;
        }
#bottom-panel .story p a:hover{ /*  定  义
story 内段落超链接文本激活状态的样式 */
        text-decoration:none;
        }
#bottom-panel .story p.quote {
        background:url(images/quote.gif) no-
repeat 0 0 #BB5E3D;
        color:#7A2304;
```

```
        font-weight:bold;
        padding:15px 20px 0 50px;
        margin:22px 10px 0 0;
        }
```

图25-32 定义story内图片和段落文本的样式

25.9 制作底部footer部分

底部 footer 部分主要是网站的英文导航部分，如图 25-33 所示，具体制作步骤如下。

Home | About Us | Service | Members | Contact

图25-33 底部footer部分

❶底部 footer 部分的 HTML 结构如下所示，在 Dreamweaver 中的效果，如图 25-34 所示。

```
<div id="footer">
<ul>
<li><a href="#" title="Home">Home</a>|</li>
<li><a href="#" title="About Us">About Us</a>|</li>
<li><a href="#" title="Service">Service</a>|</li>
<li><a href="#" title="Members">Members</a>|</li>
<li><a href="#" title="Contact">Contact</a></li>
</ul>
</div>
```

图25-34 底部footer部分的HTML结构

❷ 使用如下 CSS 代码定义 footer 部分的整体样式，在 Dreamweaver 中的效果，如图 25-35 所示。

```css
#footer { /*定义 footer 部分的整体样式 */
    background:url(images/footer-bg.gif) repeat-x 0 0 #F9F9D2; /*定义背景图片 */
    border-top:1px solid #F9F9D1;                    /*定义上边框的样式 */
    padding:35px 30px 20px 30px;                    /*定义内边距 */
    color:#7A2304;
    height:100%;                                     /*定义高度 */
    overflow:auto;
    }
```

图25-35 定义footer部分的整体样式

❸ 接着使用如下 CSS 代码定义 footer 部分的内文本样式，在 Dreamweaver 中的效果，如图 25-36 所示，至此整个页面制作完成。

```css
#footer p{ /* 定义 footer 内段落的样式 */
    color:#3F6103;
    background-color:inherit;
    }
#footer a{ /* 定义 footer 内超文本样式 */
    color:#AA4F30;
    text-decoration:none;
    background-color:inherit;
    }
#footer a:hover{        /* 定义 footer 内超文本激活状态下的样式 */
    color:#001;
    background-color:inherit;
    }
#footer ul{ /* 定义 footer 内无序列表的样式 */
    float:left; /* 浮动向左对齐 */
    padding:0;
    }
#footer li{ /* 定义 footer 内列表项的样式 */
```

```
    float:left;
    color:#AA4F30;
    padding:0 5px 0 5px;
    background-color:inherit;
    }
#footer li a    {
    color:#AA4F30;
    padding:0 6px 0 0;
    background-color:inherit;
    }
#footer li a:hover {
    color:#001;
    background-color:inherit;
    }
```

图25-36　定义footer部分的内文本样式

25.10 利用JavaScript制作网页特效

利用 JavaScript 可以制作出各种各样的鼠标特效，下面就通过实例讲述禁止鼠标右击特效的制作。在网页上，当用户单击鼠标右键时会弹出警告窗口或者直接没有任何反应。其作用是让用户无法使用鼠标右键中的相应功能，从而限制用户一定的操作权限。具体操作步骤如下。

❶打开网页文档，在 <head> 与 </head> 之间相应的位置输入如下代码，如图 25-37 所示。

图25-37　在<head>与</head>之间输入代码

```
<script language=javascript>
function click() {
if (event.button==2) {
alert(' 禁止右键复制！ ') }}
function CtrlKeyDown(){
if (event.ctrlKey) {
alert(' 不当的复制将损害您的系统！ ') }}
document.onkeydown=CtrlKeyDown;
document.onmousedown=click;
</script>
```

❷保存文档，在浏览器中预览，当复制文字内容时，出现如图 25-38 所示的对话框。

图25-38 禁止鼠标右键

25.11 网站的推广

网站推广就是以国际互联网为基础，利用数字化的信息和网络媒体的交互性来辅助营销目标实现的一种新型的市场营销方式。简单地说，网站推广就是以互联网为主要手段进行的，为达到一定营销目的的推广活动。

25.11.1 登录搜索引擎

据统计，信息搜索已成为互联网最重要的应用。并且随着技术进步，搜索效率不断提高，用户在查询资料时不仅越来越依赖于搜索引擎，而且对搜索引擎的信任度也日渐提高。有了如此雄厚的用户基础，利用搜索引擎宣传企业形象和产品服务当然能获得极好的效果。

首先，要仔细揣摩潜在客户的心理，绞尽脑汁设想他们在查询与网站有关的信息时最可能使用的关键词，并一一将这些词记下来。不必担心列出的关键词会太多，相反找到的关键词越多，覆盖面也越大，也就越有可能从中选出最佳的关键词。

搜索引擎上的信息针对性都很强。用搜索引擎查找资料的人都是对某一特定领域感兴趣的群体，所以愿意花费精力找到网站的人，往往很有可能就是渴望已久的客户。而且不用强迫别人接受提出要求的信息，相反，如果客户确实有某方面的需求，他就会主动找上门来。

如图 25-39 所示在百度搜索引擎登录网站。注册时尽量详尽地填写企业网站中的信息，特别是关键词，尽量写得普遍化、大众化一些，如"公司资料"最好写成"公司简介"。

图25-39　在百度搜索引擎登录网站

可以把自己的网站提交给各个搜索引擎，这样在各个搜索引擎就能找到你的网站了，虽然不是每个网站都能通过，但是勤劳一点总是会有几个通过的。

方法很简单：首先在浏览器打开每个网站的登录口，然后把你的网址输入进去就行了。

百度搜索网站登录口：http://www.baidu.com/search/url_submit.html

Google 网站登录口：http://www.google.cn/intl/zh-CN_cn/add_url.html

雅虎中国网站登录口：http://search.help.cn.yahoo.com/h4_4.html

网易有道搜索引擎登录口：http://tellbot.youdao.com/report

英文雅虎登录口：http://search.yahoo.com/info/submit.html

TOM 搜索网站登录口：http://search.tom.com/tools/weblog/log.php

25.11.2　利用友情链接

如果网站提供的是某种服务，而其他网站的内容刚好和你形成互补，这时不妨考虑与其建立链接或交换广告，一来增加了双方的访问量，二来可以给客户提供更加周全的服务，同时也避免了直接的竞争。网站之间互相交换链接和旗帜广告有助于增加双方的访问量，如图25-40 所示为交换友情链接。

图25-40　交换友情链接

最理想的链接对象是与网站流量相当的网站。流量太大的网站管理员由于要应付太多要求互换链接的请求，容易忽略。小一些的网站也可考虑。互换链接页面要放在网站比较偏僻的地方，以免将网站访问者很快引向他人的站点。

找到可以互换链接的网站之后，发一封个性化的 Email 给对方网站管理员，如果对方没有回复，再打电话试试。

在进行交换链接过程中往往存在一些错误的做法，如不管对方网站的质量和相关性，片面追求链接数量，这样只能适得其反。有些网站甚至通过大量发送垃圾邮件的方式请求友情链接，这是非常错误的做法。

综合实战

25.11.3　借助网络广告

网络广告就是在网络上做的广告。利用网站上的广告横幅、文本链接、多媒体的方法，在互联网刊登或发布广告，通过网络传递到互联网用户的一种高科技广告运作方式。一般形式是各种图形广告，称为"旗帜广告"。网络广告本质上还是属于传统宣传模式，只不过载体不同而已。如图 25-41 所示为在新浪网投放的网络广告。

图25-41　在新浪网投放的网络广告

25.11.4　登录网址导航站点

现在国内有大量的网址导航类站点，如 http://www.hao123.com/、http://www.265.com/ 等。在这些网址导航类做上链接，也能带来大量的流量，不过现在想登录上像 hao123 这种流量特别大的站点并不是件容易事。如图 25-42 所示为导航网站。

图25-42　导航网站

25.11.5　BBS宣传

在论坛上经常看到很多用户在签名处都留下了他们的网站地址，这也是网站推广的一种方法。将有关的网站推广信息，发布在其他潜在用户可能访问的网站论坛上。利用用户在这些网站获取信息的机会，实现网站推广的目的。

论坛里暗藏着许多潜在客户，所以千万不要忽略了这里的作用。记得把自己的头像和签名档设置好，并且做得好看些、动人些，再配合上好的帖子，无论是首帖，还是回帖，别人都能注意到。分享生意经、生活里的苦辣酸甜、读书与听音乐的乐趣等。定期更换签名，把网站的最新政策和商品及时通知给别人。如图 25-43 所示为在 BBS 论坛中推广网站。

图25-43　在BBS论坛推广网站

25.11.6　发布信息推广

信息发布既是网络营销的基本职能，又是一种实用的操作手段，通过互联网，不仅可以浏览到大量商业信息，同时还可以自己发布信息。在网上发布信息可以说是网络营销最简单的方式，网上有许多网站提供企业供求信息发布，并且多数为免费发布信息，有时这种简单的方式也会取得意想不到的效果。

分类信息网站是现在网站推广的一个重要方式，因为它流量高，且审核宽松。下面介绍在分类信息网站做推广的一些事项。

●首先要做的就是在网上找一些分类信息的网站，这类网站很多，但是我们不用太多，只找十几二十个权重比较高的就行了，如赶集、58同城、百姓网等。如图25-44所示为在58同城发布信息。

图25-44 在58同城发布信息

●选对城市。现在不是纯互联网的企业都有一定的地域性，如果你的企业或者产品地域性很强，强烈建议你以地域性推广为主。大部分分类信息网都有地区分站。

●选对发布板块。因为分类信息的类别非常多，在选择类别的时候一定遵循我们自己的产品和服务属性，不要发布错了。如你本来是做网站建设的，发到了物流运输的类别上了，那么，管理员会把你的信息删除。

●编辑发布内容。内容的编辑是重中之重，为什么这样说呢？因为它像软文一样，写原创的最好。不要从其他人那里复制一个相关信息过来，换个名称就放上去了。与其这样做无用功，还不如静下心来好好写一篇文章，不在乎笔多好，自己写的一篇文章比你复制十几篇文章的作用都大。

●信息的排版。经验告诉我们，同样的信息，排版混乱被删的概率大很多。

●跟踪效果。发布的每一条信息并不是放上去就算完事了，要把每一条发送的URL地址记录下来，每星期查看带来的效果如何，例如浏览量、留言等。只有做好统计，才能根据反馈的情况采取相应的措施进行改进，提高推广效果。

25.11.7 利用群组消息即时推广

利用即时软件的群组功能，如QQ群、MSN群等，加入群后发布自己的网站信息，这种方式会即时为自己的网站带来流量。如果同时加几十个QQ群，推广网站可以达到非常不错的效果。但这种方式同时也被很多人厌恶。如图25-45所示为利用QQ群推广网站。

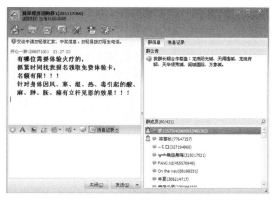

图25-45 利用QQ群推广网站

如果加入群后发布的是直接广告，管理较好的群组马上将发广告的人"踢出"，但现在很多站长都开始使用其他的方式，如先与群管理员搞好关系，平时积极参与聊天等活动，在适当的时候发布自己网站的广告，可以起到更好的效果。

另外还有一种现在很多站点都在使用的方法，就是建立自己网站的QQ群，然后在网站上宣传吸引网友的加入，这样一来不仅能够近距离与自己的网站用户进行交流，还能增加用户的黏性，而且网站有什么新功能推出，可以即时在群中发布通知信息，并且不会有因为发广告而被"踢出"的后顾之忧。

前一种通过添加QQ群宣传的方法会打扰到大多数的群员，但是又确实会产生直接的效果，但如果针对的用户群体不符，则起不到任何的宣传的效果。而后一种方法更为实用，不仅能与网站的用户进行交流，而且还能起到宣传作用。

25.11.8　电子邮件推广

电子邮件因为方便、快捷、成本低廉的特点，成为目前使用最广泛的互联网应用，是一种有效的推广工具。它常用的方法包括邮件列表、电子刊物、新闻邮件、会员通信、专业服务商的电子邮件广告等。

电子邮件是目前使用最广泛的互联网应用。它方便、快捷、成本低廉，不失为一种有效的联络工具。如图25-46所示为使用电子邮件推广网站。

图25-46　使用电子邮件推广网站

相比其他网络营销手法，电子邮件营销速度非常快。搜索引擎优化需要几个月，甚至几年的努力，才能充分发挥效果。博客营销更是需要时间，以及大量的文章。而电子邮件营销只要有邮件数据库在手，发送邮件后几小时之内就会看到效果，产生订单。互联网使商家可以立即与成千上万潜在的和现有的顾客取得联系。

由于发送E-mail的成本极低且具有即时性，因此，相对于电话或邮寄，顾客更愿意响应营销活动。相关调查报告显示，E-mail的点击率比网络横幅广告和旗帜广告的点击率平均高约5%～15%，E-mail的转换率比网络横幅广告和旗帜广告的转换率平均高约10%～30%。

25.11.9　电子邮件推广的技巧

可以看出，电子邮件在现在的推广和营销特别是电子商务类网站的作用越来越明显。利用好技巧，让更多的用户产生购买行为。

●提高电子邮件的到达率，没有到达，打开就无从谈起。提升到达率，不断地研究各种发送邮件方式，从而提高邮件发送的成功率。

●内容清晰简单。电子邮件内容简洁，用最简单的内容表达出你的诉求点，如果必要，可以给出一个关于详细内容的链接，收件人如果有兴趣，会主动单击你链接的内容，否则，内容再多也没有价值，只能引起收件人的反感。

●根据不同的用户合理地安排邮件的主题。邮件的主题是收件人最早可以看到的信息，邮件内容是否能引人注意，主题起到相当重要的作用。邮件主题应言简意赅，以便收件人决定是否继续阅读邮件内容。

●邮件的设计一定要美观，给人眼前一亮的感觉。对于两封同样是陌生的邮件，使用漂亮精美的邮件肯定比制作粗糙的邮件让用户更容易接受。因此，无论每天再发多少封邮件，尽量在发之前花点时间美化一下，这样，不但可以提高公司的形象，也拉近了你和用户之间的距离。

●电子邮件发件人与邮件地址非常重要。电子邮件收件人收到邮件后，如果是有印象的发件人名称与发件人地址，平均打开率要比没有印象的高出两倍以上。因此，开展电子邮件营销必须做到：保持持续稳定发件人名称；使用独有的域名与发件人地址，这样让他们更容易接受我们。

●标题中包含吸引收件人的关键词，要做到这一点，就需要深入挖掘分析收件人的关注点与兴趣点，结合自己特征来把握。

●持续的反馈与改进，持续地分析那些到达了而没有打开的原因，通过一些调查问卷或访问调查，对提高打开率很有好处。

●转发与注册，获得更多的优惠。在我们发布给一个用户的时候，提醒他转发或者注册，并用一定的激励方式来鼓励和促进他实施这项活动。

●邮件发送的频率要适度。有些公司有了邮件群发平台以后，每天就狂发邮件给用户，这样，不但造成用户反感，而且邮件服务器也会把你列入垃圾邮件的名单中。因此，我们在发送邮件的时候，一定要用策略，一定要懂得分析数据。